网络构建与维护

主　编　张晓珲　吴　杰
副主编　章小丹　李红艳　杨　正
参　编　甄立常　李睿仙　张选波　孙新杰

U0234126

北京理工大学出版社
BEIJING INSTITUTE OF TECHNOLOGY PRESS

内 容 简 介

本书以"以人为本、以就业为导向"为原则，结合网络技术职业岗位发展新需求，积极响应华为网络系统建设与运维"1+X"职业技能中级标准要求，选取世界技能大赛网络系统管理赛项试题，对接鲲鹏产业学院和省级世赛基地建设，建构"工单主线、7个递进项目"教材内容结构。由浅入深、循序渐进介绍规划和设计网络、交换机基础配置、虚拟局域网 VLAN、快速生成树协议、端口聚合、路由器和三层交换机基础配置、VLAN 路由、静态路由、动态路由 RIP 协议和 OSPF 协议、广域网协议的封装、PAP 和 CHAP 认证、NAT 地址转换技术、交换机端口安全技术、ACL 访问控制列表、防火墙技术、无线网络组建等技术在工程实际的应用。以培养网络工程人才为课程主线，落实"以学习者为中心"的教学理念，以及华为信创、工匠精神等思政教育，传播"一技之长，能动天下"的世赛理念，做到课程思政和 ICT 创新创业教育常态化。

本书适合作为计算机及其相关专业的教材，也可作为相关人员学习路由交换知识用书或培训用书。

图书在版编目（C I P）数据

网络构建与维护 / 张晓珲，吴杰主编． -- 北京：
北京理工大学出版社，2023.9
ISBN 978-7-5763-2016-9

Ⅰ．①网… Ⅱ．①张… ②吴… Ⅲ．①计算机网络 -
基本知识 Ⅳ．①TP393

中国国家版本馆 CIP 数据核字（2023）第 003495 号

责任编辑：王玲玲		文案编辑：王玲玲	
责任校对：刘亚男		责任印制：施胜娟	

出版发行 / 北京理工大学出版社有限责任公司
社　　址 / 北京市丰台区四合庄路 6 号
邮　　编 / 100070
电　　话 / （010）68914026（教材售后服务热线）
　　　　　　（010）68944437（课件资源服务热线）
网　　址 / http://www.bitpress.com.cn

版 印 次 / 2023 年 9 月第 1 版第 1 次印刷
印　　刷 / 涿州市新华印刷有限公司
开　　本 / 787 mm × 1092 mm　1/16
印　　张 / 17.25
字　　数 / 384 千字
定　　价 / 78.00 元

前言

一、关于本书

随着信息化的高速发展，人们已经把更多的生活、娱乐和学习等事务转移到网络这个平台上发展。小到一个家庭，大到一所高校，甚至是一个企业，为了提高工作效率，并进行更多的信息交流，都需要构建一个园区网络，从而实现内部的高效沟通。如果希望更进一步，能够和互联网的其他地区甚至国家的人群、组织进行信息交流，则需要将内部的园区网络接入互联网中。因此，社会需要大量的能设计、组建和管理园区网络的人才。本书对接鲲鹏生态企业，以就业为导向、能力为本位、立德树人为根本任务，以网络工程工单为主线设计能力递进的网络工程项目。课程紧贴网络技术发展趋势和新时代网络工程师及网络管理员的核心能力需求，对标"1+X"华为网络建设与运维职业技能中级标准和世界技能大赛网络系统管理赛项规范，融入常态化思政教育、创新能力培养和职业竞赛训练。读者通过学习本书，成为具备独立完成中小型网络设计、部署、管理和运维等路由交换技术与应用的核心能力，以及拥有工匠精神与ICT创新能力的高素质技术技能人才。

二、本书的特点

1. 将企业工作项目通过工单搬入课堂

本书打破传统的章目式理论写作方式，采用将实际网络工程项目分解，将职业岗位能力中用到的知识点融合在项目工单中。本书按照典型网络工程将课程分解为7个项目，每一个项目都是企业典型工作项目，是对应理论知识的深入应用，各个小项目之间又相互关联。每个项目下有若干任务。最后，为了扩展学生技能水平，增加了虚拟仿真项目。全书包含了若干实训项目工单，操作步骤详尽。实训项目工单突出实战性要求，贴近市场，贴近技术。所有项目工单都源于作者的工作经验和教学经验。同时，为了配合线上线下混合式教学，增加了虚拟模拟软件实训环境项目。

本书项目清单

项目名称	任务	线上	线下	参考学时	
项目1 构建高职校园网	任务1.1 网络线缆施工与测试	2	2	4	6
	任务1.2 制作网络拓扑图		2	2	
项目2 构建住宅小区网络	任务2.1 交换机配置与管理		2	2	8
	任务2.2 虚拟局域网VLAN配置与管理	2	2		
	任务2.3 端口聚合配置与管理	2	2		
	任务2.4 快速生成树协议配置与管理	2	2		
项目3 构建企业办公网络	任务3.1 路由器配置与管理	2	2		12
	任务3.2 三层交换机配置与管理	2	2		
	任务3.3 应用三层交换机实现VLAN互访	2	2		
	任务3.4 静态路由配置与管理	2	2		
	任务3.5 RIP路由协议配置与管理	2	2		
	任务3.6 OSPF路由协议配置与管理	2	2		
项目4 实施接入广域网	任务4.1 广域网协议配置与测试	2	2		6
	任务4.2 网络认证配置与管理	2	2		
	任务4.3 NAT技术配置与管理	2	2		
项目5 构建企业安全网络	任务5.1 保护办公网络安全		2		6
	任务5.2 保护园区网络安全	2	2		
	任务5.3 防火墙配置与管理	2	2		
项目6 构建校园无线网络	任务6.1 建立开放式的无线接入服务	1	1		4
	任务6.2 搭建采用WEP加密方式的无线网络	1	1		
	任务6.3 搭建采用WPA加密方式的无线网络	1	1		
	任务6.4 搭建采用WPA2加密方式的无线网络	1	1		
项目7 构建集团园区网络	任务7.1 构建集团园区网络	2	2	4	4
虚拟仿真项目	1. 配置思科交换机		2	2	
	2. 配置思科VLAN		2	2	
	3. 配置思科VTP协议		2	2	
	4. 配置思科STP生成树协议		2	2	
	5. 配置思科路由器		2	2	
	6. 配置思科VLAN路由		2	2	

项目名称	任务	线上	线下	参考学时
虚拟仿真项目	7. 配置思科静态路由		2	2	28
	8. 配置思科动态路由 RIP		2	2	
	9. 配置思科动态路由 OSPF		2	2	
	10. 配置思科动态路由 EIGRP		2	2	
	11. 配置思科 PPP 认证		2	2	
	12. 配置思科 NAT 服务		2	2	
	13. 配置思科 ACL 技术		2	2	
	14. 配置思科 WLAN		2	2	
	15. 配置思科 DHCP				

2. 实训内容强调工学结合，专业技能突出实战性

本书定位准确、注重能力、内容创新、结构合理、叙述通俗精炼。本书应用案例丰富实用，项目案例都是源于锐捷、华为等企业真实的解决方案，技术前沿，贴近市场。讲解深入浅出，通俗易懂，便于自学。本书根据计算机网络技术专业核心课程交换路由技术与应用的培养目标、生源情况和学生认知能力，围绕核心培养目标，创设情境教学环境，采用适应学生认知水平的教学方法，激发学生求知欲。在以学生为行动主体的"选定项目、制订计划、活动探究、作品制作、成果交流和活动评价"完整教学活动中，以学生为中心，实施线上线下混合式教学。建议教师科学规划线上学习与线下课堂教学的教学内容、教学方法及手段，组织角色扮演、团队合作、课堂讨论、头脑风暴、技能测试等课堂教学活动，激发学生主动参与的积极性。

3. "岗课赛证创"融通，对接国家级精品课程

本书对接课程在智慧职教 MOOC "网络构建技术"发布后，来自 31 个省级行政区 18 000 多人学习了课程，关键数据在国内同平台同内容课程中处于领先地位。智慧职教"网络构建技术" MOOC 成为国内同课程的标杆，被教育部认定为国家级职业教育精品课程，面向西部帮扶对象 4 所院校 2 300 名学生开展授课。课程团队指导 80 名世赛选手训练，开展鲲鹏研讨会等培训 2 166 人次，为俄罗斯参加世赛选手开展培训 160 人天，提升了国际影响力。

三、其他

本书是唐山工业职业技术学院老师与企业工程师共同策划编写的一本工学结合、理论与实践一体化的新形态工作手册式教材。本书由唐山工业职业技术学院张晓珲、吴杰主编，锐

捷星网网络有限公司的张选波高级工程师审订了大纲编写全部内容。本书提供电子课件和补充资料下载。作者邮箱为 z. xiaohui@163.com，或通过加入智慧职教 MOOC 国家级精品课程"网络构建技术"联系作者。

张晓珲

2022 年 11 月 30 日　于唐山

目 录

项目 **1**

构建高职校园网

 项目背景

唐山工业职业技术学院校园网

唐山工业职业技术学院是国家优秀骨干（示范）高职院校、中国特色高水平专业群建设单位、国家优质高职院校、国家高技能人才培养基地、国家创新创业教育改革示范校、全国数字校园实验校和全国国防教育特色校。此次曹妃甸新校区网络的建设本着先进、安全、可靠、高效和可扩展的远征进行建设。不但能反映当今的先进水平，而且具有发展潜力，能保证在未来若干年内占主导地位，保证本校网络建设的领先地位，网络主干设备选用高带宽的、千兆位及万兆位线速路由交换技术。

校园网网络中心示意图如图 1-1 所示。

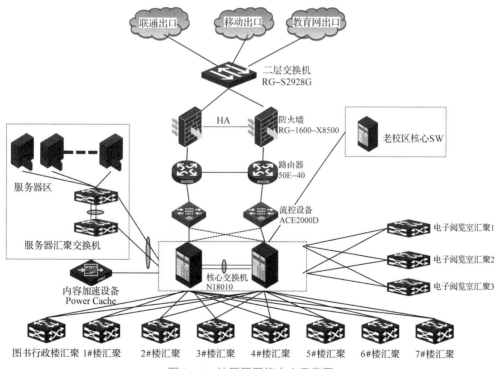

图 1-1 校园网网络中心示意图

1. 项目概述

路由交换技术与应用建设采用"万兆核心，万兆汇聚，千兆接入"的三层架构，即核心到楼层汇聚为万兆，楼层汇聚到接入层为千兆，同时，接入层提供高密度千兆接入，网络设备分布在核心层、汇聚层、接入层和数据中心等。

采用"双核心、双链路"的备份容错互连，构建强壮的网络架构。核心层由两台高性能万兆核心路由交换机，通过万兆链路聚合互连，为学院的教学、科研服务提供强劲的数据转发。汇聚层设备采用万兆汇聚交换机，通过万兆双链路上连至两台核心设备，充分保障新大楼各系统的稳定。同时，通过双千兆链路下连接入层交换机，实现用户的高速接入以及安全控制。

数据中心的服务器区通过两台万兆交换机冗余备份设计，为学院核心业务提供高速、稳定、不间断的数据服务，保障各种服务的正常运行。同时，支持多种安全防护机制，全面提升网络系统的抗攻击能力，为学院提供无侵扰的信息环境，保障业务的顺利开展。结合数据中心部署的网络管理系统，确保 IT 人员能够及时地发现各种网络事件，并进行快速响应和处理，为学院各项业务提供强有力的支持。

2. 项目规划

设备清单见表 1-1。

表 1-1　设备清单

序号	建筑名称	设备类型	设备型号	数量	安装位置
1	行政楼	出口交换机	CISCO 3750G	1	行政楼三楼机房
2		防火墙	RG-WALL 1600-X8500	2	行政楼三楼机房
3		路由器	RG-RSR50E-40	2	行政楼三楼机房
4		流量控制	ACE 2000D	2	行政楼三楼机房
5		核心交换机	N18010	2	行政楼三楼机房
6		服务器	C640 G2	2	行政楼三楼机房
7		城市热点认证计费系统	Dr. COM 2166/E-portal	1	行政楼三楼机房
8		日志系统	RG-eLog	1	行政楼三楼机房
9		行政楼汇聚交换机	RG-S5750-24SFP/8GT-E	1	行政楼三楼机房
10		接入交换机	RG-S2952G-E	12	各个弱电间
11		VPN 网关	利旧	1	三楼中心机房
12		内网防火墙	RG-WALL 1600-XI	1	
13		内容加速系统	RG-PowerCache X5	1	
14		Web 安全防护	利旧	1	
15		运维审计系统	利旧	1	

续表

序号	建筑名称	设备类型	设备型号	数量	安装位置
16	1 号教学楼（其他楼宇类似略）	汇聚交换机	利旧 RG – S8610	2 台	一楼管理间
17		接入交换机	RG – S2952G – E 等	12 台	各个弱电间

3. IP 地址划分

地址划分全部采用私网地址 172. 16. 0. 0 作为学校的内网地址，现在地址大概规划如下：

11 ~ 52 给图书行政楼和 1 ~ 7 号楼用；53 ~ 55 给图书行政楼电子阅览室用；56 ~ 85 给一号楼的计算机机房用；86 ~ 115 给二号楼的计算机机房用；116 给食堂一卡通用；200 ~ 220 给监控设备管理和互连用；228 给设备互连地址用；229 给老师办公室用；230 ~ 250 给设备的互连地址用；148 ~ 198 分配给了宿舍楼和生活区。

4. VLAN 划分（表 1 – 2）

表 1 – 2　VLAN 划分

序号	建筑名称	VLAN ID	备注
1	图书行政楼	11 ~ 14	图书行政楼终端的业务 vlan
2	电子阅览室	53、54、55	电子阅览室终端的业务 vlan
3	1#教学楼	24 ~ 28	1#教学楼终端的业务 vlan
6	2#教学楼	22 ~ 23	2#教学楼终端的业务 vlan
7	3#汽车系	29 ~ 34	3#汽车系终端的业务 vlan
8	4#自动化系	35 ~ 40	4#自动化系终端的业务 vlan
9	5#机械工程系	41 ~ 44	5#机械工程系终端的业务 vlan
10	6#建筑工程系	45 ~ 48	6#建筑工程系终端的业务 vlan
11	7#管理工程系	49 ~ 52	7#管理工程系终端的业务 vlan
12	生活区	148 ~ 198	生活区建筑比较多，终端数量也比较多
13	计算机教室 1#	计算机教室 1#	1#教学楼计算机教室
14	计算机教室 2#	计算机教室 2#	2#教学楼计算机教室

5. 网络实施

（1）物理连接

项目中所有网络设备的连接按照如下原则进行规划：

①核心交换机与汇聚交换机采用双万兆光链路连接。

②汇聚交换机与接入层交换机采用双千兆光链路连接。

③同一弱电井内的接入层交换机采用堆叠方式连接，使用两个千兆端口级联，根据实际情况进行链路聚合，保证带宽的同时增加链路的可靠性。

（2）设备配置

学校网络采用标准的三层架构，即核心层、汇聚层、接入层。核心层采用两台锐捷高端的核心交换机 N18010 进行虚拟化，既保证了核心的冗余，又提高了整体转发的性能和可靠性。汇聚层数量多达 16 台，采用锐捷的中高端交换机 S5750，汇聚层交换机采用锐捷全千兆的 S2928 和 S2952 进行接入层终端的接入。

1）校园网接入层实施

明确按照工程方案要求配置设备的端口地址、管理地址、VLAN 划分等基础配置。在接入层，交换机启用 STP 技术。应用链路聚合技术，不但实现链路带宽的增大，防止拥塞，而且可以实现负载均衡。

采用风暴控制技术、ARP 检测技术和系统防护措施保障骨干区域数据流设备的安全，使用端口安全技术保障接入终端安全，使用访问控制技术实现数据流量的限制。

2）校园网汇聚层实施

在核心交换机 N18010 和汇聚交换机上分别配置 OSPF 协议实现整网络路由信息的学习。参与 OSPF 协议计算的设备只包括核心交换机、路由器和汇聚交换机，汇聚交换机有 16 台。在网络出口路由器使用安全访问控制技术。

3）企业网边缘设计

配置 NAT 技术保障内部用户可以正常访问互联网，并且应用 NAT 技术将内网的资源发布到互联网，比如 Web 服务器、FTP 服务器。在网络出口路由器配置安全访问控制技术。

6. 网络安全和优化应用

（1）流控设备部署

RG – ACE 流量控制引擎是专门为大型网络出口设计的流控设备，可识别超过 1 000 种的网络应用协议，能对单 IP 进行应用和流量控制。本项目中，ACE 设备采用串联的方式进行部署，下连核心交换机 N18010，上连出口路由器，学校中所有访问 Internet 的流量必须通过 ACE 设备，通过 ACE 设备可以灵活对上网用户的上网行为、带宽速率等进行控制。

（2）认证系统

Dr. COM 宽带网络管理计费系统由硬件和软件组成，硬件为 Dr. COM 2166 B – RAS，软件包括管理员、操作员、统计员、数据库自动刷新程序、数据库和客户端。硬件是网关型的设备，安装在网络的出口，负责用户的认证、授权和计费、数据采集、实时控制和执行各种网络和计费策略，并将数据传送到后台进行处理，软件是对硬件进行参数设置和状态监控，为用户提供营运平台和数据分析。

认证系统部署方式如图 1 – 2 所示。

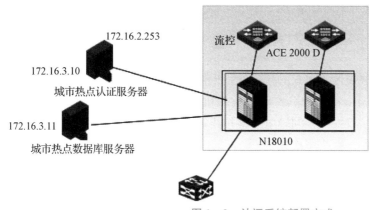

图 1-2　认证系统部署方式

（3）日志系统

RG-eLog 系统主要用于任何存有锐捷设备的网络中，记录出口的设备日志，也可以配合流量控制引擎 RG-ACE 记录 URL 访问日志。与此同时，RG-eLog 能够对出口流量进行统计和分析，以提供出口带宽在应用、用户、访问目的等各个维度上的分布，同时提供历史趋势。结合锐捷认证系统，在认证网络中可以实现实名日志。

任务 1.1　网络线缆施工与测试

一、知识链接　主流网络设备

（一）OSI 参考模型和网络协议

OSI 即开放系统互连，它是 ISO 在网络通信方面所定义的开放系统互连模型，1978 年 ISO（国际化标准组织）定义了这样一个开放协议标准。有了这个开放的模型，各网络设备厂商就可以遵照共同的标准来开发网络产品，最终实现彼此兼容。整个 OSI 模型共分 7 层，从下往上分别是物理层、数据链路层、网络层、传输层、会话层、表示层和应用层，如图 1-3 所示。

提供应用程序间通信	7	应用层
处理数据格式、数据加密等	6	表示层
建立、维护和管理会话	5	会话层
建立主机端到端连接	4	传输层
寻址和路由选择	3	网络层
提供介质访问、链路管理等	2	数据链路层
比特流传输	1	物理层

图 1-3　OSI 七层网络模型

当接收数据时，数据是自下而上传输的；当发送数据时，数据是自上而下传输的。下面简要介绍这几个层次。

1. 物理层

这是整个 OSI 参考模型的最低层，它的任务就是提供网络的物理连接。所以，物理层是建立在物理介质上而不是逻辑上的协议和会话，它提供的是机械和电气接口。主要包括电缆、物理端口和附属设备，如双绞线、同轴电缆、接线设备（如网卡等）、RJ - 45 接口、串口和并口等在网络中都是工作在这个层次的。

物理层提供的服务包括：物理连接、物理服务数据单元顺序化（接收物理实体收到的比特顺序，与发送物理实体所发送的比特顺序相同）和数据电路标识。

2. 数据链路层

数据链路层建立在物理传输能力的基础上，以帧为单位传输数据，它的主要任务就是进行数据封装和数据链接的建立。封装的数据信息中，地址段含有发送节点和接收节点的地址，控制段用来表示数据连接帧的类型，数据段包含实际要传输的数据，差错控制段用来检测传输中帧出现的错误。

数据链路层可使用的协议有 SLIP、PPP、X. 25 和帧中继等。常见的集线器和低档的交换机网络设备都工作在这个层次上，Modem 之类的拨号设备也是。工作在这个层次上的交换机俗称"第二层交换机"。

具体来讲，数据链路层的功能包括：数据链路连接的建立与释放、构成数据链路数据单元、数据链路连接的分裂、定界与同步、顺序和流量控制、差错的检测和恢复等。

3. 网络层

网络层属于 OSI 中的较高层次，从它的名字可以看出，它解决的是网络与网络之间即网际的通信问题，而不是同一网段内部的事。网络层的主要功能是提供路由，即选择到达目标主机的最佳路径，并沿该路径传送数据包。除此之外，网络层还要能够消除网络拥挤，具有流量控制和拥挤控制的能力。网络边界中的路由器就工作在这个层次上，现在较高档的交换机也可直接工作在这个层次上，因此它们也提供了路由功能，俗称"第三层交换机"。

网络层的功能包括：建立和拆除网络连接、路径选择和中继、网络连接多路复用、分段和组块、服务选择和传输、流量控制。

4. 传输层

传输层解决的是数据在网络之间的传输质量问题，它属于较高层次。传输层用于提高网络层服务质量，提供可靠的端到端的数据传输，如 QoS 就是这一层的主要服务。这一层主要涉及的是网络传输协议，它提供的是一套网络数据传输标准，如 TCP 协议。

传输层的功能包括：映像传输地址到网络地址、多路复用与分割、传输连接的建立与释放、分段与重新组装、组块与分块。

根据传输层所提供服务的主要性质，传输层服务可分为以下三大类：

A 类：网络连接具有可接受的差错率和可接受的故障通知率，A 类服务是可靠的网络服务，一般指虚电路服务。

B 类：网络连接具有可接受的差错率和不可接受的故障通知率，B 类服务介于 A 类与 C

类之间。在广域网和互联网中，大多提供 B 类服务。

C 类：网络连接具有不可接受的差错率，C 类的服务质量最差，提供数据报服务或无线电分组交换网均属此类服务。

5. 会话层

会话层利用传输层来提供会话服务。会话可能是一个用户通过网络登录到一个主机，或一个正在建立的用于传输文件的会话。

会话层的功能主要有：会话连接到传输连接的映射、数据传送、会话连接的恢复和释放、会话管理、令牌管理和活动管理。

6. 表示层

表示层用于数据管理的表示方式，如用于文本文件的 ASCII 和 EBCDIC，用于表示数字的 1S 或 2S 补码表示形式。如果通信双方使用不同的数据表示方法，那么它们就不能互相理解。表示层就是用于屏蔽这种不同之处。

表示层的功能主要有：数据语法转换、语法表示、表示连接管理、数据加密和数据压缩。

7. 应用层

这是 OSI 参考模型的最高层，它解决的也是最高层次，即程序应用过程中的问题，它直接面对用户的具体应用。应用层包含用户应用程序执行通信任务所需的协议和功能，如电子邮件和文件传输等。在这一层中，TCP/IP 中的 FTP、SMTP、POP 等协议得到了充分应用。

8. 网络协议

目前网络协议有许多种，但是最基本的协议是 TCP/IP，许多协议都是它的子协议。TCP/IP 包括两个子协议：一个是 TCP（Transmission Control Protocol，传输控制协议），另一个是 IP（Internet Protocol，互联网协议），它起源于 20 世纪 60 年代末。

在 TCP/IP 中，TCP 和 IP 各有分工。TCP 是 IP 的高层协议，TCP 在 IP 之上提供了一个可靠的连接方式的。TCP 能保证数据包的传输以及正确的传输顺序，并且它可以确认包头和包内数据的准确性。如果在传输期间出现丢包或错包的情况，TCP 负责重新传输出错的包，这样的可靠性使得 TCP/IP 在会话式传输中得到充分应用。IP 为 TCP/IP 集中的其他所有协议提供"包传输"功能，IP 为计算机上的数据提供一个最有效的无连接传输系统，也就是说，IP 包不能保证到达目的地，接收方也不能保证按顺序收到 IP 包，它仅能确认 IP 包头的完整性。最终确认包是否到达目的地，还要依靠 TCP，因为 TCP 是有连接服务。

（二）网络传输介质互连设备

1. 双绞线

双绞线是由两条相互绝缘的导线按照一定的规格互相缠绕（一般以逆时针缠绕）在一起而制成的一种通用配线，属于信息通信网络传输介质，图 1 - 4 所示为双绞线示意图。双绞线过去主要是用来传输模拟信号的，但现在同样适用于数字信号的传输。

双绞线按电气性能划分，通常分为三类、四类、五类、超五类、六类、七类双绞线等类型，数字越大，版本越新、技术越先进、带宽越宽，当然，价格也越高。目前在一般局域网中常见的是五类、超五类或者六类非屏蔽双绞线。

双绞线作为一种价格低廉、性能优良的传输介质，在综合布线系统中被广泛应用于水平布线。双绞线价格低廉、连接可靠、维护简单，可提供高达 1 000 Mb/s 的传输带宽，不仅可用于数据传输，还可以用于语音和多媒体传输。目前的超五类和六类非屏蔽双绞线可以轻松提供 155 Mb/s 的通信带宽，并拥有升级至千兆的带宽潜力，因此，成为当今水平布线的首选线缆。

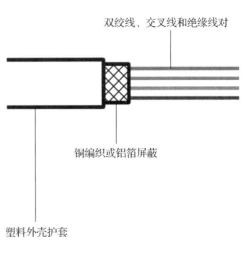

图 1-4　双绞线示意图

在选择网线时，需要注意线序问题，常见的网线也主要分两种：一种是直通线，另一种是交叉线。一般来说，直通线用于交换机连接路由器、直通线连接 PC 机；而交叉线则用于交换机连接交换机、路由器连接路由器、PC 机连接 PC 机及路由器连接 PC 机。不过现在生产网络设备的厂商研发了一种叫作线序自适应的功能，或者叫智能 MDI/MDIX 技术。通过这个功能，可以自动检测连接到自己接口上的网线类型，能够自动进行调节。于是我们不需要知道电缆另一端是 MDI 还是 MDIX 设备，两种电缆（普通、交叉）都可连接交换机、集线器或 NIC 设备。消除由于电缆配错引起的连接错误，简化 10M/100M 网络安装维护，减少开销。

2. 光纤

光纤是光导纤维的简写，是一种利用光在玻璃或塑料制成的纤维中的全反射原理而达成的光传导工具。香港中文大学前校长高锟和 George A. Hockham 首先提出光纤可以用于通信传输的设想，高锟因此获得 2009 年诺贝尔物理学奖。图 1-5 所示为光纤外形。

图 1-5　光纤

光纤中心是光传播的玻璃芯，芯外面包围着一层折射率比芯低的玻璃封套，以使光纤保持在芯内。再外面的是一层薄的塑料外套，用来保护封套。如图 1 - 6 所示。

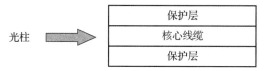

图 1 - 6　光纤结构示意图

光纤分为单模光纤和多模光纤。单模光纤是指在工作波长中，只能传输一个传播模式的光纤，通常简称为单模光纤。目前，在有线电视和光通信中，应用最广泛的是单模光纤。单模光纤只有单一的传播路径，一般用于长距离传输，中心纤芯很细（芯径一般为 9 μm 或 10 μm），只能传输一种模式的光。因此，其模间色散很小，适用于远程通信。单模光纤多用于传输距离长、传输速率相对较高的线路中，如长途干线传输、城域网建设等。按照国际电信联盟的定义，单模光纤分为：

- G.652 光纤——非色散位移单模光纤，或简称标准单模光纤；
- G.653 光纤——色散位移单模光纤；
- G.654 光纤——截止波长单模光纤；
- G.655 光纤——非零色散单模光纤；
- G.656 光纤——宽带光传输用的非零色散位移单模光纤；
- G.657 光纤——接入网用抗弯损耗单模光纤。

多模光纤一般纤芯较粗（50 μm 或 62.5 μm），由于光纤的几何尺寸（主要是纤芯直径）远远大于光波波长（约 1 μm），光纤中会存在着几十种乃至几百种传播模式。同时，因为其模间色散较大，限制了传输频率，而且随着距离的增加会更加严重。根据以上特点，多模光纤多用于传输速率相对较低，传输距离相对较短的网络中，如局域网等，这类网络通常具有节点多，接头多，弯路多，连接器、耦合器的数量多，单位光纤长度使用的有源设备多等特点，使用多模光纤可以降低网络成本。依照多模光纤应用，主要分为三类：OM1、OM2 和 OM3。

单模光纤和多模光纤的区别如图 1 - 7 所示。

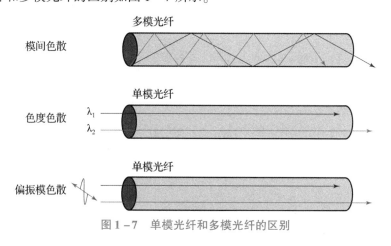

图 1 - 7　单模光纤和多模光纤的区别

3. 常见网络介质型号

下面列出了一些常见的网络介质型号，大家可以参考学习，见表1－3。

表1－3 网络应用标准与网络传输介质的对应表

传输速率	网络标准	物理接口标准	传输介质	传输距离/m	备注
10 Mb/s	802.3	10Base2	细同轴电缆	185	已退出市场
		10Base5	粗同轴电缆	500	已退出市场
	802.3i	10Base－T	3类双绞线	100	
	802.3j	10 Base－F	光纤	2 000	
100 Mb/s	802.3u	100Base－T4	3类双绞线	100	使用4个线对
		100Base－TX	5类双绞线	100	使用12、36个线对
		100Base－FX	光纤	2 000	
1 Gb/s	802.3ab	1000Base－T	5类以上双绞线	100	每对线缆既接收，又发送
	TIA/EIA－854	1000Base－TX	6类以上双绞线	100	2对发送，2对接收
	802.3z	1000Base－SX	62.5 μm 多模光纤/短波 850 nm/带宽 160 MHz · km	220	
		1000Base－SX	62.5 μm 多模光纤/短波 850 nm/带宽 200 MHz · km	275	
		1000Base－SX	50 μm 多模光纤/短波 850 nm/带宽 400 MHz · km	500	
		1000Base－SX	50 μm 多模光纤/短波 850 nm/带宽 500 MHz · km	550	
		1000Base－LX	多模光纤/长波 1 300 nm	550	
		1000Base－LX	单模光纤	5 000	
		1000Base－CX	150 Ω 平衡屏蔽双绞线（STP）	25	适用于机房中短距离连接

续表

传输速率	网络标准	物理接口标准	传输介质	传输距离/m	备注
10 Gb/s	802.3ae	10Gbase – SR	62.5 μm 多模光纤/850 nm	26	
		10Gbase – SR	50 μm 多模光纤/850 nm	65	
		10Gbase – LR	9 μm 单模光纤/1 310 nm	10 000	
		10Gbase – ER	9 μm 单模光纤/1 550 nm	40 000	
		10GBASE – LX4	9 μm 单模光纤/1 310 nm	10 000	WDM 波分复用
		10Gbase – SW	62.5 μm 多模光纤/850 nm	26	物理层为 WAN
		10Gbase – SW	50 μm 多模光纤/850 nm	65	物理层为 WAN
		10Gbase – LW	9 μm 单模光纤/1 310 nm	10 000	物理层为 WAN
		10Gbase – EW	9 μm 单模光纤/1 550 nm	40 000	物理层为 WAN
	802.3ak	10GBase – CX4	同轴铜缆	15	
	802.3an	10GBase – T	6 类双绞线	55	使用 4 个线对
			6A 类以上双绞线	100	使用 4 个线对

（三）物理层互连设备

物理层位于 OSI 参考模型的最底层，它直接面向实际承担数据传输的物理媒体。物理层的传输单位为比特。物理层是指在物理媒体之上为数据链路层提供一个原始比特流的物理连接。物理层协议规定了与建立、维持及断开物理信道所需的机械、电气、功能性和规程性的特性。其作用是确保比特流在物理信道上传输。该层包括物理连网媒介，如电缆连线连接器、集线器。

集线器（HUB）的主要功能是对接收到的信号进行再生、整形、放大，以扩大网络的传输距离。集线器是中继器的一种，其区别仅在于集线器能够提供更多的端口服务，所以集线器又叫多口中继器。集线器主要是以优化网络布线结构、简化网络管理为目标而设计的。集线器是对网络进行集中管理的最小单元，像树的主干一样，它是各分枝的汇集点。常见到的集线器如图 1 – 8 所示，其外部结构比较简单。集线器的功能是负责在两个节点的物理层上按比特传递信息，完成信号的整形、放大和复制功能，以此来延长网络的长度。

图 1 – 8　集线器

以集线器为节点中心的优点是：当网络系统中某条线路或某节点出现故障时，不会影响网上其他节点的正常工作，这就是集线器刚推出时与传统的总线网络的最大区别和优点，因为它提供了多通道通信，大大提高了网络通信速度。

然而随着网络技术的发展，集线器的缺点越来越突出，后来发展了一种技术更先进的数据交换设备——交换机，其逐渐取代了部分集线器的高端应用。集线器的主要不足体现在如下几个方面：

1. 用户带宽共享，带宽受限

集线器的每个端口并没有独立的带宽，而是所有端口共享总的背板带宽，用户端口带宽较窄，并且随着集线器所接用户的增多，用户的平均带宽不断减少，不能满足当今许多对网络带宽有严格要求的网络应用，如多媒体、流媒体应用等环境。

2. 广播方式，易造成网络风暴

集线器是一个共享设备，它只是一个信号放大和中转的设备，不具备自动寻址能力，即不具备交换作用，所有传到集线器的数据均被广播到与之相连的各个端口，容易形成网络风暴，造成网络堵塞。

3. 非双工传输，网络通信效率低

在同一时刻，集线器的每一个端口只能进行一个方向的数据通信，而不能像交换机那样进行双向双工传输，网络执行效率低，不能满足较大型网络通信需求。

正因如此，尽管集线器技术也在不断改进，但实质上就是加入了一些交换机技术，目前集线器与交换机的区别越来越模糊了。随着交换机价格的不断下降，仅有的价格优势已不再明显，集线器的市场越来越小，处于淘汰的边缘。尽管如此，集线器对于家庭或者小型企业来说，在经济上还是有一点诱惑力的，特别是简单的家庭网络。

（四）数据链路层互连设备

1. 网络适配器

网络适配器又称网卡或网络接口卡，英文名为 Network Interface Card，如图 1-9 所示。网络适配器的内核是链路层控制器，该控制器通常是实现了许多链路层服务的单个特定目的的芯片，这些服务包括成帧、链路接入、流量控制、差错检测等。网络适配器是使计算机联

图 1-9　网络适配器

网的设备，平常所说的网卡就是将 PC 机和 LAN 连接的网络适配器。网卡插在计算机主板插槽中，负责将用户要传递的数据转换为网络上其他设备能够识别的格式，通过网络介质传输。

网卡虽然有很多种，但是有一点是一致的，那就是每块网卡都有世界唯一的 ID 号，也叫作 MAC（Media Access Control）地址。MAC 地址被烧录于网卡的 ROM 中，就像是我们每个人的遗传基因密码 DNA 一样，即使在全世界，也绝对不会重复。MAC 地址用于在网络中标识电脑的身份，实现网络中不同电脑之间的通信和信息交换。

目前，以太网网卡有 10M、100M、10M/100M 及千兆网卡。对于大数据量的网络来说，服务器应该采用千兆以太网网卡，这种网卡多用于服务器与交换机之间的连接，以提高整体系统的响应速率。而 10M、100M 和 10M/100M 网卡则属经常购买且常用的网络设备，这三种产品的价格相差不大。所谓 10M/100M 自适应，是指网卡可以与远端网络设备（集线器或交换机）自动协商，确定当前的可用速率是 10M 还是 100M。

网卡的主要作用：首先，它是主机与介质的桥梁设备；其次，它实现主机与介质之间的电信号匹配；最后，它提供数据缓冲能力和控制数据传送的能力。

2. 以太网交换机

以太网交换机是一种具有简化、低价、高性能和高端口密集特点的网络产品，如图 1 – 10 所示。二层交换机属数据链路层设备，可以识别数据包中的 MAC 地址信息，根据 MAC 地址进行转发，并将这些 MAC 地址与对应的端口记录在自己内部的一个地址表中，该地址表称为 MAC 地址表。

图 1 – 10　以太网交换机

（1）交换机的工作原理

MAC 地址表记录了端口下包含连接主机的 MAC 地址。MAC 地址表是交换机上电后自动建立的，保存在 RAM 中，并且自动维护。所以交换机的工作原理如下：

①交换机根据收到数据帧中的源 MAC 地址建立该地址同交换机端口的映射，并将其写入 MAC 地址表中。

②交换机将数据帧中的目的 MAC 地址同已建立的 MAC 地址表进行比较，以决定由哪个端口进行转发。

③如数据帧中的目的 MAC 地址不在 MAC 地址表中，则向所有端口转发。这一过程称为

泛洪（flood）。

④广播帧和组播帧向所有的端口转发。

（2）交换机的三种转发方式

交换机数据包转发方式有以下三种：

1）直通式（Cut Through）处理过程

在输入端口检测到一个数据包后，只检查其包头，取出目的地址，通过内部的地址表确定相应的输出端口，然后把数据包转发到输出端口，这样就完成了交换。因为它只检查数据包的包头（通常只检查 14 字节）。直通方式的以太网交换机可以理解为在各端口间是纵横交叉的线路矩阵电话交换机。它在输入端口检测到一个数据包时，检查该包的包头，获取包的目的地址，启动内部的动态查找表转换成相应的输出端口，在输入与输出交叉处接通，把数据包直通到相应的端口，实现交换功能。由于不需要存储，延迟非常小，交换非常快，这是它的优点。它的缺点是，因为数据包内容并没有被以太网交换机保存下来，所以无法检查所传送的数据包是否有误，不能提供错误检测能力。由于没有缓存，不能将具有不同速率的输入/输出端口直接接通，而且容易丢包。

2）存储转发（Store and Forward）处理过程

是计算机网络领域使用得最为广泛的技术之一，在这种工作方式下，交换机的控制器先缓存输入端口的数据包，然后进行 CRC 校验，滤掉不正确的帧，确认包正确后，取出目的地址，通过内部的地址表确定相应的输出端口，然后把数据包转发到输出端口。存储转发方式在数据处理时延时大，这是它的不足，但是它可以对进入交换机的数据包进行错误检测，有效地改善网络性能。尤其重要的是，它可以支持不同速度的端口间的转换，保持高速端口与低速端口间的协同工作。

3）无碎片直通（Fragment Free Through）过程

它是介于直通式和存储转发式之间的一种解决方案，它检查数据包的长度是否够 64 字节（512 位）。如果小于 64 字节，说明该包是碎片（即在信息发送过程中由于冲突而产生的残缺不全的帧），则丢弃该包；如果大于 64 字节，则发送该包。该方式的数据处理速度比存储转发方式快，但比直通式慢。

（3）交换机互连方式

交换机的互连方式主要有两种：级联方式和堆叠方式。

1）级联

级联方式是指交换机之间利用以太网接口连接起来。它的作用是扩展网络范围。缺点是容易造成单链路带宽瓶颈，网络延时比较大。

2）堆叠

堆叠方式是指交换机之间通过堆叠线缆将交换机的背板连接起来。堆叠方式可以大大提高交换机端口密度和性能。在堆叠距离上，交换机支持本地堆叠和远程堆叠，本地堆叠和远程堆叠是两个相对的概念，由于早期交换机堆叠一般采用专用的堆叠线缆，这种线缆长度较短，一般只有几米，所以参与堆叠的交换机只能安装在同一机柜或相邻机柜中，相对距离很近，称为本地堆叠。随着堆叠技术的发展，堆叠不但可以使用专用的堆叠线缆，还可以使用普通的数据电缆和光纤，极大地扩展了堆叠设备之间的距离，从几米延长到了几十米、几千米甚至几十千米，实现了跨机房、跨楼宇、跨地域的远距离堆叠，这种堆叠设备之间距离相对较远的堆叠方式称为远程堆叠。这种堆叠方式延时小，方便统一管理。如今不同交换机品牌都有自己的堆叠方式，图 1 – 11 和图 1 – 12 所示分别为锐捷交换机菊花链式堆叠和主从式堆叠。

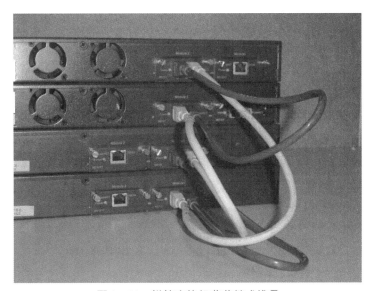

图 1 – 11　锐捷交换机菊花链式堆叠

图 1 – 12　锐捷交换机主从式堆叠

（4）交换机的特点

交换机的每一个端口所连接的网段都是一个独立的冲突域。交换机所连接的设备仍然在同一个广播域内，也就是说，交换机不隔绝广播（唯一的例外是在配有 VLAN 的环境中）。交换机依据帧头的信息进行转发，因此说交换机是工作在数据链路层的网络设备（此处所述交换机仅指传统的二层交换设备）。

（五）网络层互连设备

所谓路由是选择将数据包发往某个目标网段或主机的路径；而路由器（Router）是连接因特网中各局域网、广域网的设备，它会根据信道的情况自动选择和设定路由，以最佳路径，按前后顺序发送信号的设备。路由器是互联网络的枢纽。目前路由器已经广泛应用于各行各业，各种不同档次的产品已成为实现各种骨干网内部连接、骨干网间互连和骨干网与互联网互连互通业务的主力军。路由和交换之间的主要区别就是交换发生在 OSI 参考模型第二层（数据链路层），而路由发生在第三层，即网络层。这一区别决定了路由和交换在移动信息的过程中需使用不同的控制信息，所以两者实现各自功能的方式是不同的。

1. 路由器的作用

路由器的作用是实现不同 IP 网段主机或者不同通信协议网段主机间的相互访问。同时，选择通畅快捷的近路，能大大提高通信速度，减轻网络系统通信负荷，节约网络系统资源，提高网络系统畅通率，从而让网络系统发挥出更大的效益来。而且路由器不转发广播数据包，可以起到隔离广播域的作用。

2. 路由器转发数据过程

路由器转发数据是通过查找路由表完成的，如图 1-13 所示，具体工作如下：

①路由器从接口收到数据包，读取数据包里的目的 IP 地址。

②根据目的 IP 地址信息查找路由表进行匹配。

③匹配成功后，按照路由表中转发信息进行转发。

④匹配失败，将数据包丢弃，并向源发送方返回错误信息报文。

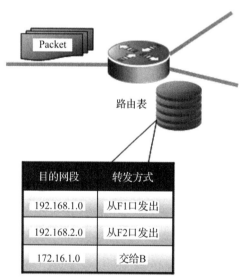

目的网段	转发方式
192.168.1.0	从F1口发出
192.168.2.0	从F2口发出
172.16.1.0	交给B

图 1-13　路由器转发数据过程

3. 路由表的产生方式

路由表的产生主要有三种方式：直连路由、静态路由和动态路由。

①直连路由：路由器会自动生成本路由器激活端口所在网段的路由条目。

②静态路由：在简单拓扑结构的网络里，网络管理员手动输入路由条目。

③动态路由：动态路由协议学习到的路由，在大型网络环境下，依靠路由协议比如 OSPF、RIP 路由协议学习。

4. 路由器接口

路由器作为网络之间的互连设备，因其连接的网络多种多样，所以其接口类型也很多。以锐捷路由器为例，它支持多种型号的接口类型，主要包含 E1、ISDN、VoIP、V.35、异步接口类型。

（1）E1 接口及应用

E1 接口（图 1 - 14）在路由器这一端的表现形式主要是 DB9 接口，而在 DCE 设备（比如光纤转换器、接口转换器、协议转换器、光端机等）一端的接口表现形式有两种：G.703 非平衡的 75 ohm、平衡的 120 ohm。它将整个 2M 用作一条链路，如 DDN 2M；它将 2M 用作若干个 64K 及其组合，如 128K、256K 等，如 CE1；它用作语音交换机的数字中继，这也是 E1 最本来的用法，一条 E1 可以传 30 路话音。PRI 就是其中最常用的一种接入方式。

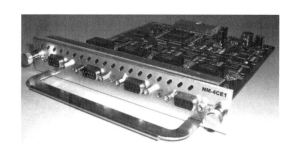

图 1 - 14　锐捷路由器 E1 接口模块

（2）V.35 接口类型及应用

V.35 接口（图 1 - 15）在路由器一端为 DB50 接口，外接网络端为 34 针接口。V.35 电缆用于同步方式传输数据，在接口上封装 X.25、帧中继、PPP、SLIP、LAPB 等链路层协议，支持 IP、IPX 网络层协议。V.35 电缆传输（同步方式下）的公认最高速率是 2 Mb/s，传输距离与传输速率有关，在 V.35 接口上速率与接口的关系是：2 400 b/s - 1 250 m；4 800 b/s - 625 m；9 600 b/s - 312 m；19 200 b/s - 156 m；38 400 b/s - 78 m；56 000 b/s - 60 m；64 000 b/s - 50 m；2 048 000 b/s - 30 m。V.35 接口的使用既广泛，又很单一，在所有的低速同步线路（64K～128K）的线路上都使用它。

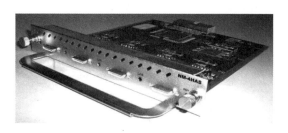

图 1 - 15　锐捷路由器 V.35 同步接口模块

（3）异步接口类型及应用

异步接口线路（图1-16）都遵循 EIA 指定的标准，最传统和典型的异步接口是 RS-232。目前在路由器上应用的接口类型有 RS-232、DB-25、DB-9、RJ-45 等。

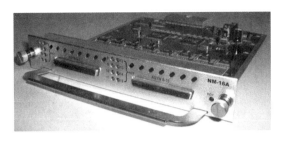

图1-16 锐捷路由器异步接口模块

（4）ISDN 接口及应用

ISDN 设备（图1-17）包括交换机和网络终端设备。网络终端设备（NT）有 ISDN 小交换机、ISDN 适配器、ISDN 路由器、数字电话机等，一个数字电话机占用一个 B 信道。它安装于用户处，分为 NT1 和 NT2 两种，它使数字信号在普通电话线上转送和接收。

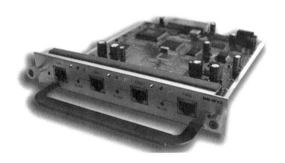

图1-17 锐捷路由器 ISDN 接口模块

我国电话局提供的 ISDN 基群速率接口（PRI）为 30B+D。ISDN 的 PRI 提供 30 个 B 信道和 1 个 64 Kb/s 的 D 信道，总速率可达 2.048 Mb/s。B 信道速率为 64 Kb/s，用于传输用户数据；D 信道主要传输控制信令。我国 ISDN 使用拨号方式建立与 ISP 的连接，它可作为 DDN 或帧中继线路的备用。由于采用与电话网络不同的交换设备，ISDN 用户与电信局间的连接采用数字信号，因而 ISDN 的信道建立时间很短、线路通信质量较好、误码率和重传率低。

主要在 ADSL 普及之前做单纯的上网线路；作为广域网络主线路的备份线路，由于这种线路在不使用的时候产生的费用很少，备份主线路时速度快，稳定性高，因此很容易被用户所接受；可作为普通电话使用，ISDN 虽然是一种数字电子线路，但其传输的网络介质同样是公共电话网，所以，在用户不上网时，可以把它作为普通电话使用。

（5）VoIP 接口及应用

传统语音模块，从呼叫方到接收方，完全通过 PSTN 网络相互连接，如图1-18所示。VoIP 语音与此不同，IP 语音位于公用电话网与提供传输服务的 IP 网络的接口处，用户拨打

VoIP 电话时，经程控电话交换机转接到 IP 语音网关，再由 IP 语音网关将用户话路数据转发到 IP 网络，通过 IP 网络达到被呼叫用户电话所属的 IP 网关，再由该网关将数据转到被叫用户电话所在的 PSTN 网络上，最终到达被叫用户的电话，因此，可利用 IP 网络共享带宽，充分利用资源的优势。

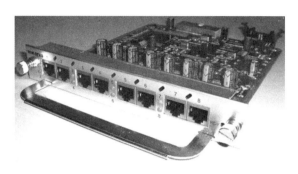

图 1 – 18　锐捷路由器 VoIP 接口模块

　　VoIP 的语音接口共有两种型号：FXO、FXS。FXO 是一种不给它所连接的设备进行供电的接口，因此它多用来接 ISP 的中继线路。FXS 是可以给它所连接的线路进行信号和供电的传输的接口，因此它可以直接连接到传真机或者电话机上。在所有存在 IP 网络的地方，只要在路由器上安装了相应的语音模块，就可以使用 VoIP。

　　5. 三层交换机

　　第三层网络设备中，除了路由器之外，还有一个很重要的设备是三层交换机。在逻辑上，三层交换和路由是等同的，如图 1 – 19 所示。三层交换机就是具有部分路由器功能的交换机，三层交换机的最重要目的是加快大型局域网内部的数据交换，所具有的路由功能也是为这个目的服务的，能够做到一次路由，多次转发。对于数据包转发等规律性的过程，由硬件高速实现，而路由信息更新、路由表维护、路由计算、路由确定等功能由软件实现。三层交换技术就是二层交换技术加三层转发技术。传统交换技术是在 OSI 网络标准模型第二层——数据链路层进行操作的，而三层交换技术是在网络模型中的第三层实现了数据包的高速转发，既可实现网络路由功能，又可根据不同网络状况做到最优网络性能。

图 1 – 19　三层交换机

　　在典型局域网中，一般会将三层交换机用在网络的核心层和汇聚层，用三层交换机上的千兆端口或百兆端口连接不同的子网或 VLAN。不过，应清醒认识到三层交换机出现最重要的目的是加快大型局域网内部的数据交换，所具备的路由功能也多是围绕这一目的而展开的，所以它的路由功能没有同一档次的专业路由器强。毕竟在安全、协议支持等方面还有许多欠缺，并不能完全取代路由器工作。

（六）应用层互连设备

1. 防火墙

所谓防火墙，指的是一个由软件和硬件设备组合而成、在内部网和外部网之间、专用网与公共网之间的界面上构造的保护屏障，是一种获取安全性方法的形象说法。它是一种计算机硬件和软件的结合，使 Internet 与 Intranet 之间建立起一个安全网关（Security Gateway），从而保护内部网免受非法用户的侵入，防火墙主要由服务访问规则、验证工具、包过滤和应用网关 4 个部分组成。

防火墙就是一个位于计算机和它所连接的网络之间的软件或硬件。该计算机流入流出的所有网络通信均要经过此防火墙。

在网络中，所谓防火墙，是指一种将内部网和公众访问网（如 Internet）分开的方法，它实际上是一种隔离技术。防火墙是在两个网络通信时执行的一种访问控制尺度，它能允许你"同意"的人和数据进入你的网络，同时将你"不同意"的人和数据拒之门外，最大限度地阻止网络中的黑客来访问你的网络。换句话说，如果不通过防火墙，公司内部的人就无法访问 Internet，Internet 上的人也无法和公司内部的人进行通信。

（1）防火墙的作用

防火墙具有很好的保护作用。入侵者必须首先穿越防火墙的安全防线，才能接触目标计算机。你可以将防火墙配置成许多不同保护级别。高级别的保护可能会禁止一些服务，如视频流等，但至少这是你自己的保护选择。

一方面，阻止来自因特网的对受保护网络的未授权或未验证的访问；另一方面，允许内部网络的用户对因特网进行 Web 访问或收发 E – mail 等。

防火墙也可以作为一个访问因特网的权限控制关口，如允许组织内的特定的人可以访问因特网。

（2）防火墙的特点

①内部网络和外部网络之间的所有网络数据流都必须经过防火墙。

这是防火墙所处网络位置特性，同时也是一个前提。因为只有当防火墙是内、外部网络之间通信的唯一通道时才可以全面、有效地保护企业网内部网络不受侵害。

根据美国国家安全局制定的《信息保障技术框架》，防火墙适用于用户网络系统的边界，属于用户网络边界的安全保护设备。所谓网络边界，即是采用不同安全策略的两个网络连接处，比如用户网络和互联网之间连接、和其他业务往来单位的网络连接、用户内部网络不同部门之间的连接等。防火墙的目的就是在网络连接之间建立一个安全控制点，通过允许、拒绝或重新定向经过防火墙的数据流，实现对进、出内部网络的服务和访问的审计与控制。

典型的防火墙体系网络结构如图 1 – 20 所示。从图中可以看出，防火墙的一端连接企事业单位内部的局域网，而另一端则连接着互联网。所有的内、外部网络之间的通信都要经过防火墙。

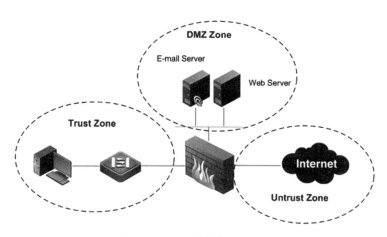

图 1 - 20　防火墙的连接方式

②只有符合安全策略的数据流才能通过防火墙。

防火墙最基本的功能是确保网络流量的合法性，并在此前提下将网络的流量快速地从一条链路转发到另外的链路上去。从最早的防火墙模型开始谈起，原始的防火墙是一台"双穴主机"，即具备两个网络接口，同时拥有两个网络层地址。防火墙将网络上的流量通过相应的网络接口接收，按照 OSI 协议栈的七层结构顺序上传，在适当的协议层进行访问规则和安全审查，然后将符合通过条件的报文从相应的网络接口送出，而对于那些不符合通过条件的报文则予以阻断。因此，从这个角度来说，防火墙是一个类似于桥接或路由器的、多端口的（网络接口≥2）转发设备，它跨接于多个分离的物理网段之间，并在报文转发过程中完成对报文的审查工作。

③防火墙自身应具有非常强的抗攻击免疫力。

这是防火墙能担当企业内部网络安全防护重任的先决条件。防火墙处于网络边缘，它就像一个边界卫士一样，每时每刻都要面对黑客的入侵，这样就要求防火墙自身具有非常强的抗击入侵本领。它之所以具有这么强的本领，防火墙操作系统本身是关键，只有自身具有完整信任关系的操作系统才可以谈论系统的安全性。其次就是防火墙自身具有非常低的服务功能，除了专门的防火墙嵌入系统外，再没有其他应用程序在防火墙上运行。当然，这些安全性也只能说是相对的。

目前国内的防火墙几乎被国外的品牌占据了一半的市场，国外品牌的优势主要是在技术和知名度上比国内产品高。而国内防火墙厂商对国内用户了解更加透彻，价格上也更具有优势。防火墙产品中，国外主流厂商为思科（Cisco）、CheckPoint、NetScreen 等，国内主流厂商为东软、天融信、山石网科、网御神州、锐捷、联想、方正等，它们都提供不同级别的防火墙产品。

2. IDS/IPS

（1）IDS（入侵检测系统）

IDS 是英文 "Intrusion Detection Systems" 的缩写，中文意思是 "入侵检测系统"。专业上讲，就是依照一定的安全策略，对网络、系统的运行状况进行监视，尽可能发现各种攻击企图、攻击行为或者攻击结果，以保证网络系统资源的机密性、完整性和可用性。做一个形象的比喻：假如防火墙是一幢大楼的门锁，那么 IDS 就是这幢大楼里的监视系统。一旦小偷爬窗进入大楼，或内部人员有越界行为，只有实时监视系统才能发现情况并发出警告。

不同于防火墙，IDS 入侵检测系统是一个监听设备，没有跨接在任何链路上，无须网络流量流经它便可以工作。因此，对 IDS 的部署，唯一的要求是：IDS 应当挂接在所有所关注流量都必须流经的链路上。在这里，"所关注流量"指的是来自高危网络区域的访问流量和需要进行统计、监视的网络报文。在如今的网络拓扑中，已经很难找到以前的 HUB 式的共享介质冲突域的网络，绝大部分的网络区域都已经全面升级到交换式的网络结构。因此，IDS 在交换式网络中一般选择在尽可能靠近攻击源和尽可能靠近受保护资源位置。这些位置通常是服务器区域的交换机上、Internet 接入路由器之后的第一台交换机上、重点保护网段的局域网交换机上。入侵检测系统的部署方式如图 1 – 21 所示。

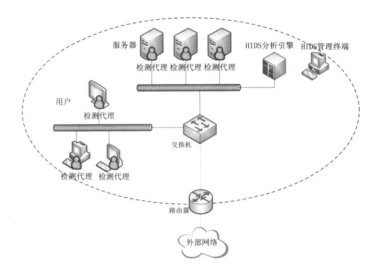

图 1 – 21　典型入侵检测系统的部署方式

（2）IPS（入侵防御系统）

IPS：侵入保护（阻止）系统是新一代的侵入检测系统（IDS），可弥补 IDS 存在于前摄及假阳性/假阴性等性质方面的弱点。IPS 能够识别事件的侵入、关联、冲击、方向和适当的分析，然后将合适的信息和命令传送给防火墙、交换机和其他的网络设备，以减轻该事件的风险。

IPS 的关键技术成分包括所合并的全球和本地主机访问控制、IDS、全球和本地安全策略、风险管理软件和支持全球访问并用于管理 IPS 的控制台。如同 IDS 中一样，IPS 中也需要降低假阳性或假阴性，它通常使用更为先进的侵入检测技术，如试探式扫描、内容检查、状态和行为分析，同时，还结合常规的侵入检测技术如基于签名的检测和异常检测。

同侵入检测系统（IDS）一样，IPS 系统分为基于主机和网络两种类型。

基于主机的 IPS 依靠在被保护的系统中所直接安装的代理。它与操作系统内核和服务紧密地捆绑在一起，监视并截取对内核或 API 的系统调用，以便达到阻止并记录攻击的作用。它也可以监视数据流和特定应用的环境（如网页服务器的文件位置和注册条目），以便能够保护该应用程序使之能够避免那些还不存在签名的普通的攻击。

基于网络的 IPS 综合了标准 IDS 的功能，IDS 是 IPS 与防火墙的混合体，并可被称为嵌入式 IDS 或网关 IDS（GIDS）。基于网络的 IPS 设备只能阻止通过该设备的恶意信息流。为了提高 IPS 设备的使用效率，必须采用强迫信息流通过该设备的方式。更为具体地说，受保护的信息流必须代表着向联网计算机系统或从中发出的数据，并且在其中：

指定的网络领域中，需要高度的安全和保护，或该网络领域中存在极可能发生的内部爆发，配置地址时，能够有效地将网络划分成最小的保护区域，并能够提供最大范围的有效覆盖率。入侵防御系统的部署方式如图 1－22 所示。

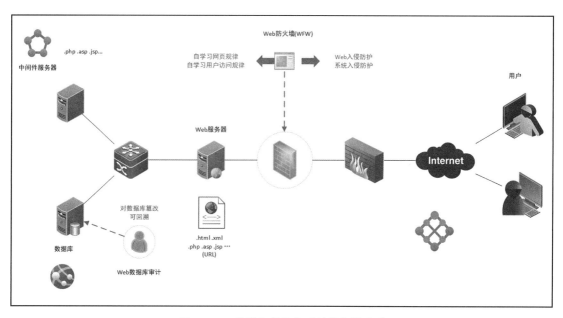

图 1－22　典型入侵防御系统的部署方式

二、任务实施　网络线缆施工与测试

职业岗位	网络运维工程师、网络技术支持、网络安全工程师、网络工程师				
项目1	构建高职校园网	姓名		班级	
任务 1.1	网络线缆施工与测试	学号		时间	
任务要求	学校要求组建校园网，实现公司内部网络的基本通信功能，请用压线钳和测线器制作双绞线若干。				
任务目标	了解双绞线每根线的作用及与布线有关的标准，具备双绞线制作的能力，具备使用网络线缆测试仪测试线缆的能力。				

【技术原理】

每条双绞线中都有 8 根导线，导线的排列顺序必须遵循一定的规律，否则就会导致链路的连通性故障，或影响网络传输速率。1985 年年初，计算机工业协会（CCIA）提出对大楼布线系统标准化的倡议，美国电子工业协会（EIA）和美国电信工业协会（TIA）开始标准化制定工作。1991 年 7 月，ANSI/EIA/TIA568 即《商业大楼电信布线标准》问世。1995 年年底，EIA/TIA 的布线标准中规定了双绞线的制作方式有两种国际标准，分别为 EIA/TIA568A 以及 EIA/TIA568B。而双绞线的连接方法也主要有两种，分别为直通线缆以及交叉线缆。简单地说，直通线缆就是水晶头两端都同时采用 T568A 标准或者 T568B 标准的接法，而交叉线缆则是水晶头一端采用 T586A 标准制作，而另一端则采用 T568B 标准制作。T568A 和 T568B 标准描述的线序如图 1-23 所示。

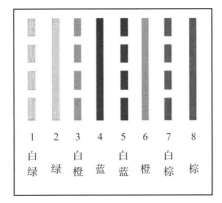

T568 A

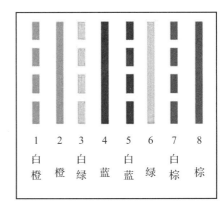

T568 B

图 1-23　T568A 和 T568B 标准

【任务设备】

RJ-45 压线钳一把、超 5 类双绞线若干、测线仪一个、水晶头几个。

【任务步骤】

第 1 步：用双绞线压线钳把双绞线的一端剪齐，然后把剪齐的一端插入压线钳用于剥线的缺口中。顶住压线钳后面的挡位后，稍微握紧压线钳，慢慢旋转一圈，让刀口划开双绞线的保护胶皮并剥除外皮，如图 1-24 所示。

注意：压线钳挡位离剥线刀口长度通常恰好为水晶头长度，这样可以有效避免剥线过长或过短。如果剥线过长，往往会因为网线不能被水晶头卡住而容易松动；如果剥线过短，则会造成水晶头插针不能跟双绞线完好接触。

图 1-24　双绞线制作

第 2 步：剥除外包皮后，会看到双绞线的 4 对芯线，用户可以看到每对芯线的颜色各不相同。将绞在一起的芯线分开，按照橙白、橙、绿白、蓝、蓝白、绿、棕白、棕的颜色一字排列，并用压线钳将线的顶端剪齐，如图 1－25 所示。

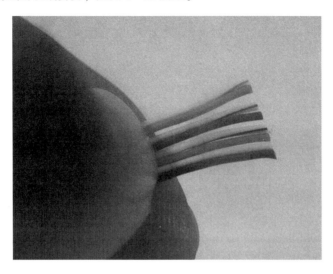

图 1－25　双绞线制作

第 3 步：使 RJ－45 插头的弹簧卡朝下，然后将正确排列的双绞线插入 RJ－45 插头中。在插的时候一定要将各条芯线都插到底部。由于 RJ－45 插头是透明的，因此可以观察到每条芯线插入的位置，如图 1－26 所示。

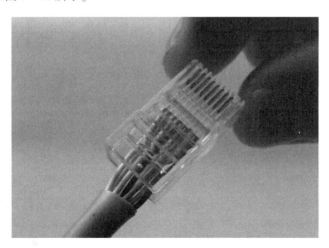

图 1－26　双绞线制作

第 4 步：将插入双绞线的 RJ－45 插头插入压线钳的压线插槽中，用力压下压线钳的手柄，使 RJ－45 插头的针脚都能接触到双绞线的芯线，如图 1－27 所示。

第 5 步：完成双绞线一端的制作工作后，按照相同的方法制作另一端即可。注意，双绞线两端的芯线排列顺序要完全一致。

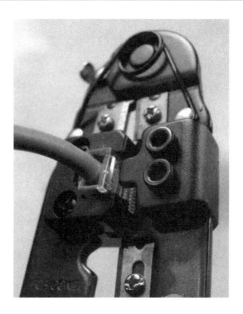

图 1 – 27　双绞线制作

第 6 步：在完成双绞线的制作后，建议使用网线测试仪对网线进行测试。将双绞线的两端分别插入网线测试仪的 RJ – 45 接口，并接通测试仪电源。如果测试仪上的 8 个绿色指示灯都顺利闪过，说明制作成功。如果其中某个指示灯未闪烁，则说明插头中存在断路或者接触不良的现象。此时应再次对网线两端的 RJ – 45 插头用力压一次并重新测试，如果依然不能通过测试，则只能重新制作。

若连接不正常，按下述情况显示：

①当有一根导线断路时，则主测试仪和远程测试端对应线号的灯都不亮。

②当有几条导线断路时，则相对应的几条线都不亮；当导线少于 2 根线连通时，灯都不亮。

③当两头网线乱序时，则与主测试仪端连通的远程测试端的线号亮。

④当导线有 2 根短路时，则主测试器显示不变，而远程测试端显示短路的两根线灯都亮；若有 3 根以上（含 3 根）线短路时，则所有短路的几条线对应的灯都不亮。

⑤如果出现红灯或黄灯，就说明存在接触不良等现象，此时最好先用压线钳压制两端水晶头一次，再测，如果故障依旧存在，就得检查一下芯线的排列顺序是否正确。如果芯线顺序错误，那么就应重新进行制作。

【注意事项】

如果测试的线缆为直通线缆，测试仪上的 8 个指示灯应该依次闪烁；如果线缆为交叉线缆，其中一侧同样是依次闪烁，而另一侧则会按 3、6、1、4、5、2、7、8 这样的顺序闪烁。如果芯线顺序一样，但测试仪仍显示红色灯或黄色灯，则表明其中肯定存在对应芯线接触不好的情况，此时就需要重做水晶头了。

评价标准表

项目			工作时间	姓名: 组别: 班级:		总分:		
序号	评价项目	评价内容及要求	考核 环节	配分	学生 自评 (20%)	学生 互评 (20%)	教师 评价 (60%)	得分
1	素质考评	工作纪律情况,团队合作意识	全过程	15				
2	方案制订	网络规划工程科学性、合理性,有无创新	计划、决策	15				
3	实操考评	项目实施情况。项目实施过程评估和项目实施测试评估	实施、检查	50				
4	工单考评	工单报告的撰写质量;口头汇报的质量;答辩质量	评估	20				

指导教师签字:　　　　　　　　　　　　　　　学生签字:

　　　　　　　　　　　　　　　　　　　　　　　　　年　　月　　日

任务 1.2　制作网络拓扑图

一、知识链接　网络规划与设计

(一) 层次化网络设计

1. 层次化网络设计思想

在互联网组件的通信中引入了三个关键层的概念,这三个层次分别是核心层(Core Layer)、汇聚层(Distribution Layer)和接入层(Access Layer),如图 1 – 28 所示。

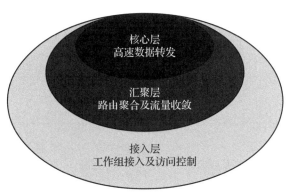

图1-28　互联网组的通信中三个关键层的关系图

核心层为网络交换提供了骨干组件和高速交换组件。在纯粹的分层设计中，核心层只完成数据交换的特殊任务。汇聚层是核心层和终端用户接入层的分界面。汇聚层网络组件完成了数据包处理、过滤、寻址、策略增强和其他数据处理的任务。接入层使终端用户能接入网络。同时，优先级设定和带宽交换等优化网络资源的设置也在接入层完成。每一层都集中了特定的功能，从而使网络设计人员能够根据在模型中的作用来选择合适的系统和功能，此方法有助于提供更加精确的容量规划以及减少总费用。图1-29给出的典型网络构建实例说明了到层级化模型的三层映射。

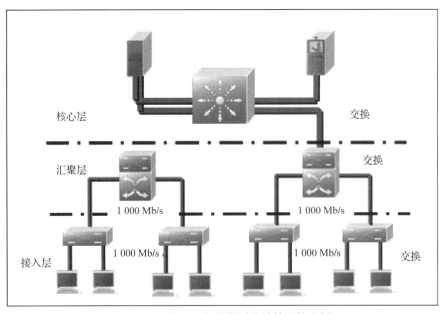

图1-29　使用层级化模型设计的网络实例

2. 三种关键层的功能和特点

接入层为用户提供对网络的访问接口，是整个网络的可见部分，也是用户与该网的连接场所。接入层的特点是建立独立的冲突域，建立工作组与汇聚层的连接，部署用户的安全接入控制策略。

汇聚层功能是用于把大量接入层的路径进行汇聚和集中，并连接至核心层。

　　汇聚层的特点是广播域的划分、不同网段之间的相互访问、用户访问网络的权限控制。

　　核心层为网络提供了骨干组件或高速交换组件。在纯粹的分层设计中，核心层只完成数据交换的特殊任务。核心层的特点是提供高可靠性、提供冗余链路、提供故障隔离、迅速适应升级、提供较少的延时和良好的可管理性。

3. 层次化网络设计模型的优点

（1）可扩展性

由于分层设计的网络采用模块化设计，路由器、交换机和其他网络互连设备能在需要时方便地加到网络组件中。

（2）高可用性

冗余、备用路径、优化、协调、过滤和其他网络处理使得层次化网络具有整体的高可用性。

（3）低时延

由于路由器隔离了广播域，同时存在多个交换和路由选择路径，数据流能快速传送，而且只有非常低的时延。

（4）故障隔离

使用层次化设计易于实现故障隔离。模块化设计能通过合理的问题解决和组件分离方法加快故障的排除。

（5）模块化

分层网络的模块化设计让每个组件都能完成互联网络中的特定功能，因而可以增强系统的性能，使网络管理易于实现，并可提高网络管理的组织能力。

（6）高投资回报

通过系统优化及改变数据交换路径和路由路径，可在分层网络中提高带宽利用率。

4. 三种关键层设备选型

（1）接入层设备选型

接入层设备需支持的功能：二层数据的快速交换；支持多用户的接入；能够提供和汇聚层设备连接的高带宽链路；支持 ACL 和端口安全功能，保证用户的安全接入；支持网络远程管理，支持 SNMP 协议。典型的二层交换机有 S2126G、S2150G。

（2）汇聚层设备选型

汇聚层设备需支持的功能：不同 IP 网络之间的数据转发；高效的安全策略处理能力；提供高带宽链路，保证高速数据转发；支持提供负载均衡和自动冗余链路；支持远程网络管理，支持 SNMP 协议。典型的三层交换机有 S3750、S3760、S4909、S5750。

（3）核心层设备选型

核心设备需支持的功能：数据的高速交换；高稳定性，保证设备的正常运行和管理；具备路由、数据负载均衡和自动冗余链路功能。典型的核心路由交换机有 S4909、S6806E、S6810E、S8610E。

（二）基本案例

1. 网络建设的总体思路

第一，进行对象研究和学期调查，弄清用户的性质、任务和特点，对网络环境进行准确的描述，明确系统建设的需求和条件。

第二，在应用需求分析的基础上，确定不同网络 Intranet 服务类型，进而确定系统建设的具体目标，包括网络设施、站点设置、开发应用和管理等方面的目标。

第三，确定网络拓扑结构和功能，根据应用需求、建设目标和建筑分布特点，进行系统分析和设计。

第四，确定技术设计的原则要求，如在技术选型、布线设计、设备选择、软件配置等方面的标准和要求。

第五，规划网络建设的实施步骤。

根据不同行业的特点，目前多种网络组网解决方案已经很成熟了，其中包含了国有银行、外资银行、酒店行业、证券行业、保险行业、政府、国有制造、教育行业、物流行业、服务行业、连锁行业、跨国企业、商务楼、会展行业、聚类市场等行业。每个行业对组网要求都是不一样的。比如，教育行业要求在基础网络平台、网络运行支撑系统、信息化人才培养三个层次组网布线。不同的学校比如高校、高职、中职、中小学对网络在实验室、图书馆、数字化校园等方面的需求都不一样。政府行业要求坚持"安全稳定""智能融合"的经营理念设计并组建网络。对于医疗行业网络方案，目标是建成稳定、安全、灵活、智能的医疗信息平台，保障医疗业务永续，助力医疗服务质量优化。金融行业随着金融企业的数据大集中、新核心业务系统上线，数据中心作为金融企业网络的核心节点和业务应用的集中处理中心，承载着众多的重要业务系统。因此，数据中心的建设就成为金融企业 IT 规划建设的重中之重。数据高可靠、高安全、易管理也是金融企业网络规划的重点。

2. 昆明高新二中典型案例

高新二中校园网建设采用先进的以太网技术，采用核心—汇聚—接入典型的三层网络架构进行组网。核心部署两台核心交换机 RG－S8610，并通过万兆链路互连虚拟化，极大地提升了整网稳定性。拓扑图如图 1－30 所示。

在办公室、会议室、部分教室等地方部署无线网络，通过无线控制器让全校师生用户可随时随地获取优秀资源，特别是在大会议室、活动厅等场所部署基于最新无线协议 802.11ac 的无线 AP，一台 AP 能够满足 100 左右用户接入并使用无线网络。

在校园网出口采用综合型出口网关 EG－1000M 进行部署，其流控、上网行为审计、高性能 NAT、VPN 等功能 "All in One"（集于一身），帮助用户极大地简化出口网络，用最少的投资解决众多的出口问题。另外，在出口部署一台热点资源缓存设备 RG－Power-Cache，将热点的视频、网页、应用等全部缓存在学校本地，给全校师生用户带来飞速的网络体验。

通过部署出口防火墙、防火墙板卡、入侵检测防御系统及实名认证系统，从内、外两个维度充分保障了校园网安全，只有合法用户才能上网，上网行为、NAT 日志等均实名制。

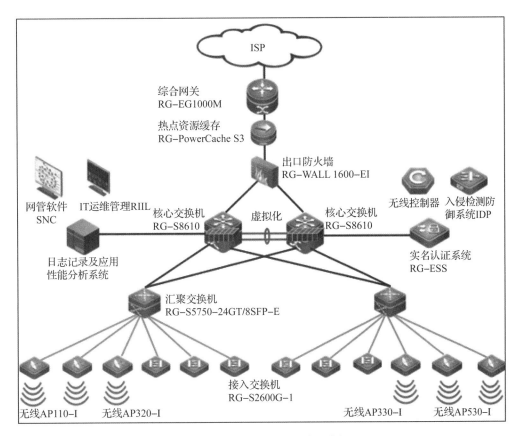

图 1 – 30 昆明高新二中典型案例

在信息化建设的同时，采用 IT 运维管理系统，对校内业务系统、网络设备、服务器、数据库、中间件等进行统一管理和监控，极大地提高网络管理效率的同时，展现了校园信息化建设成果。

3. 酒店无线网络解决方案

锐捷网络的酒店无线网络解决方案，可良好地解决 AP 部署密集同频串扰严重、AP 部署少信号强度弱、无线网络接入带宽低、上网掉线、无法负载均衡等问题。

餐厅、会议室等开放环境可采用锐捷网络 RG – AP3220 放装部署，内置天线，简约美观，能够满足用户高密度接入的场合，单个 AP 最大带用户数可达 100 人，推荐带用户数 60 人；酒店客房可以采用 WALL – AP 嵌入式部署，AP 之间不存在同频串扰问题，客房无线信号无死角覆盖；酒店客房也可以采用锐捷专门针对障碍物较多环境推出的 RG – AP220 – L，单 AP 能够满足覆盖 6 间以上客房。酒店 AP 可采用 AC 进行集中管理，RG – AC – S512 最大支持管理 512 个 AP。拓扑图如图 1 – 31 所示。

4. 新网吧真万兆解决方案

（1）经济型万兆网吧解决方案

该方案采用 New NBR 网吧专用路由器作为出口，万兆三层交换机 S5750 – 24SFP/8GT – E 作为核心，RG – 1824GT – ES 作为全千兆交换机接入，接入交换机通过双链路聚合上连核心

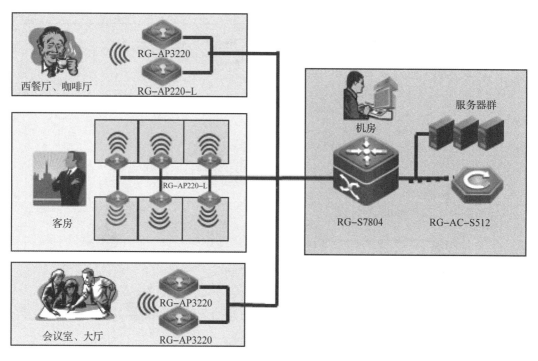

图 1 – 31 锐捷网络的酒店无线网络解决方案

交换机,服务器万兆上连核心交换机,使网吧无盘系统启动速度提高一倍,增强网络的稳定性。解决方案的特点为内网提速、链路稳定和安全。服务器万兆连接核心交换机,接入设备双链路上连,提升网吧无盘系统启动速度。双链路设计,增强网络的稳定性,确保网吧业务照常运行,不影响看电影、打游戏。拓扑图如图 1 – 32 所示。

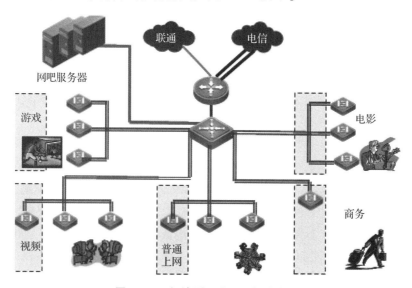

图 1 – 32 经济型万兆网吧解决方案

(2)豪华型万兆网吧解决方案

该方案采用 NEW NBR 网吧专用路由器作为出口设备,RG – S5700 系列万兆多层交换机结合虚拟化技术进行一层核心接入万兆组网，让网吧享受零成本维护和业务高速、高安全。解决方案的特点为万兆骨干让内网提速；稳定和安全。核心万兆下连接服务器，形成万兆主干链路，让网吧25 s完成Win7无盘启动。核心设备灵活完备的安全策略，保护网吧业务顺畅进行。背板带宽增加，转发效率高，看电影更顺畅，打游戏更快；全网骨干万兆可以保证未来5年无须更改网络，网络价值得到保证。拓扑图如图1-33所示。

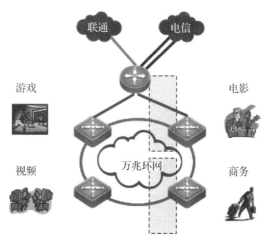

图1-33 豪华型万兆网吧解决方案

5. 杭州四维房产网络方案

杭州理想国际控股与下属十多个分公司的网络通信，中心核心交换机采用H3C7506E，采用MSR产品作为出口网关和集团VPN中心，各分公司采用MSR900路由器，通过使用ASDL静态IP方式接入，使用IPSec搭建VPN网络。拓扑图如图1-34所示。

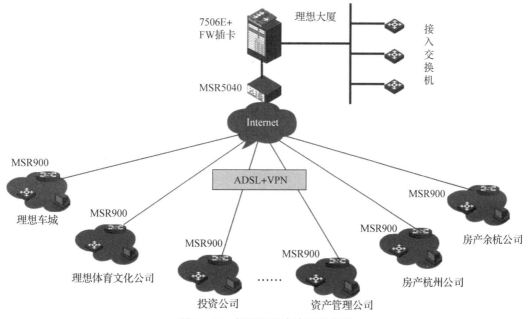

图1-34 杭州四维房产网络方案

方案特点：

①MSR900 嵌入了丰富的安全特性，除了支持普通的访问控制和状态防火墙功能之外，还提供了丰富的防攻击和安全日志等功能；部署在分公司节点上能够在网络防御战略中起着重要作用。

②分公司 MSR900 和集团总部的 MSR5040 路由器设备配合建立 VPN 隧道，既保证了数据的安全，又节省了通信费用和成本，同时很好地满足用户访问互联网的功能需求。

③MSR900 固定以太网交换接口，具备丰富的二层交换特性，如支持 STP、802.1X、VLAN 隔离等，极大地满足了分公司数据交换与转发的一体化组网需要，以及对网络安全的要求。

二、任务实施　网络拓扑图设计与评估

职业岗位	网络运维工程师、网络技术支持、网络安全工程师、网络工程师			
项目 1	构建高职校园网	姓名		班级
任务 1.2	制作网络拓扑图	学号		时间
任务要求	学校要求组建校园网，按照工程规范，利用 Visio 制作网络拓扑图			
任务目标	掌握园区网层次化设计概念与思路，具备利用 Visio 制作网络拓扑图的能力			

【技术原理】

网络拓扑是用于描述计算机网络环境（计算机、主机、网络设备等线路连接情况）的一种制图。一般会将网络拓扑分为两类：物理拓扑，即描述网络各节点的物理连接情况；逻辑拓扑，即描述网络环境的逻辑结构（本项目主要实施此种拓扑的绘制）。在计算机网络领域中，网络拓扑是一个非常重要的工具，因此，掌握专业的拓扑绘制技巧是从事本行业的一个基本要求。

Visio 专门提供给工程技术人员或一般商业人士使用，是一种快速的绘图软件，能够让你轻松作出专业化、高质量的图形或图表。利用 Visio 配合企业开发的 Visio 图库（有关网络设备的专业图标），模仿典型网络拓扑图（当前典型主流网络拓扑设计）来设计自己的网络拓扑图。

【任务设备】

计算机 1 台，安装 Microsoft Office Visio 最新版本、Visio 图库。

【任务步骤】

第 1 步：创建详细网络图。

首先在纸上画个草稿，熟练之后，做到拓扑在心中。打开 Visio，单击左边工具栏中的"网络"选项，然后单击"详细网络图"，如图 1 - 35 所示。

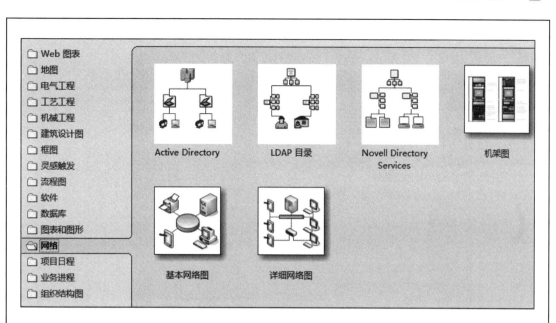

图 1 - 35 详细网络图选项

第 2 步：打开界面后，添加 Visio 图库中的图标到左边工具栏中"网络位置"。然后单击左侧工具栏中的"网络符号"，拖拉对应的网络设备和建筑工具到视图中，如图 1 - 36 所示。注意，利用辅助手段描绘拓扑框架设计图标位置，利用好线条和框架色块，不同区域按照业务逻辑模块设计。

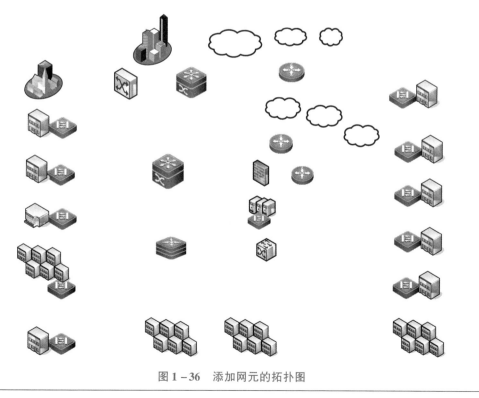

图 1 - 36 添加网元的拓扑图

第 3 步：选择常用工具栏中的"连线"工具，在"格式"选项中设置项目要求的线条属性，如图 1 - 37 所示。

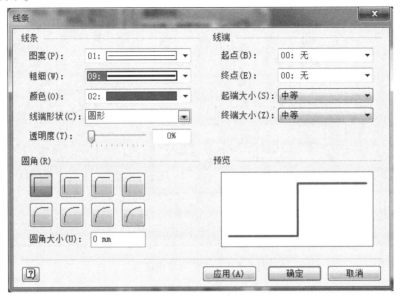

图 1 - 37　连线工具设定

第 4 步：进行连线操作，连接完毕后，关闭"关闭线条"工具，连接网络设备，如图 1 - 38 所示。

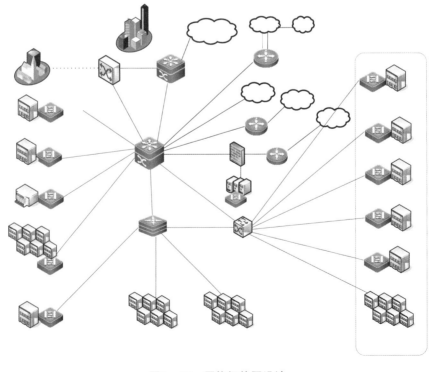

图 1 - 38　网络拓扑图设计

第 5 步：给建筑和设备命名，即添加文字标签到图中，并且绘制区域背景，如图 1 – 39 所示。完成作品。

以上步骤只是提供一个拓扑绘制的大致思路，并非所有的拓扑都需要照搬照抄上述步骤来完成，有些拓扑异常复杂，更非简单几步就能完成。根据物理网络环境，结合客户业务逻辑结构，最终落地成逻辑网络拓扑图，其实体现的是工程师对客户网络环境、网络需求、网络协议等的综合理解。

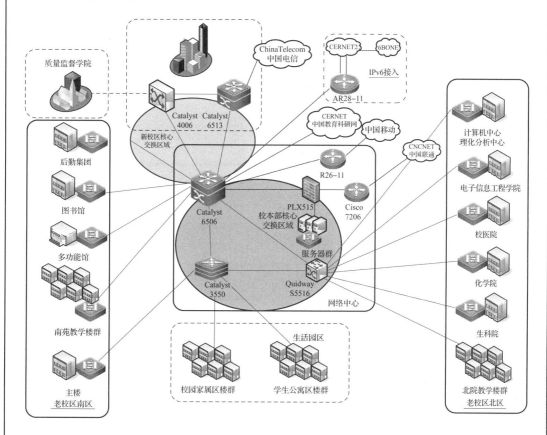

图 1 – 39 网络拓扑图设计

【注意事项】

①先设计构图，再实现框架，接着添加设备和文字标签。起步阶段最好的锻炼方法就是临摹，建议临摹一些厂商官方中的网络拓扑。

②图标大小、标签位置要合理。图标重点突出，可适当取舍。

③拓扑要求呈现完整、格式统一、布局整洁不凌乱，准确呈现网络逻辑结构。网络层次需分明易读，设备使用情况及互连情况要清晰。

④拓扑元素要规范，图例注释需完善，拓扑格式要统一。网络关键节点要求信息完善、准确。

评价标准表

项目			工作时间		姓名： 组别： 班级：			总分：	
序号	评价项目	评价内容及要求	考核 环节	配分	学生 自评 （20%）	学生 互评 （20%）	教师 评价 （60%）	得分	
1	素质考评	工作纪律情况，团队合作意识	全过程	15					
2	方案制订	网络规划工程科学性、合理性，有无创新	计划、决策	15					
3	实操考评	项目实施情况。项目实施过程评估和项目实施测试评估	实施、检查	50					
4	工单考评	工单报告的撰写质量；口头汇报的质量；答辩质量	评估	20					

指导教师签字：   学生签字：

年   月   日

项目 **2**

构建住宅小区网络

任务 2.1 交换机配置与管理

一、知识链接　交换机的管理方式和基本配置

（一）交换机的管理方式

对交换机的访问，有带外管理和带内管理两种方式。其中，带内管理可以利用 Telnet、Web、SNMP 等方式进行管理。带外管理是指网络的管理控制信息和用户的数据业务信息不在一个信号内传输。通过带外对交换机进行管理（PC 与交换机直接相连）。

带内管理是指网络的管理控制信息和用户的数据业务信息在一个信号内传输。带内管理和带外管理的最大区别在于，带内管理的控制信息占用业务带宽。其管理方式是通过网络来实施的，当网络出现故障时，无论是数据传输还是管理控制，都无法正常进行，这是带内管理最大的缺陷。而带外管理是设备为管理控制提供了专门的带宽，不占用设备的原有网络资源，不依托于设备自身的操作系统和网络接口。

1. 带外管理

Console 口是设备的控制台接入端口，用于用户通过终端（或仿真终端）对设备进行初始配置和后续管理。不同类型的交换机 Console 口所处的位置不同，不过在这接口的上方或者侧方都有 Console 字样的标识。图 2 - 1 所示为交换机中不同的 Console 实例，图 2 - 1（a）中交换机的 Console 为 RJ - 45 接口，图 2 - 1（b）中为 DB - 9 接口。对应不同的接口，配置线缆也有所不同，图 2 - 2 所示为不同的配置线缆实物。Console 口配置是交换机最基本、最直接的配置方式，当交换机第一次被配置时，Console 口配置成为配置的唯一手段。因为其他配置方式都必须预先在交换机上进行一些初始化配置。

（a）　　　　　　　　　　　　　　　　　（b）

图 2 - 1　Console 实例图

（a）　　　　　　　　　（b）　　　　　　　　　（c）

图 2 – 2　配置线缆实物图

（a）DB – 9 – DB – 9 线缆；（b）RJ – 45 – DB – 9 转换器 + 反转线缆；（c）DB – 9 – RJ – 45 线缆

带外管理的具体配置步骤如下：

第 1 步：进行 Console 配置线缆的连接。将配置电缆的 DB – 9 孔式插头接到要对交换机进行配置的微机或终端的串口上。再将配置电缆的 RJ – 45 接口或者 DB – 9 接口一端连到交换机的配置口（Console）上。

第 2 步：打开超级终端，从"开始"→"程序"→"附件"→"通信"→"超级终端"打开超级终端程序。根据提示输入连接描述名称后，单击"确定"按钮（图 2 – 3），在选择连接时，使用相应的 COM 口后单击"确定"按钮，在弹出的"COM1 属性"窗口中单击"还原为默认值"按钮后，单击"确定"按钮（图 2 – 4）。然后即可进入交换机的用户状态进行配置。

图 2 – 3　配置超级终端名称　　　　　　图 2 – 4　配置超级端口属性

2. 带内管理

（1）通过 Telnet 服务对交换机进行远程管理

如果管理员通过带外管理对交换机进行了初始化配置，配置了一些参数，比如交换机的管理 IP 地址、Telnet 密码、特权密码等，并且开启了 Telnet 服务，那么就可以通过网络对交换机进行配置管理了。

　　Telnet 协议是 TCP/IP 协议簇中的一员，是 Internet 远程登录服务的标准协议和主要方式。它为用户提供了在本地计算机上完成远程主机工作的能力。在终端使用者的电脑上使用 Telnet 程序，用它连接到服务器。终端使用者可以在 Telnet 程序中输入命令，这些命令会在服务器上运行，就像直接在服务器的控制台上输入一样，在本地就能控制服务器。要开始一个 Telnet 会话，必须输入用户名和密码来登录服务器。用户联网时，在主机 DOS 命令行下输入"telnet ip address"（IP 地址为交换机管理 IP）即可访问，运行效果如图 2-5 所示。接着输入 telnet 密码和特权密码即可进入交换机的配置界面，运行效果如图 2-6 所示。

图 2-5　telnet 连接交换机

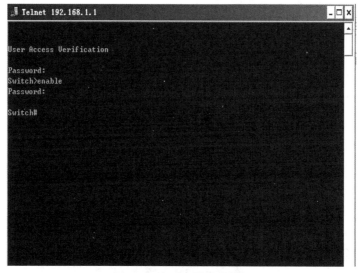

图 2-6　telnet 登录交换机

（2）通过 Web 对交换机进行远程管理

　　通过 Web 界面对交换机进行配置前，需要配置交换机的管理 IP 地址，建立拥有管理权限的用户账户和密码，并且开启 HTTP 服务。通常在浏览器地址栏输入需要管理的交换机的地址后，会弹出身份验证的对话框，运行效果如图 2-7 所示。输入账户密码，就可以进入交换机的管理界面，从而对交换机进行简单的规划，并可以通过浏览器修改交换机的各种参数，运行效果如图 2 - 8 所示。

图 2 - 7　Web 身份验证

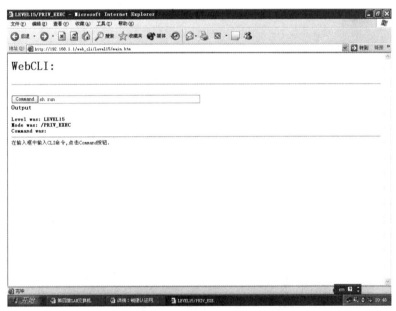

图 2 - 8　Web 界面管理

（3）通过 SNMP 工作站对交换机进行远程管理

SNMP（Simple Network Management Protocol，简单网络管理协议）的前身是简单网关监控协议，用来对通信线路进行管理。现在，几乎所有的网络设备生产厂家都实现了对 SNMP 的支持。利用 SNMP 协议可以对网络设备进行信息查询、网络配置、故障定位、容量规划和网络监控。SNMP 采用了 Client/Server 模型的特殊形式即代理/管理站模型。对网络的管理与维护是通过管理工作站与 SNMP 代理间的交互工作完成的。每个 SNMP 从代理负责回答 SNMP 管理工作站（主代理）关于 MIB（管理信息库）定义信息的各种查询。

（二）交换机的基本配置

交换机的配置管理是在不同的模式下操作的。用户在不同的命令模式下可以支持和使用的命令是不同的。当进入一个命令模式后，在命令提示符下输入问号（?）就可以查询当前模式下可以使用的命令。

1. 命令模式

根据配置管理的功能，以锐捷交换机为例，它可以分为 3 个工作模式，分别是用户模式、特权模式、配置模式。其中，配置模式又有全局模式、接口配置模式、VLAN 工作模式、线程模式等。

交换机和路由器的命令是按模式分组的，每种模式中定义了一组命令集，所以想要使用某个命令，必须先进入相应的模式。各种模式可通过命令提示符进行区分，命令提示符的格式是：

> 提示符名　模式

提示符名一般是设备的名字，交换机的默认名字为"Switch"，路由器的默认名字是"Router"。提示符模式表明了当前所处的模式。例如："＞"代表用户模式，"#"代表特权模式。表 2 - 1 是常见的几种命令模式。

表 2 - 1　命令模式

模式	提示符	说明
User EXEC 用户模式	＞	可用于查看系统基本信息和进行基本测试
Privileged EXEC 特权模式	#	查看、保存系统信息，该模式可使用密码保护
Global configuration 全局配置模式	（config）#	配置设备的全局参数
Interface configuration 接口配置模式	（config - if）#	配置设备的各种接口
Config - vlan VLAN 配置模式	（config - vlan）#	配置 VLAN 参数

2. 模式命令模式的切换

（1）用户模式 switch ＞

访问交换机时，首先进入该模式，输入 exit 命令离开该模式。该模式下可以对交换机信息进行查看，执行简单测试命令。

（2）特权模式 switch#

在用户模式下，使用 enable 命令进入该模式。要返回用户模式，输入 disable 命令即可。在该模式下可以查看、管理交换机配置信息，测试交换机的状态。

（3）全局配置模式 switch(config)#

在特权模式下，使用 configure terminal 命令进入该模式。要返回特权模式，输入"exit"或者 end 命令即可。在该模式下可以配置交换机的整体参数。

（4）接口配置模式 switch(config - if)#

在全局模式下，使用 interface 命令进入该模式。在该命令须指明要进入哪一个接口。要返回特权模式，输入 end 命令即可；要返回全局模式，输入 exit 命令即可。该模式下可以配置设备的各种接口。

表 2 - 2 是命令模式的切换。

表 2 - 2   命令模式的切换

要求	命令举例	说明
进入用户模式	登录即可	登录后就进入
进入特权模式	Switch > enable Switch #	在用户模式中输入 enable 命令
进入全局配置模式	Switch #configure terminal Switch (config)#	在特权模式中输入 conf t 命令
进入接口配置模式	Switch (config)#interface f0/1 Switch (config - if)#	在全局配置模式中输入 interface 命令，该命令可带不同参数
进入 VLAN 配置模式	Switch (config)#vlan 10 Switch (config - vlan)#	在全局配置模式中输入 vlan 命令，该命令可带不同参数
退回到上一层模式	Switch (config - if)#exit Switch (config)#	用 exit 命令可退回到上一层模式
退回到特权模式	Switch (config - if)#end Switch #	用 end 命令或用 Ctrl + Z 组合键可从各种配置模式中直接退回到特权模式
退回到用户模式	Switch #exit Switch >	从特权模式退回到用户模式

（三）CLI 命令的编辑技巧

CLI（命令行）有以下特点：

①命令不区分大小写。

②可以使用简写。

命令中的每个单词只需要输入前几个字母，输入的字母个数足够与其他命令相区分即可。如：configure terminal 命令可简写为 conf t。

③用 Tab 键可简化命令的输入。

如果你不喜欢简写的命令，可以用 Tab 键输入单词的剩余部分。每个单词只需要输入前几个字母，当它足够与其他命令相区分时，用 Tab 键可得到完整单词。例如：输入 conf（Tab）t（Tab）命令可得到 configure terminal。

④可以调出历史来简化命令的输入。

历史是指你曾经输入过的命令，可以用"↑"键和"↓"键翻出历史命令，再按 Enter 键就可执行此命令。（注：只能翻出当前提示符下的输入历史。）

系统默认记录的历史条数是 10 条，可以用 history size 命令修改这个值。

⑤编辑快捷键：

Ctrl + A—光标移到行首；Ctrl + E—光标移到行尾。

⑥用"?"可帮助输入命令和参数。

在提示符下输入"?"，可查看该提示符下的命令集；在命令后加"?"，可查看它第一个参数；在参数后再加"?"，可查看下一个参数。如果遇到提示"< cr >"，表示命令结束，按 Enter 键即可。

⑦常见 CLI 错误提示。

下面列出了用户在使用 CLI 管理设备时可能遇到的几个常见错误提示信息。

```
% Ambiguous command: "show c"
```

用户没有输入足够的字符，设备无法识别唯一的命令。

```
% Incomplete command.
```

命令缺少必需的关键字或参数。

```
% Invalid input detected at '^' marker.
```

输入的命令错误，符号 ^ 指明了产生错误的单词的位置。

⑧使用 no 和 default 选项。

很多命令都有 no 选项和 default 选项。no 选项可用来禁止某个功能，或者删除某项配置。default 选项用来将设置恢复为默认值。由于大多数命令的默认值是禁止此项功能，这时 default 选项的作用和 no 选项的是相同的。但部分命令的默认值是允许，这时 default 选项的作用和 no 选项的作用是相反的。no 选项和 default 选项的用法是在命令前加 no 或 defaule 前缀。如：

```
no shutdown
no ip address
default hostname
```

相比之下，我们多使用 no 选项来删除有问题的配置信息。

（四）配置文件的保存、查看与备份

交换机和路由器都有两个配置文件：运行配置文件和启动配置文件。运行配置文件位于

RAM 中，名为 running – config。它是设备在工作时使用的配置文件。启动配置文件位于 NVRAM 中，名为 startup – config。当设备启动时，它被装入 RAM，成为运行配置文件。

新出厂的交换机或路由器是没有配置文件的，当第一次配置它时，会进入 setup 方式配置一些基本信息，这些信息就生成了 running – config，以后所做的配置信息都会添加到 running – config 中（注：有些设备没有 setup 配置模式，它在没有配置文件时会自动按照默认值启动）。由于 RAM 中的运行配置文件在断电或重启时就会消失，所以，在配置好设备后，应该把配置文件保存到 NVRAM 中，这样配置文件就可以长期使用了。从效果上讲，RAM 相当于设备的内存，NVRAM 相当于设备的硬盘，把 running – config 保存为 startup – config 相当于一个存盘过程。

1. 查看配置文件

模式：特权配置模式。

查看运行配置文件：

```
switch#show running – config
```

或者

```
switch#write terminal
```

查看启动配置文件：

```
switch#show startup – config
show running – config 命令和 write terminal 命令的效果是完全相同的。
```

2. 保存配置文件

保存配置文件就是把 running – config 保存为 startup – config。

模式：特权配置模式。

命令 1：

```
switch#copy running – config startup – config
```

命令 2：

```
switch#write
```

write 命令与 copy running – config startup – config 命令的功能相同，它是人们习惯使用的一种简化写法。

3. 删除配置文件

删除配置文件就是把 NVRAM 中的 startup – config 删除。

模式：特权配置模式。

命令：

```
switch#delete flash:config.text
```

说明：config. text 是配置文件在 NVRAM 中的文件名，它被删除后，再重启设备时，会自动进入 setup 配置模式。

注： 有些设备没有 setup 配置模式，它在没有配置文件时会自动按照默认值启动。

4. 备份配置文件

通常把配置文件备份到 TFTP 服务器上，在需要时可以再从 TFTP 服务器上把配置文件回传到设备中。

准备： 在作为 TFTP 服务器的计算机上打开 TFTP 服务器软件，并设置存放文件的路径（图 2 – 9）。然后在交换机或路由器上进行以下操作。

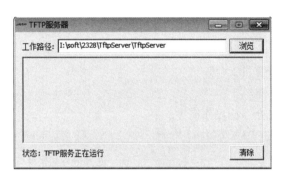

图 2 – 9　TFTP 界面管理

模式： 特权配置模式。

命令：

```
Ruijie#copy running – config tftp
```

说明： 输入 copy 命令后，还需要回答两个问题：一是 TFTP 服务器的地址，本例中假设为 192.168.0.2；二是备份的配置文件名，本例中假设为 S1 – config.txt。备份成功后，在 TFTP 服务器指定的目录中可看到此文件。

从 TFTP 服务器回传配置文件：

```
Ruijie#copy tftp running – config
```

说明： 有些设备不支持备份 running – config 文件，但支持备份 startup – config 文件。

二、任务实施　交换机配置与管理

职业岗位	网络运维工程师、网络技术支持、网络安全工程师、网络工程师				
项目2	构建住宅小区网络	姓名		班级	
任务2.1	交换机配置与管理	学号		时间	
任务要求	你是物业公司新进的网管，领导要求你熟悉小区交换机，能够进行交换机的命令行操作				
任务一	使用交换机的命令行管理界面				
任务目标	掌握交换机命令行各种操作模式的区别，具备各个模式之间切换的能力				

【网络拓扑】

任务拓扑如图 2 - 10 所示。

图 2 - 10   任务拓扑图

【任务设备】

二层交换机 1 台、计算机 1 台。

【任务步骤】

第 1 步：进入交换机命令行操作模式。

```
Switch > enable                          ! 进入特权模式。
Switch#configure terminal                ! 进入全局配置模式。
Switch(config)#interface F0 /5           ! 进入交换机 F0 /5 的接口模式。
Switch(config - if)#exit                 ! 退回到上一级操作模式。
Switch(config - if)#end                  ! 直接退回到特权模式。
```

第 2 步：交换机命令行基本技巧。

```
Switch > ?                               ! 显示当前模式下所有可执行的命令。
Switch#co?                               ! 显示当前模式下所有以 co 开头的命令。
Switch#copy?                             ! 显示 copy 命令后可执行的参数。
```

【注意事项】

①命令行操作进行自动补充或命令简写时，要求所简写的字母必须能够唯一区别该命令。如 switch# conf 可以代表 configure，但 switch #co 无法代表 configure，因为开头的命令有两个：copy 和 configure，设备无法区别。

②注意区别每种操作模式下可执行的命令种类，交换机不可以跨模式执行命令。

任务二	交换机的全局配置
任务目标	具备交换机全局基本配置的能力

【任务目的】

具备交换机全局基本配置的能力。

【背景描述】

你是某公司新进的网管，公司有多台交换机，为了进行区分和管理，公司要求你进行交换机设备名的配置，并配置交换机登录时的描述信息。

【技术原理】

配置交换机的设备名称和配置交换机的描述信息必须在全局模式下执行。

Hostname 配置交换机的设备名称。

当用户登录交换机时，可能需要告诉用户一些必要的信息。可以通过设置标题来达到这个目的。可以创建两种类型的标题：每日登录标题。

Banner motd 用于配置交换机每日提示信息。

Banner login 配置交换机登录提示信息，在每日提示信息之后显示。

【实现功能】

配置交换机的设备名称和每次登录交换机时提示相关信息。

【任务设备】

二层交换机 1 台、计算机 1 台。

【网络拓扑】

任务拓扑如图 2-11 所示。

图 2-11　任务拓扑图

【任务步骤】

第 1 步：配置交换机设备名称。

```
Switch > enable
Switch#configure terminal
Switch(config)#hostname tsgzy        !配置交换机的设备名称为 tsgzy。
tsgzy (config)#
```

第 2 步：配置交换机每日提示信息。

```
tsgzy(config)#banner motd &          !配置每日提示信息,& 为终止符。
```

验证测试：

```
tsgzy(config)#exit
tsgzy#exit
```

【注意事项】

①配置设备名称的有效字符是 22 字节。

②配置每日提示信息时，注意终止符不能在描述文本中出现。如果键入终止符后仍然输入字符，则这些字符将被系统丢弃。

任务三	交换机端口的基本配置
任务目标	具备对交换机端口的基本配置能力

【任务设备】

二层交换机 1 台、计算机 1 台。

【网络拓扑】

任务拓扑如图 2 – 12 所示。

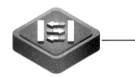

图 2 – 12　任务拓扑图

【任务步骤】

第 1 步：配置交换机端口参数。

```
Switch > enable
Switch#configure terminal
Switch(config)#interface fastethernet 0/3
Switch(config - if)#speed 10              !配置速率为 10M。
Switch(config - if)#duplex half           !配置端口的双工模式为半双工。
Switch(config - if)#no shutdown           !开启该端口,使端口转发数据。
```

第 2 步：查看交换机端口的配置信息。

```
Switch#show interface fastethernet 0/3    !查看交换机 f0/3 端口的配置信息。
```

【注意事项】

交换机端口在默认情况下是开启的，Adminstatus 是 UP 状态，如果该端口没有实际连接其他设备，Operstatus 是 down 状态。

任务四	查看交换机的系统和配置信息
任务目标	具备查看交换机系统和配置信息的能力，具备查看当前交换机的工作状态的能力

【实现功能】

查看交换机的各项参数。

【任务设备】

二层交换机 1 台、计算机 1 台。

【网络拓扑】

任务拓扑如图 2 – 13 所示。

图 2 – 13　任务拓扑图

【任务步骤】

第 1 步：配置交换机端口参数。

```
Switch#configure terminal
Switch(config)#hostname tsgzy
tsgzy (config)#interface fastethernet 0 / 3
tsgzy (config - if)#speed 10
tsgzy (config - if)#duplex half
tsgzy (config - if)#no shutdown
```

第 2 步：查看交换机各项信息。

```
tsgzy#show version                 !查看交换机的版本信息。
tsgzy#show mac - address - table    !查看交换机的 MAC 地址表。
tsgzy#show running - config         !查看交换机当前生效的配置信息。
```

【注意事项】

show mac – address – table、show running – config 都用于查看当前生效的配置信息，该信息存储在 RAM（随机存储器）里，当交换机掉电，重新启动时，会生成新的 MAC 地址表和配置信息。

评价标准表

项目			工作时间		姓名： 组别： 班级：		总分：	
序号	评价项目	评价内容及要求		考核环节	配分	学生自评（20%）	学生互评（20%）	教师评价（60%）	得分
1	素质考评	工作纪律情况，团队合作意识		全过程	15				
2	方案制订	网络规划工程科学性、合理性，有无创新		计划、决策	15				
3	实操考评	项目实施情况。项目实施过程评估和项目实施测试评估		实施、检查	50				
4	工单考评	工单报告的撰写质量；口头汇报的质量；答辩质量		评估	20				
指导教师签字：						学生签字：			
							年　　月　　日		

任务 2.2 虚拟局域网 VLAN 配置与管理

一、知识链接 VLAN 技术原理和分类

传统的以太网是广播型网络，网络中的所有主机通过 HUB 或交换机相连，处在同一个广播域中。HUB 和交换机作为网络连接的基本设备，在转发功能方面有一定的局限性：网络中可能存在着大量广播和未知单播报文，浪费网络资源。网络中的主机收到大量并非以自身为目的地的报文，造成了严重的安全隐患。

解决以上网络问题的根本方法就是隔离广播域。传统的方法是使用路由器，但使用路由器隔离广播域有很大的局限性，因此，采用 VLAN 技术来实现广播域的隔离。

（一）VLAN 概述

1. VLAN 的概念

VLAN 又称虚拟局域网，是指在交换局域网的基础上，采用网络管理软件构建的可跨越不同网段、不同网络的端到端的逻辑网络。一个 VLAN 组成一个逻辑子网，即一个逻辑广播域，它可以覆盖多个网络设备，允许处于不同地理位置的网络用户加入一个逻辑子网中。

2. VLAN 的特征

同一个 VLAN 中的所有成员共同拥有一个 VLAN ID，组成一个虚拟局域网络；同一个 VLAN 中的成员均能收到同一个 VLAN 中的其他成员发来的广播包，但收不到其他 VLAN 中成员发来的广播包；不同 VLAN 成员之间不可直接通信，需要通过路由支持才能通信，而同一 VLAN 中的成员通过 VLAN 交换机可以直接通信，不需要路由支持。

3. VLAN 的用途

VLAN 的特性是控制通信活动，隔离广播数据，顺化网络管理，便于工作组优化组合，VLAN 中的成员只要拥有一个 VLAN ID，就可以不受物理位置的限制，随意移动工作站的位置；增加网络的安全性，VLAN 交换机就是一道道屏风，只有具备 VLAN 成员资格的分组数据才能通过，这比用计算机服务器做防火墙要安全得多；网络带宽得到充分利用，网络性能大大提高。

VLAN 接口是一种三层模式下的虚拟接口，主要用于实现 VLAN 间的三层互通，它不作为物理实体存在于交换机上。每个 VLAN 对应一个 VLAN 接口，该接口可以为本 VLAN 内端口收到的报文根据其目的 IP 地址在网络层进行转发。通常情况下，由于 VLAN 能够隔离广播域，因此每个 VLAN 也对应一个 IP 网段，VLAN 接口将作为该网段的网关对需要跨网段转发的报文进行基于 IP 地址的三层转发。

4. VLAN 的类型

按照定义 VLAN 成员关系的不同，虚拟局域网有以下几种：

- 基于端口的 VLAN。
- 基于协议的 VLAN。

- 基于 MAC 地址的 VLAN。
- 基于 IP 子网的 VLAN。
- 基于 IP 组播的 VLAN。
- 基于策略的 VLAN。

其中，只有按端口号划分的属于静态方式，其余的都属于动态方式。

在引入 VLAN 后，二层交换机的端口按用途分为访问连接（Access Link）端口和汇聚连接（Trunk Link）端口两种。

基于端口的 VLAN 分为两类：

- Port – VLAN。
- Tag – VLAN。

访问连接端口通常用于连接客户的 PC 机，以提供网络接入服务。该端口只属于某一个 VLAN，并且仅向该 VLAN 发送或接收数据帧。端口所属的 VLAN 通常也称作 Port – VLAN。

Port – VLAN 有以下特点：

- VLAN 是划分出来的逻辑网络，是第二层网络。
- VLAN 端口不受物理位置的限制。
- VLAN 隔离广播域。

Port – VLAN 的工作机制是：通过查找 MAC 地址表，交换机只对同一 VLAN 中的数据进行转发，对发往不同 VLAN 的数据不转发。

汇聚连接端口属于所有 VLAN 共有，承载所有 VLAN 在交换机间的通信流量。此端口所属的 VLAN 通常也称作 Tag – VLAN。

Tag – VLAN 有以下特点：

- 传输多个 VLAN 的信息。
- 实现同一 VLAN 跨越不同的交换机。
- 要求 Trunk 至少 100 MB。

汇聚链路承载了所有 VLAN 的通信流量，为了标识各数据帧属于哪一个 VLAN，需要对流经汇聚链路的数据帧进行打标（tag）封装，以附加上 VLAN 信息，使交换机通过 VLAN 标识，将数据帧转发到对应的 VLAN 中。

目前交换机支持的打标封装协议有 IEEE 802.1Q 和 ISL。其中，IEEE 802.1Q 是经过 IEEE 认证的对数据帧附加 VLAN 识别信息的协议，属于国际标准协议，适用于各个厂商生产的交换机，该协议简称为 dot1q；ISL 协议仅适用于 Cisco。

（二）配置 VLAN

在交换机上可以添加、删除、修改 VLAN。默认情况下，交换机有 VLAN 1，这个 VLAN 是系统自动创建的，不可以删除。

1. VLAN 的基本配置

（1）创建或者修改 VLAN

在全局配置模式下，可以创建或者修改一个 VLAN。实现方法是输入一个 VLAN ID。如果输入的是一个新的 VLAN ID，则设备会创建一个 VLAN；如果输入的是已经存在的 VLAN

ID，则修改相应的 VLAN。

```
Switch (config)#vlan vlan-id
```

为 VLAN 取一个名字。如果没有进行这一步，则设备会自动为它起一个名字 VLAN ×××
×，其中，××××是用 0 开头的四位 VLAN ID 号。比如，VLAN 0004 就是 VLAN 4 的默认名字。

```
Switch (config-vlan)#name vlan-name
```

如果想把 VLAN 的名字改回默认名字，只需输入 no name 命令即可。

下面是一个创建 VLAN，将它命名为 Test 的例子：

```
Switch#configure terminal
Switch(config)#vlan 10
Switch(config-vlan)#name test
Switch(config-vlan)#end
```

（2）删除一个 VLAN

默认 VLAN 1 不允许删除。可以通过在 no 命令后输入一个 VLAN ID 来删除它。

```
Switch(config)#no vlan vlan-id
```

（3）向 VLAN 分配 Access

如果把一个接口分配给一个不存在的 VLAN，那么这个 VLAN 将自动被创建。在接口配
置模式下，将一个端口分配给一个 VLAN。

```
Switch(config-if)#switchport mode access          !定义该接口的 VLAN 成员类型为
access。
Switch(config-if)#switchport access vlan vlan-id    !将这个接口分配给一个 VLAN。
```

下面这个例子把 FastEthernet 1/10 作为 Access 口加入了 VLAN 20：

```
Switch#configure terminal
Switch(config)#interface fastethernet 1/10
Switch(config-if)#switchport mode access
Switch(config-if)#switchport access vlan 20
Switch(config-if)#end
```

下面这个例子显示了如何检查配置是否正确：

```
Switch#show interface fastethernet0/1 switchport
Interface      Switchport     Mode       Access  Native   Protected   VLAN lists
----------     ----------     ---------  ------   -------  ---------   ----------
fastethernet 0/1 enabled      ACCESS        1      1       Disabled    ALL
```

2. 配置 VLAN Trunks

一个 Trunk 是将一个或多个以太网交换接口和其他的网络设备（如路由器或交换机）进
行连接的点对点链路，一条 Trunk 链路可以传输属于多个 VLAN 的流量。锐捷设备的 Trunk
采用 802.1Q 标准封装。

如果要把一个接口在 Access 模式和 Trunk 模式之间切换，则使用 switchport mode 命令。必须为 Trunk 口指定一个 Native VLAN。所谓 Native VLAN，就是指在这个接口上收发的 UNTAG 报文，都被认为是属于这个 VLAN 的。显然，这个接口的默认 VLAN ID 就是 Native VLAN 的 VLAN ID。同时，在 Trunk 上发送属于 Native VLAN 的帧，则必然采用 UNTAG 的方式。每个 Trunk 口的默认 Native VLAN 是 VLAN 1。在配置 Trunk 链路时，请确认连接链路两端的 Trunk 口使用相同的 Native VLAN。

```
Switch(config-if)#switchport mode access
Switch(config-if)#switchport mode trunk
```

（1）配置一个 Trunk 口

1）Trunk 口基本配置

在接口配置模式下，可以将一个接口配置成一个 Trunk 口。

```
Switch(config-if)#switchport mode trunk              !定义该接口的类型为二层 Trunk 口
Switch(config-if)#switchport trunk native vlan vlan-id        !为这个口指定一个
Native VLAN
```

2）定义 Trunk 口的许可 VLAN 列表

一个 Trunk 口默认可以传输本设备支持的所有 VLAN（1~4 094）的流量。但是，也可以通过设置 Trunk 口的许可 VLAN 列表来限制某些 VLAN 的流量不能通过这个 Trunk 口。

在接口配置模式下，可以修改一个 Trunk 口的许可 VLAN 列表：

```
Switch(config-if)#switchport trunk allowed vlan {all |[add |remove |except]}
vlan-list
```

配置这个 Trunk 口的许可 VLAN 列表：参数 vlan-list 可以是一个 VLAN，也可以是一系列 VLAN，以小的 VLAN ID 开头，以大的 VLAN ID 结尾，中间用 - 号连接。如：10-20。

all 的含义是许可 VLAN 列表包含所有支持的 VLAN；

add 表示将指定的 VLAN 列表加入许可 VLAN 列表；

remove 表示将指定的 VLAN 列表从许可 VLAN 列表中删除；

except 表示将除列出的 VLAN 列表外的所有 VLAN 加入许可 VLAN 列表。

如果想把 Trunk 的许可 VLAN 列表改为默认的许可所有 VLAN 的状态，请使用 no switchport trunk allowed vlan 接口配置命令。

下面是一个把 VLAN 2 从端口 FastEthernet 1/15 的许可列表中移出的例子：

```
Switch(config)#interface fastethernet 1/15
Switch(config-if)#switchport trunk allowed vlan remove 2
Switch(config-if)#end
Switch#show interfaces fastethernet 1/15 switchport
Interface Switchport Mode Access Native Protected VLAN lists
--------- ---------- ---- ------ ------ --------- ----------
Fa1/15     enabled    TRUNK 1      1      Disabled  1,3-4094
```

（2）配置 Native VLAN

一个 Trunk 口能够收发 TAG 或者 UNTAG 的 802.1Q 帧。其中，UNTAG 帧用来传输 Native VLAN 的流量。默认的 Native VLAN 是 VLAN 1。

在接口配置模式下，可以为一个 Trunk 口配置 Native VLAN。

```
Switch(config-if)#switchport trunk native vlan vlan-id
```

如果想把 Trunk 的 Native VLAN 列表改回默认的 VLAN 1，请使用 no switchport trunk native vlan 接口配置命令。

如果一个帧带有 Native VLAN 的 VLAN ID，在通过这个 Trunk 口转发时，会自动被剥去 TAG。

把一个接口的 Native VLAN 设置为一个不存在的 VLAN 时，设备不会自动创建此 VLAN。此外，一个接口的 Native VLAN 可以不在接口的许可 VLAN 列表中。此时，Native VLAN 的流量不能通过该接口。

（3）显示 VLAN

在特权模式下，才可以查看 VLAN 的信息。显示的信息包括 VLAN VID、VLAN 状态、VLAN 成员端口以及 VLAN 配置信息。以下是显示命令：

```
show vlan[id vlan-id]
```

二、任务实施 虚拟局域网 VLAN 配置与管理

任务 2.2 虚拟局域网 VLAN 配置与管理工单

职业岗位	网络运维工程师、网络技术支持、网络安全工程师、网络工程师			
项目 2	构建住宅小区网络	姓名		班级	
任务 2.2	虚拟局域网 VLAN 配置与管理	学号		时间	
模块一	配置虚拟局域网 VLAN				
任务要求	假设此交换机是宽带小区城域网中的一台楼道交换机，住户 PC1 连接在交换机的 0/5 口，住户 PC2 连接在交换机的 0/15 口，现要实现各家各户的端口隔离				
任务目标	理解 Port VLAN 的配置，具备实现 Port VLAN 的能力				

【技术原理】

VLAN（Virtual Local Area Network，虚拟局域网）是指在一个物理网段内进行逻辑的划分，划分成若干个虚拟局域网。VLAN 最大的特性是不受物理位置的限制，可以进行灵活的划分。VLAN 了一个物理网段所具备的特性。相同 VLAN 内的主机可以相互直接访问，不同 VLAN 间的主机间相互访问必须经路由设备进行转发。广播数据包只可以在本 VLAN 内进行广播，不能传输到其他 VLAN 中。

Port VLAN 是实现 VLAN 的方式之一，Port VLAN 利用交换机的端口进行 VLAN 的划分，一个端口只能属于一个 VLAN。

【实现功能】

通过划分 Port VLAN 实现本交换端口隔离。

【任务设备】

二层交换机 1 台、PC 机 2 台、直连线 2 条。

【任务拓扑】

任务拓扑如图 2 – 14 所示。

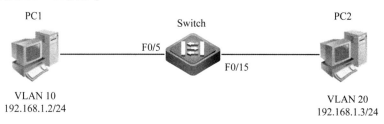

图 2 – 14 任务拓扑图

【任务步骤】

第 1 步：在未划 VLAN 前，两台 PC 互相 ping 可以通过。下面创建 VLAN。

```
Switch#configure terminal
Switch(config)#vlan 10               !创建 VLAN 10。
Switch(config – vlan)#name test10    !命名 VLAN 10 为 test10。
Switch(config – vlan)#exit
Switch(config)#vlan 20               !创建 VLAN 20。
Switch(config – vlan)#name test20    !命名 VLAN 10 为 test20。
```

验证测试：

```
Switch#show vlan                     !查看已配置的 VLAN 信息。
```

第 2 步：将接口分配到 VLAN。

```
Switch#configure terminal                     !将 f0 /5 端口加入 VLAN 10 中。
Switch(config)#interface f0 /5
Switch(config – if)#switchport access vlan 10
Switch(config – if)#exit
Switch(config)#interface f0 /15               !将 f0 /15 端口加入 VLAN 20 中。
Switch(config – if)#switchport access vlan 20
Switch(config – if)#exit
```

验证测试：

```
Switch#show vlan
```

第 3 步：验证测试，两台 PC 互相 ping 不通。

【注意事项】

①交换机所有的端口在默认情况下属于 Access 端口，可直接将端口加入某一 VLAN，利用 switchport mode access/trunk 命令可以更改端口的 VLAN 模式。

②VLAN 1 属于系统的默认 VLAN，不可以被删除。

③删除某个 VLAN，使用 no 命令，例如：switch(config)#no vlan 10。

④删除某个 VLAN 时，应先将属于该 VLAN 的端口加入别的 VLAN，再删除之。

模块二	跨交换机实现 VLAN
任务要求	假设小区有两个主要部门：保安部和服务部，其中，保安部的个人计算机系统分散连接，它们之间需要相互进行通信，但为了数据安全起见，保安部和服务部需要进行相互隔离，现要在交换机上作适当的配置来实现这一目标
任务目标	具备实现跨交换机之间 VLAN 的能力

【实现功能】

使在同一 VALN 里的计算机系统能跨交换机进行通信，而在不同 VLAN 里的计算机系统不能进行通信。

Tag VLAN 是基于交换机端口的另一种类型，主要用于实现跨交换机的相同 VLAN 内主机直接访问，同时，对不同 VLAN 主机进行隔离。Tag VLAN 遵循了 IEEE 802.1Q 协议的标准。在利用配置了 Tag VLAN 的接口进行数据传输时，需要在数据帧内添加 4 字节的 802.1Q 标签信息，用于标识该数据帧属于哪个 VLAN，以便对端交换机接收到数据帧后进行准确的过滤。

【任务设备】

S2126G（2 台）、主机（3 台）、直连线（4 条）。

【任务拓扑】

任务拓扑如图 2 – 15 所示。

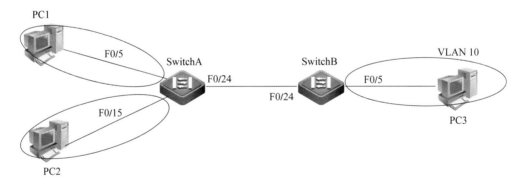

图 2 – 15　任务拓扑图

IP 分配如下：PC1：192.168.10.10/24

PC2：192.168.10.20/24

PC3：192.168.10.30/24

【任务步骤】

第 1 步：在交换机 SwitchA 上创建 VLAN 10，并将 0/5 端口划分到 VLAN 10。

```
SwitchA#configure terminal
switchA(config)#vlan 10
switchA(config-vlan)#name sales
switchA(config-vlan)#exit
switchA(config)#interface f0/5
switchA(config-if)#switchport access vlan 10
```

验证测试：验证已创建了 VLAN 10，并已将 0/5 端口划分到 VLAN 10 中。

```
switchA#show vlan id 10
```

第 2 步：在交换机 SwitchA 上创建 VLAN 20，并将 0/15 端口划分到 VLAN 20 中。

```
switchA(config)#vlan 20
switchA(config-vlan)#name technical
switchA(config-vlan)#exit
switchA(config)#interfce f0/15
switchA(config-if)#switchport access vlan 20
```

验证测试：验证已创建了 VLAN 20，并已将 0/15 端口划分到 VLAN 20 中。

```
SwitchA#show vlan id 20
```

第 3 步：把交换机 SwitchA 与交换机 Switch B 相连的端口定义为 Tag VLAN 模式。

```
switchA(config)#interface f0/24
switchA(config-if)#switchport mode trunk
```

验证测试：验证 Fastethernet 0/24 端口已被设置为 Tag VLAN 模式。

第 4 步：在交换机 SwitchB 上创建了 VLAN 10，并将 0/5 端口划分到 VLAN 10 中。

```
switchB#configure terminal
switchB(config)#vlan 10
switchB(config-vlan)#name sales
switchB(config-vlan)#exit
switchB(config)#interface f0/5
switchB(config-if)#switchport access vlan 10
```

验证测试：验证已在 SwitchB 上创建了 VLAN 10，并已将 0/5 端口划分到 VLAN 10 中。

```
switchB#show vlan id 10
```

第 5 步：把交换机 SwitchB 与交换机 SwitchA 相连的端口定义为 Tag VLAN 模式。

```
switchB(config)#interface f0/24
switchB(config-if)#switchport mode trunk
```

第 6 步：验证 PC1 与 PC3 能互相通信，但 PC2 与 PC3 不能互通。

【注意事项】

①两台交换机之间相连的端口应该设置为 Tag Vlan 模式。

②Trunk 接口在默认情况下支持所有 VLAN 的传输。

评价标准表

项目			工作时间		姓名： 组别： 班级：		总分：	
序号	评价项目	评价内容及要求	考核环节	配分	学生自评（20%）	学生互评（20%）	教师评价（60%）	得分
1	素质考评	工作纪律情况，团队合作意识	全过程	15				
2	方案制订	网络规划工程科学性、合理性，有无创新	计划、决策	15				
3	实操考评	项目实施情况。项目实施过程评估和项目实施测试评估	实施、检查	50				
4	工单考评	工单报告的撰写质量；口头汇报的质量；答辩质量	评估	20				

指导教师签字：   学生签字：

                                                                    年   月   日

任务2.3　端口聚合配置与管理

一、知识链接　端口聚合技术原理和配置方式

计算机网络在从诞生至今的几十年里飞速发展，不断开拓服务领域，增加服务项目。从最初浏览文本到现在的视频聊天、网络直播等，极大地改变和丰富了人类的生活，但也使得网络需要传输的数据量急剧增加，网络的带宽是限制这些业务应用的主要"瓶颈"之一，

越来越多的用户需要处理网络带宽不足的问题，最直接的解决办法是把旧网络升级成新网络来提高网络带宽。例如，把 10M 以太网升级成 100M 以太网或者升级到 1 000M 以太网等。这样做可以解决网络带宽"瓶颈"的问题，但是这个方法也有不足之处。首先，升级网络需要花费大量的金钱和时间，对于有的用户而言，可能承受不起如此的开销；其次，不够灵活，比如一个用户原来是 10M 以太网，但现在暂时需要 20M 的带宽，但是过了一段时间后就不需要了，但却至少要升级成 100M 的以太网，造成了巨大的浪费。为了更好地解决这个问题，链路聚合技术应运而生。相比于升级网络的方式，端口聚合提供了一种更加廉价、更加灵活的提高链路带宽的选择。

端口聚合是把多条物理链路聚合在一起形成一条逻辑链路，而对使用这个逻辑链路服务的上层实体而言，聚合链路的实现机制和内部运行细节是透明的，在它看来，聚合链路和一条普通的物理链路没有什么区别。该逻辑链路的带宽等于被聚合在一起的多条物理链路的带宽之和。这样用户便无须淘汰现有网络，只需把现有网络的多条物理链路聚合在一起即可为上层业务提供更高带宽的服务，而且聚合在一起的物理链路的条数可以根据业务的带宽要求来配置。因此，链路聚合具有成本低、配置灵活的优点。此外，链路聚合还提供了链路冗余备份的功能，聚合在一起的链路彼此动态备份，提高了网络的稳定性。

（一）冗余链路

1. 定义

端口聚合（又称为链路聚合），将交换机上的多个端口在物理上连接起来，在逻辑上捆绑在一起，形成一个拥有较大宽带的端口，可以实现负载分担，并提供冗余链路。

端口聚合技术，简而言之，就是在网络设备上将多个低速物理链路聚合在一起，使它成为一条带宽成倍增加的逻辑链路。而对使用这个逻辑链路服务的上层实体而言，聚合链路的实现机制和内部运行细节是透明的，聚合在一起的物理链路的条数还可以根据业务的带宽需求来配置。配置后的逻辑链路的带宽等于被聚合在一起的多条物理链路的带宽之和。因此，链路聚合具有成本低、配置灵活的优点。此外，链路聚合还提供了链路冗余备份的功能，聚合在一起的链路彼此动态备份，只要还存在能正常工作的成员，整个传输链路就不会失效，提高了网络的稳定性。早期链路聚合技术没有统一的标准，各厂商都有自己私有的解决方案，功能不完全相同，也互不兼容。因此，IEEE 成立了链路聚合工作组，研究链路聚合技术的标准，目前链路聚合技术的正式标准为 IEEE Standard 802.3ad，由 IEEE802 委员会制定。标准中定义了链路聚合技术的目标、聚合子层内各模块的功能和操作的原则，以及链路聚合控制的内容等。

2. 链路聚合的功能与目标

不管具体采取何种方式实现，链路聚合提供以下功能和达到以下要求：

①增加带宽且可以线性增加，链路聚合除了可以增加带宽外，还有一个特点就是与传统的网络只能以物理层技术提供的数量级方式（如 10M、100M、1 000M）增加不同，链路聚合可以线性增加带宽，配置灵活。

②提供了链路可靠性，当聚合在一起的成员链路有一条出现故障时，其他的成员链路会分担它的流量，故业务不会中断。

③负载分担，聚合链路的流量可以相对均匀地分配到加入聚合的物理链路上。

④快速进行配置和重配置，当链路发生了某些相关事件时，链路聚合要快速地重新配置链路的状态。

⑤确保帧传输中尽量不产生帧失序。

⑥不能改变以太网的帧格式。

⑦支持现有的所有以太网协议，向后兼容不支持 Trunk 的设备。

⑧支持网络管理，明确了用于配置、监控、控制链路聚合的管理对象。

3. 注意事项

①聚合端口适合 10M、100M、1 000M 以太网。

②锐捷交换机最多支持 8 个物理端口组成一个聚合端口组。

③不同设备支持的最多聚合端口组不定。如 S2126G 支持 6 组。

4. 流量平衡

aggregate port 会根据报文的源 MAC 地址、目的 MAC 地址或 IP 地址进行流量平衡，即把流量平均地分配到 AG 组成员链路中去。需要注意的是，不同型号的交换机支持的流量平衡算法类型也不尽相同，配置前需要查看该型号交换机的配置手册。

（二）配置 aggregate port

1. 创建 aggregate port

可以在全局模式下使用以下命令来直接创建一个 AP（假设聚合端口不存在）：

```
switchA(config)#interface aggregateport 1          !创建聚合接口 AG1。
```

也可以直接使用接口配置模式下的 port - group 命令，将以太网端口配置为 AP 的成员端口。如果这个 AP 不存在，可自动创建 AG 端口。

以下步骤就是将以太网端口配置成一个 AP 端口的成员端口：

```
Switch#configure terminal
Switch(config)#interface interface - type interface - id
Switch(config - if - range)#port - group port - group - number     !将该接口加入一个 AP。
```

2. 查看聚合端口的汇总信息

```
Switch#show aggregateport summary
```

3. 查看聚合端口的流量平衡方式

```
Switch#show aggregateport load - balance
```

4. 配置 aggregate port 的注意事项

- 组端口的速度必须一致。
- 组端口必须属于同一个 VLAN。
- 组端口使用的传输介质相同。
- 组端口必须属于同一层次，并与 AP 也要在同一层次。

二、任务实施 端口聚合配置与管理

任务2.3 端口聚合配置与管理工单

职业岗位	网络运维工程师、网络售后技术支持、网络安全工程师、网络工程师、网络售前技术支持				
项目2	构建住宅小区网络	姓名		班级	
任务2.3	端口聚合配置与管理	学号		时间	
任务要求	本小区采用两台交换机组成一个局域网，由于很多数据流量是跨过交换机进行转发的，因此需要提高交换机之间的传输带宽，并实现链路冗余备份，为此，网络管理员在两台交换机之间采用两根网线互连，并将相应的两个端口聚合为一个逻辑端口，现要在交换机上作适当配置来实现这一目标				
任务目标	具备配置端口聚合提供冗余备份链路的能力				

【任务拓扑】

任务拓扑图如图2-16所示。

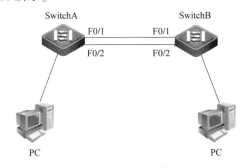

图2-16 任务拓扑图

【任务设备】

二层交换机2台、PC机2台。

【任务原理】

端口聚合（aggregate port）又称链路聚合，是指两台交换机之间在物理上将多个端口连接起来，将多条链路聚合成一条逻辑链路，从而增大链路带宽，解决交换网络中因带宽引起的网络瓶颈问题。多条物理链路之间能够相互冗余备份，其中任意一条链路断开，不会影响其他链路的正常转发数据。

【任务步骤】

第1步：交换机A基本配置。

```
SwitchA#configure terminal                    !进入全局配置模式。
switchA(config)#vlan 10                        !创建 VLAN 10
switchA(config-vlan)#exit
switchA(config)#interface fastethernet 0/5
switchA(cinfig-if)#switchport access vlan 10   !将 F0/5 端口加入 VLAN 10 中
SwitchA#show vlan id 10
```

验证测试：验证已创建了 VLAN 10，并已将端口划分到 VLAN 10 中。

第 2 步：在交换机 SwitchA 上配置聚合端口。

```
switchA(config)#interface aggregateport 1          !创建聚合接口 AG1。
switchA(config-if)#switchport mode trunk          !配置 AG 模式为 Trunk。
switchA(config-if)#exit
switchA(config)#interface range fastethernet 0/1-2 !同时进入接口 F0/1 和 F0/2
switchA(config-if-range)#port-group 1              !配置接口 F0/1 和 F0/2 属于 AG1
```

验证测试：验证接口 fastethernet 0/1 和 0/2 属于 AG1。

```
switchA#show aggregateport 1 summary               !查看端口聚合组 1 的信息。
```

第 3 步：交换机 B 的基本配置。

```
SwitchB#configure terminal
switchB(config)#vlan 10
switchB(config-vlan)#exit
switchB(config)#interface fastethernet 0/5
switchB(cinfig-if)#switchport access vlan 10
```

验证测试：验证已创建了 VLAN 10，并已将端口划分到 VLAN 10 中。

```
switchB#show vlan id 10
```

第 4 步：在交换机 SwitchB 上配置聚合端口。

```
switchB(config)#interface aggregateport 1          !创建聚合接口 AG1。
switchB(config-if)#switchport mode trunk
switchB(config-if)#exit
switchB(config)#interface range fastethernet 0/1-2
switchB(config-if-range)#port-group 1              !配置接口 F0/1 和 F0/2 属于 AG1。
```

验证测试：验证接口 fastethernet 0/1 和 0/2 属于 AG1。

```
switchB#show aggregateport 1 summary
```

第 5 步：验证当交换机之间的一条链路断开时，PC1 与 PC2 仍能互相通信。

```
ping 192.168.10.30 -t                !在 PC1 的命令行方式下验证能否 ping 通 PC2。
```

【注意事项】

①两台交换机都配置完端口聚合后，再将两台交换机连接起来。如果先连线再配置，会造成广播风暴，影响交换机的正常工作。

②只有同类型端口才能聚合为一个 AG 端口。

③所有物理端口必须属于同一个 VLAN。

评价标准表

项目			工作时间		姓名： 组别： 班级：			总分：	

序号	评价项目	评价内容及要求	考核环节	配分	学生自评（20%）	学生互评（20%）	教师评价（60%）	得分
1	素质考评	工作纪律情况，团队合作意识	全过程	15				
2	方案制订	网络规划工程科学性、合理性，有无创新	计划、决策	15				
3	实操考评	项目实施情况。项目实施过程评估和项目实施测试评估	实施、检查	50				
4	工单考评	工单报告的撰写质量；口头汇报的质量；答辩质量	评估	20				

指导教师签字：　　　　　　　　　　　　　　　　　　学生签字：

年　　月　　日

任务 2.4　快速生成树协议配置与管理

一、知识链接　生成树协议技术原理和基本配置

（一）交换机网络中的冗余链路

如今，网络对于人们的工作和生活越发重要，尤其是在办公网络中，如政府办公系统、银行或证券交易系统、医院医疗、交通管理系统等，都需要网络的支撑才能使用，一旦网络发生故障，就无法正常工作。所以，当前在骨干网设备连接中，单一链路的连接很容易实现，但一个简单的故障就会造成网络的中断，因此，在实际网络组建的过程中，为了保持网络的稳定性，在多台交换机组成的网络环境中，通常都使用一些冗余链路，以提高网络的健壮性、稳定性，如图 2－17 所示。所谓冗余链路，就是准备两条以上的通路，如果哪一条不

通了，就从另外的路走。网络冗余链路的目的是消除由于单点故障而引起的网络中断。网络具有冗余路径和设备本来是一件很好的事情，但它引起的问题比它要解决的问题还要多。

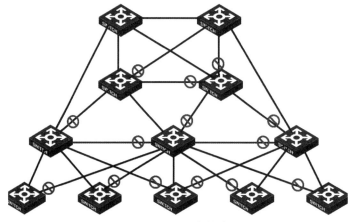

图 2 – 17　冗余链路

（二）冗余链路的危害

环路问题是冗余链路所面临的最为严重的问题，环路问题将导致广播风暴、多帧复用及 MAC 地址表的不稳定等问题。

交换机作为二层的交换设备，都具有一个相当重要的功能，那就是能够记住在每一个端口上所收到的每个数据帧的源设备的硬件地址，也就是源设备的 MAC 地址，而且还会将该数据帧的 MAC 地址和端口号等信息写到 MAC 地址中。当交换机某个端口收到数据帧的时候，交换机就查看其目的硬件地址，并在 MAC 地址中查找其外出的端口，进行数据的转发，这就是交换机进行数据交换的原理。

1. 广播风暴

在一些较大型的网络中，当大量广播流（如 MAC 地址查询信息等）同时在网络中传播时，便会发生数据包的碰撞。当网络试图缓解这些碰撞并重传更多的数据包时，结果导致全网的可用带宽减少，并最终使得网络失去连接而瘫痪。如图 2 – 18 所示，这一过程被称为广播风暴。

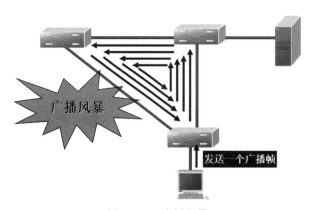

图 2 – 18　广播风暴

2. 多帧复制

多帧复制也叫重复帧传送，单播的数据帧可能被多次复制传送到目的站点。网络中如果存在环路，目的主机可能回收到某个数据帧的多个副本，此时会导致上层协议在处理这些数据帧时无从选择，浪费了目的主机的资源，严重时还可能导致网络连接的中断。

3. MAC 地址表抖动

当交换机连接不同网段时，将会出现通过不同端口接收到同一个广播帧的多个副本的情况。这一过程也同时会导致 MAC 地址表的多次刷新。这种持续的更新、刷新过程会严重耗用内存资源，影响交换机的交换能力，同时降低整个网络的运行效率。严重时，将耗尽整个网络资源，并最终造成网络瘫痪。

（三）生成树协议概念及工作原理

1. 生成树协议的概念

冗余链路的解决方法是生成树协议。生成树协议是由 Sun 微系统公司著名工程师拉迪亚·珀尔曼（Radia Perlman）博士发明的。网桥使用珀尔曼博士发明的这种方法能够达到 2 层路由的理想境界：冗余和无环路运行。

生成树协议拓扑结构的思路是，网桥能够自动发现一个没有环路的拓扑结构的子网，也就是一个生成树。生成树协议还能够确定有足够的连接通向这个网络的每一个部分。它将建立整个局域网的生成树。当首次连接网桥或者发生拓扑结构变化时，网桥都将进行生成树拓扑的重新计算。

IEEE 802.1d 协议，即生成树协议。IEEE 802.1d 协议通过在交换机上运行一套复杂的算法，使冗余端口置于"阻塞状态"，使网络中的计算机在通信时只有一条链路生效，而当这个链路出现故障时，IEEE 802.1d 协议将会重新计算出网络的最优链路，将处于"阻塞状态"的端口重新打开，从而确保网络连接稳定可靠。按照功能，可以把生成树协议的发展划分为三代：

①第一代生成树协议：STP/RSTP。

②第二代生成树协议：PVST/PVST +。

③第三代生成树协议：MISTP/MSTP。

2. STP 协议

STP（Spanning Tree Protocol）是生成树协议的英文缩写。STP 的目的是通过协商一条到根交换机的无环路径来避免和消除网络中的环路。它通过一定的算法，判断网络中是否存在环路并阻塞冗余链路，将环型网络修剪成无环路的树型网络，从而避免了数据帧在环路网络中的增生和无穷循环。

STP 在网络中选择一个被称为根交换机的参考点，然后确定到该参考点的可用路径。如果它发现存在冗余链路，将选择最佳的链路来负责数据包的转发，同时阻塞所有其他的冗余链路。如果某条链路失效了，就会重新计算生成树拓扑结构，自动启用先前被阻塞的冗余链路，从而使网络恢复通信。

STP 协议中定义了根桥（Root Bridge）、根端口（Root Port）、指定端口（Designated Port）、路径开销（Path Cost）等概念，目的就在于通过构造一棵自然树的方法达到裁剪冗余环路的目的，同时实现链路备份和路径最优化。要实现这些功能，网桥之间必须要进行一些信息的交流，这些信息交流单元就称为配置消息 BPDU（Bridge Protocol Data Unit）。STP BP-DU 是一种二层报文，所有支持 STP 协议的网桥都会接收并处理收到的 BPDU 报文。该报文的数据区里携带了用于生成树计算的所有有用信息。

3. 生成树协议的工作过程

首先进行根桥的选举。选举的依据是网桥优先级和网桥 MAC 地址组合成的桥 ID（Bridge ID）。桥 ID 最小的网桥将成为网络中的根桥。在网桥优先级都一样（默认优先级是 32 768）的情况下，MAC 地址最小的网桥成为根桥。

接下来确定根端口。以与根桥连接路径开销最少的端口为根端口，路径开销等于"1 000"除以"传输介质的速率"。假设 SW1 和跟桥之间的链路是千兆 GE 链路，跟桥和 SW3 之间的链路是百兆 FE 链路，SW3 从端口 1 到根桥的路径开销的默认值是 19，而从端口 2 经过 SW1 到根桥的路径开销是 4 + 4 = 8，所以端口 2 成为根端口，进入转发状态。根桥和根端口都确定之后，裁剪冗余的环路。这个工作是通过阻塞非根桥上相应端口来实现的。

生成树经过一段时间（默认值是 30 s 左右）稳定之后，所有端口要么进入转发状态，要么进入阻塞状态。STPBPDU 仍然会定时从各个网桥的指定端口发出，以维护链路的状态。如果网络拓扑发生变化，生成树就会重新计算，端口状态也会随之改变。当然，生成树协议还有很多内容，其他各种改进型的生成树协议都是以此为基础的，基本思想和概念都大同小异。

4. 快速生成树协议 RSTP（Rapid Spanning Tree Protocol）

STP 协议给透明网桥带来了新生。但是它还是有缺点的，STP 协议的缺陷主要表现在收敛速度上。

当拓扑发生变化时，新的配置消息要经过一定的时延才能传播到整个网络，这个时延称为 Forward Delay，协议默认值是 15 s。在所有网桥收到这个变化的消息之前，若旧拓扑结构中处于转发的端口还没有发现自己应该在新的拓扑中停止转发，则可能存在临时环路。为了解决临时环路的问题，生成树使用了一种定时器策略，即在端口从阻塞状态到转发状态中间加上一个只学习 MAC 地址但不参与转发的中间状态，两次状态切换的时间长度都是 Forward Delay，这样就可以保证在拓扑变化的时候不会产生临时环路。但是，这个看似良好的解决方案实际上带来的却是至少两倍 Forward Delay 的收敛时间。

为了解决 STP 协议的这个缺陷，在 21 世纪之初 IEEE 推出了 802.1w 标准，作为对802.1d 标准的补充。在 IEEE 802.1w 标准里定义了快速生成树协议（Rapid Spanning Tree Protocol，RSTP）。RSTP 协议在 STP 协议基础上做了三点重要改进，使得收敛速度快得多（最快 1 s 以内）。

第一点改进：为根端口和指定端口设置了快速切换用的替换端口（Alternate Port）和备份端口（Backup Port）两种角色，在根端口/指定端口失效的情况下，替换端口/备份端口就会无时延地进入转发状态。

第二点改进：在只连接了两个交换端口的点对点链路中，指定端口只需与下游网桥进行一次握手，就可以无时延地进入转发状态。如果是连接了三个以上网桥的共享链路，下游网桥是不会响应上游指定端口发出的握手请求的，只能等待两倍 Forward Delay 时间进入转发状态。

第三点改进：直接与终端相连而不是把其他网桥相连的端口定义为边缘端口（Edge Port）。边缘端口可以直接进入转发状态，不需要任何延时。由于网桥无法知道端口是否直接与终端相连，所以需要人工配置。

可见，RSTP 协议相对于 STP 协议的确改进了很多。为了支持这些改进，BPDU 的格式做了一些修改，但 RSTP 协议仍然向下兼容 STP 协议，可以混合组网。虽然如此，RSTP 和 STP 一样，同属于单生成树（Single Spanning Tree，SST），有它自身的诸多缺陷，主要表现在三个方面。

第一点缺陷：由于整个交换网络只有一棵生成树，在网络规模比较大时，会导致较长的收敛时间，拓扑改变的影响面也较大。

第二点缺陷：在网络结构对称的情况下，单生成树也没什么大碍。但是，在网络结构不对称的时候，单生成树就会影响网络的连通性。

第三点缺陷：当链路被阻塞后，将不承载任何流量，造成了带宽的极大浪费，这在环型城域网中比较明显。

这些缺陷都是单生成树 SST 无法克服的，于是支持 VLAN 的多生成树协议出现了。

（四）生成树协议的配置

1. 生成树协议配置过程

（1）开启生成树协议

锐捷交换机的默认状态是关闭 STP 协议，可以使用下列命令：

```
Switch(config)#Spanning-tree
```

（2）关闭生成树协议

如果要关闭 STP 协议，可以使用下列命令：

```
Switch(config)#no Spanning-tree
```

（3）配置生成树协议的类型

锐捷交换机的默认生成树协议的类型是 MSTP（Multiple Spanning Tree Protocol，多生成树协议），要配置 STP 协议或者 RSTP 协议时，需要使用下列命令：

```
Switch(config)#Spanning-tree mode stp/rstp
```

2. 生成树协议常用配置

（1）配置交换机优先级

配置交换机的优先级关系到究竟哪个交换机为整个网络的根交换机，同时也关系到整个网络的拓扑结构。通常情况下，应该把核心交换机的优先级设置得高些（数值小些），使核心交换机成为根网桥，这样有利于整个网络的稳定。

优先级的设置有 16 个，都是 4 096 的倍数，分别是 0、4 096、8 192、12 288、16 384、20 480、24 576、28 672、32 768、36 864、40 960、45 056、49 152、52 248、57 344 和61 440。默认为 32 768。

要配置端口的优先级，需要在接口配置模式下配置以下命令：

```
Switch(config)#spanning-tree priority <0-61440>
```

（2）恢复到默认值

要使交换机恢复到默认值，需要在接口配置模式下配置以下命令：

```
Switch(config)# no  spanning-tree priority
```

（3）配置交换机端口的优先级

要配置端口的优先级，需要在接口配置模式下运行以下命令：

```
Switch(config)#interface interface-type interface-number
Switch(config-if)#spanning-tree port-priority number(0-240)
```

（4）spanning tree 的默认配置

可通过 spanning-tree reset 命令让 spanning tree 参数恢复到默认配置。

- 关闭 STP
- STP Priority 是 32 768
- STP port Priority 是 128
- STP port cost 根据端口速率自动判断
- Hello Time 2 s
- Forward-delay Time 15 s
- Max-age Time 20 s

（5）查看生成树协议配置

1）显示生成树状态

```
Switch#show spanning-tree
```

2）显示端口生成树协议的状态

```
Switch#show spanning-tree interface fastethernet <0-2/1-24>
```

二、任务实施 快速生成树协议配置与管理

职业岗位	网络运维工程师、网络技术支持、网络安全工程师、网络工程师				
项目 2	构建住宅小区网络	姓名		班级	
任务 2.4	快速生成树协议配置与管理	学号		时间	
任务要求	小区为了开展社区活动和网络办公，建立一个社区活动室和一个办公区，这两处的计算机网络通过两台交换机互连组成内部校园网，为了提高网络的可靠性，网络管理员用两条链路将交换机互连，现要在交换机上作适当的配置，使网络避免环路				
任务目标	理解快速生成树协议 RSTP 的原理，具备快速生成树协议 RSTP 的配置能力				

【技术原理】

生成树协议的特点是收敛时间长,当主要链路出现故障后,到切换到备份链路需要 50 s 的时间。快速生成树 RSTP 在生成树协议的基础上增加了两种端口角色:替换端口和备份端口,分别作为根端口和指定端口的冗余端口。当根端口或指定端口出现故障时,冗余端口不需要经过 50 s 的收敛时间,可以直接切换到替换端口或备份端口,从而实现 RSTP 协议小于 1 s 的快速收敛。

【实现功能】

使网络在有冗余链路的情况下避免环路的产生,避免广播风暴。

【任务设备】

二层交换机 2 台、PC 机 2 台。

【任务拓扑】

任务拓扑如图 2 – 19 所示。

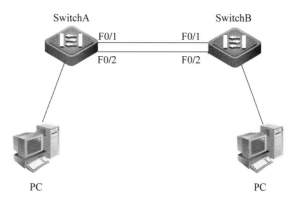

图 2 – 19　任务拓扑图

按照拓扑图连接网络时,注意,两台交换机都配置快速生成树协议后,再将两台交换机连接起来。如果先连线再配置,会造成广播风暴,影响交换机的正常工作。

【预备知识】

交换机转发原理、交换机基本配置、端口聚合的原理和配置。

【任务步骤】

第 1 步:进行交换机 A 的基本配置。

```
Switch#configure terminal
Switch(config)#hostname switchA
switchA(cinfig)#vlan 10
switchA(config-vlan)#name slaes
switchA(config-vlan)#exit
switchA(config)#interface fastethernet 0/3
switchA(config-if)#switchport access vlan 10
switchA(config)#interface range fastethernet 0/1-2
switchA(config-if-rangd)#switchpoort mode trunk
```

第 2 步：进行交换机 B 的基本配置。

```
Switch#configure terminal
Switch(config)#hostname switchB
switchB(cinfig)#vlan 10
switchB(config-vlan)#name slaes
switchB(config-vlan)#exit
switchB(config)#interface fastethernet 0/3
switchB(config-if)#switchport access vlan 10
switchB(config)#interface range fastethernet 0/1-2
switchB(config-if-rangd)#switchpoort mode trunk
```

第 3 步：配置快速生成树协议。

```
switchA#configure terminal
switchA(config)#spanning-tree                  !开启生成树协议。
switchA(config)#spanning-tree mode rstp        !指定生成树协议的类型为 RSTP。
switchB#configure terminal
switchB(config)#spanning-tree
switchB(config)#spanning-tree mode rstp        !指定生成树协议的类型为 RSTP。
```

验证测试：验证快速生成树协议已经开启。

```
switchA#show spanning-tree
```

第 4 步：设置交换机的优先级，指定 SwitchA 为根交换机。

```
switchA(config)#spanning-tree priority 4096    !指定交换机优先级为 4096
!设置交换机优先级为 4096。
switchA#show spanning-tree
switchB#show spanning-tree
```

验证测试：

①验证交换机 SwitchB 的端口 1 和端口 2 的状态。

②如果 SwitchA 与 SwitchB 的端口 F0/1 之间的链路断掉，验证交换机 SwitchB 的端口 2 的状态，并观察状态转换时间。

```
switchB#show spanning-tree interface fastetnernet 0/2
```

③如果 SwitchA 与 SwitchB 之间的一条链路断掉，验证交换机 PC1 与 PC2 仍能互相 ping 通，并观察 ping 的丢包情况。

【注意事项】

①show spanning-tree 查看生成树配置信息时，相关状态信息意义如下：

● StpVersion：生成树协议的版本。

● SysStpStatus：生成树协议运行状态，disable 为关闭状态。

● Priority：交换机的优先级。

- RootCost：交换机到达根交换机的开销，0 代表该交换机为根交换。
- RootPort：交换机上的根端口，0 代表该交换机为根交换机。

②锐捷交换机默认是关闭 spanning-tree 的，如果网络在物理上存在环路，则必须手动开启 spanning-tree。

锐捷全系列的交换机默认为 MSTP 协议，在配置时注意生成树协议的版本。

评价标准表

项目			工作时间		姓名： 组别： 班级：			总分：	
序号	评价项目	评价内容及要求	考核环节	配分	学生自评（20%）	学生互评（20%）	教师评价（60%）	得分	
1	素质考评	工作纪律情况，团队合作意识	全过程	15					
2	方案制订	网络规划工程科学性、合理性，有无创新	计划、决策	15					
3	实操考评	项目实施情况。项目实施过程评估和项目实施测试评估	实施、检查	50					
4	工单考评	工单报告的撰写质量；口头汇报的质量；答辩质量	评估	20					

指导教师签字：　　　　　　　　　　　　　　　　学生签字：

　　　　　　　　　　　　　　　　　　　　　　　　　　　年　　月　　日

项目 3

构建企业办公网络

任务 3.1 路由器配置与管理

一、知识链接 路由器的基础应用与路由选路

（一）路由器的特征和种类

路由器（Router）是工作在 OSI 第三层（网络层）上，具有连接不同类型网络的能力并能够选择数据传送路径的网络设备。

1. 路由器的特征

路由器有三个特征：工作在网络层上、能够连接不同类型的网络、能够选择数据传递路径。

（1）路由器工作在网络层上

路由器是第三层网络设备，这样说大家可能不理解，就先说一下集线器和交换机。集线器工作在第一层（即物理层），它没有智能处理能力，对它来说，数据只是电流而已，当一个端口的电流传到集线器中时，它只是简单地将电流传送到其他端口，至于其他端口连接的计算机接收不接收这些数据，它就不管了。交换机工作在第二层（即数据链路层），它要比集线器智能一些，对它来说，网络上的数据就是 MAC 地址的集合，它能分辨出帧中的源 MAC 地址和目的 MAC 地址，因此可以在任意两个端口间建立联系，但是交换机并不懂得 IP 地址，它只知道 MAC 地址。路由器工作在第三层（即网络层），它比交换机还要"聪明"一些，它能理解数据中的 IP 地址，如果它接收到一个数据包，就检查其中的 IP 地址，如果目标地址是本地网络的，就不理会，如果是其他网络的，就将数据包转发出本地网络。

（2）路由器能够连接不同类型的网络

我们常见的集线器和交换机一般都是用于连接以太网的，但是如果将两种不同网络类型连接起来，比如以太网与 ATM 网，集线器和交换机就派不上用场了。

路由器能够连接不同类型的局域网和广域网，如以太网、ATM 网、FDDI 网、令牌环网等。不同类型的网络，其传送的数据单元——帧（Frame）的格式和大小是不同的，就像公路运输是以汽车为单位装载货物，而铁路运输是以车皮为单位装载货物一样，从汽车运输改为铁路运输，必须把货物从汽车上放到火车车皮上，网络中的数据也是如此，数据从一种类型的网络传输至另一种类型的网络，必须进行帧格式转换。路由器就有这种能力，而交换机和集线器就没有。

实际上，我们所说的"互联网"，就是由各种路由器连接起来的，因为互联网上存在各种不同类型的网络，集线器和交换机根本不能胜任这个任务，所以必须由路由器来担当这个角色。

（3）路由器能够选择数据传递路径

在互联网中，从一个节点到另一个节点，可能有许多路径，路由器可以选择通畅快捷的近路，会大大提高通信速度，减轻网络系统通信负荷，节约网络系统资源，这是集线器和二层交换机根本不具备的性能。

2. 路由器的功能

路由包含两个基本的动作：确定最佳路径和通过网络传输信息。在路由的过程中，后者也称为"数据"交换。交换相对来说比较简单，而选择路径很复杂。

（1）路径选择

metric 是路由算法用于确定到达目的地的最佳路径的计量标准，如路径长度。为了帮助选路，路由算法初始化并维护包含路径信息的路由表，路径信息根据使用的路由算法不同而不同。

路由算法根据许多信息来填充路由表。将到达目的网络的最佳方式发送给"下一跳"的路由器，当路由器收到一个分组时，它就检查其目标地址，尝试将此地址与其"下一跳"相联系。

路由表还可以包括其他信息。路由表比较 metric，以确定最佳路径，这些 metric 根据所用的路由算法而不同，下面将介绍常见的 metric。路由器彼此通信，通过交换路由信息来维护其路由表，路由更新信息通常包含全部或部分路由表，通过分析来自其他路由器的路由来更新信息，该路由器可以建立网络拓扑图。路由器间发送的另一个信息例子是链接状态广播信息，它通知其他路由器发送者的链接状态，链接信息用于建立完整的拓扑图，使路由器可以确定最佳路径。

（2）数据交换

交换算法相对而言较简单，对大多数路由协议而言是相同的，多数情况下，某主机决定向另一个主机发送数据，通过某些方法获得路由器的地址后，源主机发送指向该路由器的物理（MAC）地址的数据包，其协议地址是指向目的主机的。

3. 路由器的种类

（1）接入路由器

接入路由器是指将局域网用户接入广域网中的路由器设备。局域网用户接触最多的就是接入路由器。只要是有互联网的地方，就会有路由器。如果通过局域网共享线路上网，就一定会使用路由器。

（2）企业级路由器

企业级路由器用于连接大型企业内成千上万的计算机。与接入路由器相比，企业级路由器支持的网络协议多、速度快，要处理各种局域网类型，支持多种协议，包括 IP、IPX 和 Vine，还要支持防火墙、包过滤、大量的管理和安全策略及 VLAN（虚拟局域网）。

（3）骨干级路由器

只有工作在电信等少数部门的技术人员，才能接触到骨干级路由器。互联网目前由几十个骨干网构成，每个骨干网服务几千个小网络，骨干级路由器实现企业级网络的互连。对它的要求是速度和可靠性，而价格则处于次要地位。硬件可靠性可以采用电话交换网中使用的技术，如热备份、双电源、双数据通路等来获得。这些技术对所有骨干路由器来说是必需的。

骨干网上的路由器终端系统通常是不能直接访问的，它们连接长距离骨干网上的 ISP 和企业网络。互联网的快速发展给骨干网、企业网和接入网都带来不小的挑战。

（二）路由器的管理方式

1. 路由器的分类

路由器的管理和交换机一样，可以分为带外管理和带内管理。

（1）带外管理

通过带外对路由器进行管理（PC 与路由器直接相连）。

（2）带内管理

路由器的带内管理可以通过 Telnet、Web、SNMP 工作站对路由器进行远程管理。

2. 配置模式

路由器的命令也是按模式分组的，每种模式中定义了一组命令集，所以，想要使用某个命令，必须先进入相应的模式。各种模式可通过命令提示符进行区分，命令提示符的格式是：

提示符名　模式

提示符名一般是设备的名字，路由器的默认名字是"Router"；提示符模式表明了当前所处的模式，如："＞"代表用户模式，"#"代表特权模式。表 3－1 是常见的几种命令模式。

表 3－1　命令模式

模式	提示符	进入命令
用户模式	＞	
特权模式	#	enable
全局配置模式	（config）#	configure terminal
接口配置模式	（config－if）#	Interface f1/0
线路配置模式	（config－line）#	vty 0 4
路由配置模式	（config－router）#	router rip

3. 示例：在路由器上配置 telnet

如果用户需要在带内通过 telnet 管理路由器，必须首先在路由器上作以下相关配置。

第 1 步：配置端口地址。

```
Router#configure terminal                  !进入全局配置模式
Router(config)#interface fastethernet 1/0  !进入路由器接口配置模式
Router(config-if)#ip address 192.168.0.1 255.255.255.0
                                           !配置路由器管理接口 IP 地址
Router(config-if)#no shutdown              !开启路由器 f1/0 接口
```

第 2 步：配置远程登录密码。

```
Router(config)#line vty 0 4                 !进入路由器线路配置模式
Router(config-line)#login                   !配置远程登录
Router(config-line)#password xxx            !设置路由器远程登录密码为 xxx
Router(config-line)#end
```

第 3 步：配置路由器特权模式密码。

```
Router(config)#enable secret xxx            !设置路由器特权模式密码为 xxx
```

4. 路由器配置文件的管理

①如果在路由器上需要查看配置文件，则执行以下命令：

```
Router#show version                         !查看版本及引导信息
Router#show running-config                  !查看运行配置
Router#show startup-config                  !查看用户保存在 NVRAM 中的配置文件
```

②如果在路由器上需要保存配置文件，则执行以下命令：

```
Router#copy running-config startup-config
Router#write memory
Router#write
```

③删除配置文件：

```
Router#delete flash:config.text             !删除初始配置文件
```

（三）路由选路

1. 路由选路的原理

路由器转发数据包的关键是路由表。每个路由器都有一个路由表，表中每条路由条目都指明数据到某个子网应通过路由器的哪个物理接口发送出去。如图 3-1 所示，该路由器有三条路由条目，分别是去往直连路由 10.120.2.0，通过接口 E0 可以到达；去往 172.16.1.0 通过 RIP 动态路由学习获得的路由条目，通过接口 S0 可以到达；去往 172.17.3.0 通过 IGRP 动态路由学习获得的路由条目，通过接口 S1 可以到达。

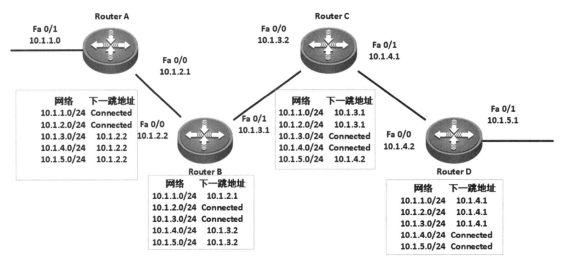

图 3-1　路由条目

当报文到达路由器接口时，会检查数据帧目的地址字段中的数据链路标识，如果标识符是路由器接口标识或广播标识符，那么路由器将从帧中剥离出报文并传送给网络层，在网络层将检查报文的目的地址，如果目的地址是路由器接口的 IP 地址或者是所有主机的广播地址，那么需要再检查报文协议字段，然后再向适当的内部进程发送被封装的数据。

如果报文是可以路由的，也就是目的地不是直连路由，那么路由器会查找路由选择表来选择一个正确的路径。如图 3-2 所示，这是一个简单的互连网络，图中给出了路由器查看路由表，这里最重要的是看路由表是如何把数据进行高速转发的。路由选择表的网络栏目中列出了路由器可达的网络地址，指向目标网络的指针在下一跳栏目。

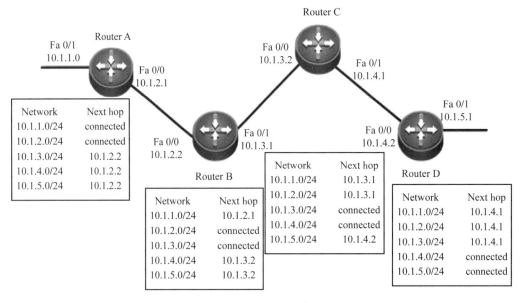

图 3-2　简单互连网络转发路由

如果路由器 A 收到一个源地址为 10.1.1.100，目标地址为 10.1.5.10 的报文，那么路由选择表查询的结果对于目的地址 10.1.5.10 的最佳匹配是子网 10.1.5.0，报文可以从接口 Fa0/0 出站，经下一跳地址 10.1.2.2 转发去往目的地。接着报文被转发给路由器 B，路由器 B 查找路由选择后，发现报文应该从接口 Fa0/1 出站，经过下一跳地址 10.1.3.2 去往目的网络 10.1.5.0，此过程一直持续到达路由器 D，当路由器 Fa0/0 口接收到报文后，路由器 D 查找路由表，发现目的地址是连接在接口 Fa0/1 上的一个直连网络，最终路由选择过程结束，报文被传送给主机 10.1.5.10。

2. 查看路由信息

如果需要查看路由器的路由条目，可以在特权模式下运行如下命令：

```
rb#show ip route
Codes: C - connected, S - static, R - RIP B - BGP
       O - OSPF, IA - OSPF inter area
       N1 - OSPF NSSA external type 1, N2 - OSPF NSSA external type 2
       E1 - OSPF external type 1, E2 - OSPF external type 2
       i - IS-IS, su - IS-IS summary, L1 - IS-IS level-1, L2
       ia - IS-IS inter area, * - candidate default
Gateway of last resort is no set
R    11.1.1.0/28 [120/1] via 12.1.1.1, 00:00:26, serial 1/2
C    12.1.1.0/30 is directly connected, serial 1/2
C    12.1.1.1/32 is directly connected, serial 1/2
R    172.16.0.0/16 [120/2] via 12.1.1.1, 00:00:26, serial 1/2
S*   0.0.0.0/0 [1/0] via 10.5.5.5
```

在此路由中选择 4 个已知目标子网，对于不是直连网络的表项，报文必须转发到下一跳路由器。下面是其中一条路由条目，现在就针对这条路由对路由表进行解释。

```
R    172.16.0.0/16 [120/2] via 12.1.1.1, 00:00:26, serial 1/2
O               --  路由信息的来源（RIP）
172.16.8.0      --  目标网络（或子网）
[110            --  管理距离（路由的可信度）
/20]            --  度量值（路由的可到达性）
via 172.16.7.9  --  下一跳地址（下个路由器）
00:00:23        --  路由的存活的时间（时分秒）
Serial 1/2      --  出站接口
```

3. 管理距离

管理距离是指一种路由协议的路由可信度。每一种路由协议按可靠性从高到低，依次分配一个信任等级，这个信任等级就叫管理距离。

为什么要出现管理距离这个技术呢？

在自治系统内部，例如 RIP 协议是根据路径传递的跳数来决定路径长短也就是传输距离的，而像 EIGRP 协议是根据路径传输中的带宽和延迟来决定路径开销从而体现传输距离的。这是两种不同单位的度量值没法进行比较。为了方便比较，定义了管理距离。这样就可以统一单位，从而衡量不同协议的路径开销，并选出最优路径。正常情况下，管理距离越小，它的优先级就越高，也就是可信度越高。

对于两种不同的路由协议到一个目的地的路由信息，路由器首先根据管理距离决定相信哪一个协议。AD 值越低，则它的优先级越高。一个管理距离是一个从 0 到 255 的整数值，0 是最可信赖的，而 255 则意味着不会有业务量通过这个路由。管理距离可以用来选择采用哪个 IP 路由协议。管理距离值越低，学到的路由越可信。静态配置路由优先于动态协议学到的路由。采用复杂量度的路由协议优先于简单量度的路由协议。表 3 - 2 所列是常见的几种网络协议的管理默认距离。

表 3 - 2　管理距离

路由源	默认管理距离
Connected interface	0
Static route out an interface	0
Static route to a next hop	1
External BGP	20
OSPF	110
IS - IS	115
RIP	120
Internal BGP	200
Unknown	255

4. 度量值

当到达一个网络有多条路径的时候，一般来讲，路由器会根据以下几种度量值来选择最佳路由。

（1）跳数

它可以简单地记录经过路由器的个数。例如，数据从路由器 A 发出，经过路由器 B 到达其他网络，那么其跳数为 1；如果经过 C 到达其他网络，它经过的路由器为 2，那么其跳数为 2。在 RIP 中，跳数是衡量路径的主要标准，其最大跳数 16，超过 16 即为不可达。

（2）带宽

一般会选择带宽高的路径，但是这不是主要标准，如果在 T1 线路上，链路带宽占用过多，那么它就可能不会选择这个链路了。

（3）负载

负载反映了沿途链路的流量大小。最优路径应该是负载最低的路径。负载不会像带宽或者跳数那样，路径上的负载变化，那么度量也会跟着变化。这里需要当心，如果度量变化过于频繁，那么会引起路由振荡，路由振荡会对路由器的 CPU、数据链路的带宽和全网稳定性产生负面影响。

（4）时延

时延是报文经过链路经过的时间，使用时延作为度量的路由协议会选择时延较低的链路作为最佳路径。有多种方法可以计算时延，时延不仅要考虑链路时延，还要考虑路由器的处理时延和队列时延等因素。另外，路由的时延可能根本无法度量。因此，时延可能是沿路各个接口所定义的静态时延的总和。

（5）可靠性

它是用于度量链路在某种情况下发生故障的可能性。可靠性是可以变化的或者固定的。可靠性高的链路将被优先选择。

（6）花费

此度量由管理员设置，可以反映路由的登记。可以通过任何策略或者链路特性对链路的花费进行定义。同时，花费也可以反映出网络管理员的主观意识。

以上几种度量一般不是单独使用的，而是综合使用的，通过某种算法来计算最佳路径。

5. 路由决策原则

路由根据路由表中的信息，选择一条最佳的路径，将数据转发出去。确定最佳路径是路由选择的关键、路由决策原则按以下次序：

首先，按最长匹配原则。

当有多条路径到达目标时，以其 IP 地址或网络最长匹配的作为最佳路由。例如，在 10.1.1.1/18、10.1.1.1/24、10.1.1.1/32，IP 将选择 10.1.1.1/32。

其次，按最小管理距离优先。

在相同匹配长度的情况下，按照路由的管理距离，管理距离越小，路由越优先。例如，S 10.1.1.1/8 为静态路由，R 10.1.1.1/8 为 RIP 产生的动态路由，静态路由的默认管理距离值为 1，而 RIP 默认管理距离为 120，因而选 S 10.1.1.1/8。

最后，按度量值最小优先。

当匹配长度、管理距离都相同时，比较路由的度量值（Metric）或称代价，度量值越小越优先。例如，S 10.1.1.1/8[1/20]，其度量值为 20；S 10.1.1.1/8[1/40]，其度量值为 40，因而选 S 10.1.1.1/8[1/20]。

二、任务实施　路由器配置与管理

职业岗位	网络运维工程师、网络技术支持、网络安全工程师、网络工程师				
项目 3	构建企业办公网络	姓名		班级	
任务 3.1	路由器配置与管理	学号		时间	
任务要求	你是某公司新进的网管，公司要求你熟悉网络产品，能够进行路由器的命令行操作				

模块一	使用路由器的命令行管理界面
任务目标	掌握路由器命令行各种操作模式的区别，具备各个模式之间切换的能力

【技术原理】

路由器的命令行操作模式主要包括用户模式、特权模式、全局配置模式、端口模式等几种。

用户模式：进入路由器后收到的第一个操作模式。在该模式下可以简单查看路由器的软、硬件版本信息，并进行简单的测试。用户模式提示符为

```
Red - Giant >
```

特权模式：由用户模式进入的下一级模式。该模式下可以对路由器的配置文件进行管理，查看路由器的配置信息，进行网络的测试和调试等。特权模式提示符为

```
Red - Giant#
```

全局配置模式：属于特权模式的下一级模式。该模式下可以配置路由器的全局性参数（如主机名、登录信息等）。在该模式下可以进入下一级的配置模式，对路由器具体的功能进行配置。全局模式提示符为

```
Red - Giant (config)#
```

端口模式：属于全局模式的下一级模式，该模式下可以对路由器的端口进行参数配置。

exit 命令是退回到上一级操作模式。

end 命令是直接退回到特权模式。

路由器命令行支持获取帮助信息、命令的简写、命令的自动补齐、快捷键功能。

【任务设备】

路由器（1台）、计算机1台。

【任务步骤】

第1步：进入路由器命令行操作模式。

```
Red - Giant > enable                            !进入特权模式。
Red - Giant#
Red - Giant#configure terminal                  !进入全局配置模式。
Red - Giant(config)#
Red - Giant(config)#interface fastethernet 1/0  !进入路由器 F1/0 的接口模式。
Red - Giant(config - if)
Red - Giant(config - if)#exit                    !退回到上一级操作模式。
Red - Giant(config)#
Red - Giant(config - if)#end                     !直接退回到特权模式。
Red - Giant#
```

第2步：路由器命令行基本技巧。

```
Red - Giant > ?           !显示当前模式下所有可执行的命令。
Red - Giant#co?           !显示当前模式下所有 co 开头的命令。
```

```
Red - Giant#copy ?                       !显示 copy 命令后可执行的参数。
Red - Giant#conf ter     !路由器命令行支持命令的简写,该命令代表 configure terminal。
Red - Giant(config)#
Red - Giant#con             !按键盘的 Tab 键自动补齐 configure,路由器支持命令的自动补齐。
Red - Giant#configure
Red - Giant(config - if)# ^Z   !按 Ctrl + Z 组合键退回到特权模式。
Red - Giant#
```

第 3 步：在交换机特权模式下执行 ping 1.1.1.1 命令，发现不能 ping 通目标地址，交换机默认情况下需要发送 5 个数据包，若不想等到 5 个数据包均不能 ping 通目标地址的反馈出现，可在数据包未发出 5 个之前通过按 Ctrl + C 组合键终止当前操作。

```
Red - Giant#ping 1.1.1.1
```

！ping 一个不存在的地址，命令完成需要一定的时间，利用按 Ctrl + C 组合键来终止未执行完成的命令。

【注意事项】

①命令行操作进行自动补齐或命令简写时，要求所简写的字母必须能够唯一区别该命令。如 Red - Giant# conf 可以代表 configure，但 Red - Giant#co 无法代表 configure，因为 co 开头的命令有 copy 和 configure，设备无法区别。

②注意区别每个操作模式下可执行的命令种类。交换机不可以跨模式执行命令。

模块二	路由器的全局配置
任务目标	具备路由器全局基本配置的能力。

【技术原理】

配置路由器的设备名称和配置交换机的描述信息必须在全局配置模式下执行。

Hostname 配置路由器的设备名称即命令提示符的前部分信息。

当用户登录路由器时，可能需要告诉用户一些必要的信息。可以通过设置标题来达到这个目的。可以创建两种类型的标题：每日通知和登录标题。

Banner motd 用于配置路由器每日提示信息。

Banner login 配置路由器远程登录提示信息，在每日提示信息之后。

【实现功能】

配置路由器的设备名称和每次登录路由器时提示相关信息。

【任务设备】

路由器（1 台）、计算机 1 台。

【任务步骤】

第 1 步：配置路由器设备名称。

```
Red – Giant > enable
Red – Giant#configure terminal
Red – Giant(config)#hostname RouterA
RouterA(config)#
```

第 2 步：配置路由器每日提示信息。

```
RouterA(config)#banner motd  &            !配置每日提示信息,& 为终止符。
```

【注意事项】

①配置设备名称的有效字符是 22 字节。

②配置每日提示信息时，注意终止符不能在描述文本中出现。如果键入结束的终止符后仍然输入字符，则这些字符将被系统丢弃。

模块三	路由器端口的基本配置
任务目标	具备路由器端口常用基本配置的能力。

【技术原理】

锐捷路由器接口 FastEthernet 接口默认情况下是 10M/100M 自适应端口，双工模式也为自适应，并且在默认情况下路由器物理端口处于关闭状态。

路由器提供广域网接口（Serial 高速同步串口），使用 V.35 线缆连接广域网接口链路。在广域网连接时，一端为 DCE（数据通信设备），一端为 DTE（数据终端设备）。要求必须在 DCE 端配置时钟频率（clock rate）才能保证链路的连通。

在路由器的物理端口可以灵活配置带宽，但最大值为该端口的实际物理带宽。

【实现功能】

给路由器接口配置 IP 地址，并在 DCE 端配置时钟频率，限制端口带宽。

【任务设备】

路由器 2 台、计算机 1 台。

【网络拓扑】

任务拓扑图如图 3 – 3 所示。

F1/0　　SOHO　　S1/2　　　　　　　SOHO　　S1/2

图 3 – 3　任务拓扑图

注：在使用 V.35 线缆连接两台路由器的同步串口时，注意区分 DCE 端和 DTE 端。

【任务步骤】

第 1 步：配置路由器 A 端口参数。

```
Red－Giant＞enable
Red－Giant#configure terminal
Red－Giant(config)#hostname Ra
Ra(config)#interface serial 1／2                     !进入 s1／2 的端口模式。
Ra(config－if)#ip address 1.1.1.1 255.255.255.0     !配置端口的 IP 地址。
Ra(config－if)#clock rate 64000                      !在 DCE 接口上配置时钟频率 64000。
Ra(config－if)#bandwidth 512                         !配置端口的带宽速率为 512KB。
Ra(config－if)#no shutdown                           !开启该端口,使端口转发数据。
```

第 2 步：配置路由器 B 端口参数。

```
Red－Giant＞enable
Red－Giant#configure terminal
Red－Giant(config)#hostname Rb
Rb(config)#interface serial 1／2                     !进入 s1／2 的端口模式。
Rb(config－if)#ip address 1.1.1.2 255.255.255.0     !配置端口的 IP 地址。
Rb(config－if)#bandwidth 512                         !配置端口的带宽速率为 512KB。
Rb(config－if)#no shutdown                           !开启该端口,使端口转发数据。
```

第 3 步：查看路由器端口配置的参数。

```
Ra#show interface serial 1／2                         !查看 RA serial 1／2 接口的状态。
Rb#show interface serial 1／2                         !查看路由器 B serial1／2。
Rb#show ip interface serial 1／2                      !查看该端口的 IP 协议相关。
```

第 4 步：验证配置。

```
Ra#ping 1.1.1.2                                      !在 RA ping 对端 RBserial 1／2 接口的 IP。
```

【注意事项】

①路由器端口默认情况下是关闭的,需要使用 no shutdown 命令开启端口。

②Serial 接口正常的端口速率最大是 2.048M（2 000K）。

③体会 show interface 和 show ip interface 命令之间的区别。

模块四	查看路由器的系统和配置信息
任务目标	具备查看路由器系统和配置信息的能力,具备查看当前路由器的工作状态的能力。

【技术原理】

查看路由器的系统和配置信息命令要在特权模式下执行。

show version 查看路由器的版本信息,可以查看到交换机的硬件版本信息和软件版本信息,用于进行交换机操作系统升级时的依据。

show ip route 查看路由表信息。

show running－config 查看路由器当前生效的配置信息。

【实现功能】

查看路由器的各项参数。

【任务设备】

路由器1台、计算机2台。

【网络拓扑】

任务拓扑图如图3-4所示。

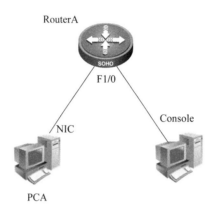

RouterA

F1/0

Console

NIC

PCA

图 3-4 任务拓扑图

【任务步骤】

第1步：进行路由器端口的基本配置。

```
Red - giant > enable
Red - giant#configure terminal
Red - giant(config)#hostname RouterA
RouterA(config)#interface fastethernet 1/0
RouterA(config - if)#ip address 192.168.1.1 255.255.255.0
RouterA(config - if)#no shutdown
```

第2步：查看交换机各项信息。

```
RouterA#show version              !查看路由器的版本信息。
RouterA#show ip route             !查看路由器路由表信息。
RouterA#show running - config      !查看交换机当前生效的配置信息。
```

【注意事项】

①show running - config 是查看当前生效的配置信息，show startup - config 是查看保存在 NVRAM 里的配置文件信息。

②路由器的配置信息全部加载在 RAM 里生效，路由器在启动过程中是将 NVRAM 里的配置文件加载到 RAM 里生效。

评价标准表

项目			工作时间		姓名： 组别： 班级：			总分：	

序号	评价项目	评价内容及要求	考核环节	配分	学生自评（20%）	学生互评（20%）	教师评价（60%）	得分
1	素质考评	工作纪律情况，团队合作意识	全过程	15				
2	方案制订	网络规划工程科学性、合理性，有无创新	计划、决策	15				
3	实操考评	项目实施情况。项目实施过程评估和项目实施测试评估	实施、检查	50				
4	工单考评	工单报告的撰写质量；口头汇报的质量；答辩质量	评估	20				

指导教师签字：　　　　　　　　　　　　　　　　　学生签字：

年　　　月　　　日

任务 3.2　三层交换机配置与管理

一、知识链接　三层交换技术原理

在网络结构方面，也从早期的共享介质的局域网发展到目前的交换式局域网。交换式局域网技术使专用的带宽为用户所独享，极大地提高了局域网传输的效率。可以说，在网络系统集成的技术中，直接面向用户的第一层接口和第二层交换技术方面已取得令人满意的答案。但是，作为网络核心、起到网间互连作用的路由器技术却没有质的突破。在这种情况下，一种新的路由技术应运而生，这就是第三层交换技术。说它是路由器，因为它可操作在网络协议的第三层，是一种路由理解设备并可起到路由决定的作用；说它是交换器，是因为它的速度极快，几乎达到第二层交换的速度。二层交换机、三层交换机和路由器这三种技术究竟谁优谁劣？它们各自适用在什么环境？为了解答这问题，先从这三种技术的工作原理入手。

（一）二层交换技术原理

二层交换机是数据链路层的设备，它能够读取数据包中的 MAC 地址信息并根据 MAC 地址来进行交换。

交换机内部有一个地址表，这个地址表标明了 MAC 地址和交换机端口的对应关系。当交换机从某个端口收到一个数据包时，它首先读取包头中的源 MAC 地址，这样它就知道源 MAC 地址的机器是连在哪个端口上的，它再去读取包头中的目的 MAC 地址，并在地址表中查找相应的端口，如果表中有与这目的 MAC 地址对应的端口，则把数据包直接复制到这端口上，如果在表中找不到相应的端口，则把数据包广播到所有端口上，当目的机器对源机器回应时，交换机又可以学习一目的 MAC 地址与哪个端口对应，在下次传送数据时就不再需要对所有端口进行广播了。

二层交换机就是这样建立和维护它自己的地址表的。由于二层交换机一般具有很宽的交换总线带宽，所以可以同时为很多端口进行数据交换。如果二层交换机有 N 个端口，每个端口的带宽是 M，而它的交换机总线带宽超过 N×M，那么这交换机就可以实现线速交换。二层交换机对广播包是不做限制的，把广播包复制到所有端口上。

二层交换机一般都含有专门用于处理数据包转发的 ASIC（Application Specific Integrated Circuit，专用集成电路）芯片，因此转发速度可以做到非常快。

（二）路由技术原理

路由器是在 OSI 七层网络模型中的第三层——网络层操作的。

路由器内部有一个路由表，此表标明了如果要去某个地方，下一步应该往哪走。路由器从某个端口收到一个数据包，它首先把链路层的包头去掉（拆包），读取目的 IP 地址，然后查找路由表，若能确定下一步往哪里送，则再加上链路层的包头（打包），把该数据包转发出去；如果不能确定下一步的地址，则向源地址返回一个信息，并把这个数据包丢掉。

路由技术和二层交换看起来有点相似，其实路由和交换之间的主要区别就是交换发生在 OSI 参考模型的第二层（数据链路层），而路由发生在第三层。这一区别决定了路由和交换在传送数据的过程中需要使用不同的控制信息，所以两者实现各自功能的方式是不同的。

路由技术其实是由两项最基本的活动组成的，即决定最优路径和传输数据包。其中，数据包的传输相对较为简单和直接，而路由的确定则更加复杂一些。路由算法在路由表中写入各种不同的信息，路由器会根据数据包所要到达的目的地，选择最佳路径把数据包发送到可以到达该目的地的下一台路由器。当下一台路由器接收到该数据包时，也会查看其目标地址，并使用合适的路径继续传送给后面的路由器。依此类推，直到数据包到达最终目的地。

路由器之间可以进行相互通信，而且可以通过传送不同类型的信息维护各自的路由表。

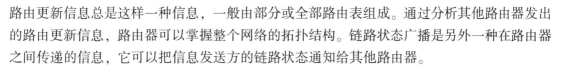

路由更新信息总是这样一种信息，一般由部分或全部路由表组成。通过分析其他路由器发出的路由更新信息，路由器可以掌握整个网络的拓扑结构。链路状态广播是另外一种在路由器之间传递的信息，它可以把信息发送方的链路状态通知给其他路由器。

（三）三层交换技术原理

一个具有第三层交换功能的设备是一个带有第三层路由功能的第二层交换机，但它是二者的有机结合，并不是简单地把路由器设备的硬件及软件叠加在局域网交换机上。

从硬件上看，第二层交换机的接口模块都是通过高速背板/总线（速率可高达几十 Gb/s）交换数据的。在第三层交换机中，与路由器有关的第三层路由硬件模块也插接在高速背板/总线上，这种方式使得路由模块可以与需要路由的其他模块间高速地交换数据，从而突破了传统的外接路由器接口速率的限制。在软件方面，第三层交换机也有重大的举措，它将传统的基于软件的路由器软件进行了界定。

路由技术最基本的两项活动对比：其一，对于数据包的转发，如 IP/IPX 包的转发，这些工作通过硬件得以高速实现；其二，对于第三层路由软件，如路由信息的更新、路由表维护、路由计算、路由的确定等功能，用优化、高效的软件实现。

假设两个使用 IP 协议的机器通过第三层交换机进行通信的过程：机器 A 在开始发送时，已知目的 IP 地址，但尚不知道在局域网上发送所需要的 MAC 地址。要采用地址解析（ARP）来确定目的 MAC 地址。机器 A 把自己的 IP 地址与目的 IP 地址进行比较，从其软件中配置的子网掩码中提取出网络地址来确定目的机器是否与自己在同一子网内。若目的机器 B 与机器 A 在同一子网内，A 广播一个 ARP 请求，B 返回其 MAC 地址，A 得到目的机器 B 的 MAC 地址后将这一地址缓存起来，并用此 MAC 地址封包转发数据，第二层交换模块通过查找 MAC 地址表来确定将数据包发向目的端口。若两个机器不在同一子网内，如发送机器 A 要与目的机器 C 通信，发送机器 A 要向"默认网关"发出 ARP 包，而"默认网关"的 IP 地址已经在系统软件中设置。这个 IP 地址实际上对应第三层交换机的第三层交换模块。所以，当发送机器 A 对"默认网关"的 IP 地址广播出一个 ARP 请求时，若第三层交换模块在以往的通信过程中已得到目的机器 C 的 MAC 地址，则向发送机器 A 回复 C 的 MAC 地址；否则，第三层交换模块根据路由信息向目的机器广播一个 ARP 请求，目的机器 C 得到此 ARP 请示后，向第三层交换模块回复其 MAC 地址，第三层交换模块保存此地址并回复给发送机器 A。以后，当再进行 A 与 C 之间数据包转发时，将用最终的目的机器的 MAC 地址封装，数据转发过程全部交给第二层交换处理，信息得以高速交换。即所谓的一次选路，多次交换。

（四）三种技术的应用对比

可以看出，二层交换机主要用在小型局域网中，机器数量在二三十台以下，这样的网络环境下，广播包影响不大，二层交换机的快速交换功能、多个接入端口和价格低廉为小型网络用户提供了很完善的解决方案。在这种小型网络中根本没必要引入路由功能，以免增加管理的难度和费用，所以没有必要使用路由器。当然，也没有必要使用三层交换机。

三层交换机是为 IP 设计的，接口类型简单，拥有很强的二层包处理能力，所以适用于大型局域网，为了减小广播风暴的危害，必须把大型局域网按功能或地域等因素划分成一个一个的小局域网，也就是一个一个的小网段，这样必然导致不同网段之间存在大量的互访，单纯使用二层交换机没办法实现网间的互访，而单纯使用路由器，则由于端口数量有限，路由速度较慢，从而限制了网络的规模和访问速度，所以，这种环境下，由二层交换技术和路由技术有机结合而成的三层交换机就最为适合。

路由器端口类型多，支持的三层协议多，路由能力强，所以适用于大型网络之间的互连，虽然不少三层交换机甚至二层交换机都有异质网络的互连端口，但一般大型网络的互连端口不多，互连设备的主要功能不在于在端口之间进行快速交换，而是要选择最佳路径，进行负载分担，而是要选择最佳路径、负载分担、链路备份和路由信息交换等功能，所有这些都是路由完成的功能。

在这种情况下，自然不可能使用二层交换机，但是否使用三层交换机则视具体情况而定。影响的因素主要有网络流量、响应速度要求和投资预算等。三层交换机的最重要目的是加快大型局域网内部的数据交换，糅合进去的路由功能也是为这个目的服务的，所以它的路由功能没有同一档次的专业路由器强。在网络流量很大的情况下，如果三层交换机既做网内的交换，又做网间的路由，必然会大大加重它的负担，影响响应速度。在网络流量很大，但又要求响应速度很高的情况下，由三层交换机做网内的交换，由路由器专门负责网间的路由工作，这样可以充分发挥不同设备的优势，是一个很好的配合。当然，如果受到投资预算的限制，由三层交换机兼做网间互连，也是个不错的选择。

二、任务实施　三层交换机配置与管理

职业岗位	网络运维工程师、网络技术支持、网络安全工程师、网络工程师				
项目 3	构建企业办公网络	姓名		班级	
任务 3.2	三层交换机配置与管理	学号		时间	
任务要求	公司现有 1 台三层交换机，要求进行测试该交换机的三层功能是否工作正常				
任务目标	具备三层交换机基本配置的能力				

【技术原理】

三层交换机是在一个二层交换的基础上实现了三层的路由功能。三层交换机基于"一次路由，多次交换"的特性，在局域网环境中转发性能远远高于路由器。而且三层交换机同时具备二层交换机的功能，能够和二层的交换机进行很好的数据转发。三层交换机的以太网接口要比一般的路由器多很多，更加适合多个局域网段之间的互连。

三层交换机的所有端口在默认情况下都属于二层端口，不具备路由功能，不能给物理端口直接配置 IP 地址，但可以开启物理端口的三层路由功能。

三层交换机默认开启了路由功能，可利用 ip routing 命令进行控制。

【任务设备】

三层交换机 1 台，直连线 2 条。

【任务拓扑】

任务拓扑如图 3-5 所示。

图3-5　任务拓扑图

【任务步骤】

第1步：开启三层交换机的路由功能。

```
Switch#configure terminal
Switch(config)#hostname tsgzy
tsgzy(config)#ip routing                     !开启三层交换机的路由功能。
```

第2步：配置三层交换机端口的路由功能。

```
tsgzy(config)#interface fastEthernet 0/5
tsgzy(config-if)#no switchport                    !开启端口的三层路由功能。
tsgzy(config-if)#ip address 172.16.10.5 255.255.0.0  !给端口配置 IP 地址。
tsgzy(config-if)#no shutdown
tsgzy(config-if)#end
```

第3步：验证、测试配置。

```
tsgzy#show ip interface              !查看接口状态信息。
tsgzy#show interface f0/5            !查看接口状态信息。
```

评价标准表

项目			工作时间		姓名： 组别： 班级：		总分：	
序号	评价项目	评价内容及要求	考核 环节	配分	学生 自评 （20%）	学生 互评 （20%）	教师 评价 （60%）	得分
1	素质考评	工作纪律情况，团队合作意识	全过程	15				
2	方案制订	网络规划工程科学性、合理性，有无创新	计划、决策	15				
3	实操考评	项目实施情况。项目实施过程评估和项目实施测试评估	实施、检查	50				
4	工单考评	工单报告的撰写质量；口头汇报的质量；答辩质量	评估	20				

指导教师签字：　　　　　　　　　　　　　　　　学生签字：

年　　月　　日

任务3.3 应用三层交换机实现 VLAN 互访

一、知识链接 直连路由与静态路由配置方式

路由选择是寻找从一台设备到另一台设备的最有效路径的过程，执行此功能的主要设备是路由器。路由器有两个主要功能：

①维护路由选择表，并确保其他路由器知道网络拓扑中的变化。

②当分组到达一个接口时，路由器利用路由表决定把分组发送到哪里。把这些数据交换到相应的接口，按接口类型成帧后，发送此帧。

根据路由器学习路由信息、生成并维护路由表的方法包括直连路由（Direct）、静态路由（Static）和动态路由（Dynamic）。

（一）直连路由

直连路由定义：路由器能够自动产生激活端口 IP 所在网段的直连路由信息。如图 3 – 6 所示，在路由器三个接口上分别配置了 IP 地址，于是路由器产生了指向该接口的直连路由条目，见表 3 – 3。注意，路由器的每个接口都必须单独占用一个网段。

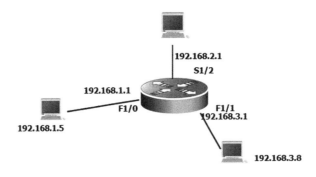

图 3 – 6　直连路由

路由器接口所连接的子网的路由方式是直连路由；通过路由协议从别的路由器学到的路由称为非直连路由；直连路由是由链路层协议发现的，一般指去往路由器的接口地址所在网段的路径，该路径信息不需要网络管理员维护，也不需要路由器通过某种算法进行计算获得，只要该接口处于活动状态（Active），路由器就会把通向该网段的路由信息填写到路由表中去，直连路由无法使路由器获取与其不直接相连的路由信息。

配置命令如下：

```
Router >
Router >enable
Router#configure terminal
Router(config)# interface f1/0
Router(config -if)#ip address 192.168.1.1 255.255.255.0
```

```
Router(config-if)#no shutdown
Router(config-if)#exit
Router(config)#interface s1/2
Router(config-if)#ip address 192.168.3.1 255.255.255.0
Router(config-if)#no shutdown
Router(config-if)#exit
Router(config)#interface f1/1
Router(config-if)#ip address 192.168.2.1 255.255.255.0
Router(config-if)#no shutdown
Router(config-if)#exit
```

产生的路由信息见表 3-3。

表 3-3 路由信息

路由来源	目标网段	出口
C	192.168.1.0	Fastethernet 1/0
C	192.168.2.0	Serial 1/2
C	192.168.3.0	Fastethernet 1/1

（二）静态路由

1. 静态路由概述

静态路由是指由网络管理员手工配置的路由信息。当网络的拓扑结构或链路的状态发生变化时，网络管理员需要手工去修改路由表中相关的静态路由信息。静态路由信息在默认情况下是私有的，不会传递给其他的路由器。当然，网管员也可以通过对路由器进行设置使之成为共享的。

静态路由一般适用于比较简单的网络环境，在这样的环境中，网络管理员易于清楚地了解网络的拓扑结构，便于设置正确的路由信息。静态路由除了具有简单、高效、可靠的优点外，它的另一个好处是网络安全保密性高。但是大型和复杂的网络环境通常不宜采用静态路由。一方面，网络管理员难以全面地了解整个网络的拓扑结构；另一方面，当网络的拓扑结构和链路状态发生变化时，路由器中的静态路由信息需要大范围地调整，这一工作的难度和复杂程度非常高。

2. 静态路由的一般配置步骤

①为路由器每个接口配置 IP 地址。

②确定本路由器有哪些直连网段的路由信息。

③确定网络中有哪些属于本路由器的非直连网段。

④添加本路由器的非直连网段相关的路由信息。

例如，如图 3-7 所示，最初这个网络中路由器 A 和路由器 B 分别配置了对应的接口 IP 地址，于是分别产生了两条直连路由。此时这两条主机所连路由器的路由表中没有对方的路由条目，所以它们是无法互相通信的。接着网络管理员在对应的路由器里面手工添加对应的路由条目，最终两台主机可以相互访问了。

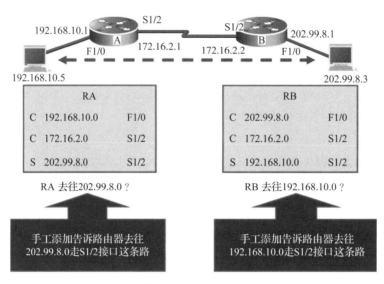

图 3-7　静态路由

3. 静态路由配置

（1）静态路由配置命令

配置静态路由用命令 ip route。

```
router(config)#ip route [网络编号] [子网掩码] [转发路由器的 IP 地址／本地接口]
```

（2）删除静态路由命令

删除静态路由命令用 no ip route [网络编号] [子网掩码]

例：ip route 192. 168. 10. 0 255. 255. 255. 0 serial 1／2

例：ip route 192. 168. 10. 0 255. 255. 255. 0 172. 16. 2. 1

4. 静态路由描述转发路径的方式

静态路由的配置有两种方法：指向本地接口（即从本地某接口发出）和指向下一跳路由器直连接口的 IP 地址（即将数据包交给 ×.×.×.×）。

例：

```
routerA(config)#ip route 202.99.8.0 255.255.255.0 serial 1／2
```

或

```
routerA(config)#ip route 202.99.8.0 255.255.255.0 172.16.2.2
```

5. 默认路由

默认路由是一种特殊的静态路由，指的是当路由表中与包的目的地址之间没有匹配的表项时，路由器能够作出的选择。如果没有默认路由，那么目的地址在路由表中没有匹配表项的包将被丢弃。默认路由在某些时候非常有效，当存在末梢网络时，默认路由会大大简化路由器的配置，减轻管理员的工作负担，提高网络性能。

默认路由和静态路由的命令格式一样，只是把目的地 IP 和子网掩码改成 0.0.0.0 和 0.0.0.0。0.0.0.0/0 可以匹配所有的 IP 地址，属于最不精确的匹配。默认路由可以看作是静态路由的一种特殊情况。当所有已知路由信息都查不到数据包如何转发时，按默认路由的信息进行转发。

配置默认路由的格式如下：

```
router(config)#ip route 0.0.0.0 0.0.0.0 [转发路由器的 IP 地址/本地接口]
```

如图 3-8 所示，路由器 B 连接了一个末节网络，末节网络中的流量都通过 B 路由器到达 Internet，路由器 B 是一个边缘路由器，于是在路由器 B 上配置如下默认路由：

```
routerB(config)#ip route 0.0.0.0 0.0.0.0 S1/2
```

或

```
routerB(config)#ip route 0.0.0.0 0.0.0.0 172.16.2.2
```

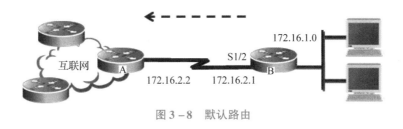

图 3-8　默认路由

二、任务实施　应用三层交换机实现 VLAN 互访

职业岗位	网络运维工程师、网络技术支持、网络安全工程师、网络工程师				
项目 3	构建企业办公网络	姓名		班级	
任务 3.3	应用三层交换机实现 VLAN 互访	学号		时间	
任务要求	公司有两个主要部门：销售部和技术部，其中销售部的个人计算机系统分散连接在两台交换机上，它们之间需要相互进行通信，销售部和技术部也需要进行相互通信，现要在交换机上做适当配置来实现这一目标				
任务目标	具备通过三层交换机实现 VLAN 间互相通信的能力				

【技术原理】

在交换网络中，通过 VLAN 对一个物理网络进行了逻辑划分，不同 VLAN 之间是无法直接访问的，必须通过三层的路由设计进行连接，一般利用路由器或三层交换机来实现不同 VLAN 之间的相互访问。三层交换机和路由器具备网络层的功能，能够根据数据的 IP 包头信息进行选路和转发，从而实现不同网段之间的访问。

直连路由是指：为三层设备的接口配置 IP 地址，并且激活该端口，三层设备会自动产生该接口 IP 所在网段的直连路由信息。

三层交换机实现 VLAN 互访的原理是，利用三层交换机的路由功能，通过识别数据包的 IP 地址，查找路由表进行选路转发。三层交换机利用直连路由可以实现不同 VLAN 直接的互相访问。三层交换机给接口配置 IP 地址，采用 SVI（交换虚拟接口）的方式实现 VLAN 间互连。SVI 是指为交换机中的 VLAN 创建虚拟接口，并且配置 IP 地址。

【任务设备】

二层交换机 1 台、三层交换机 1 台、直连线 3 条。

【任务拓扑】

任务拓扑如图 3 - 9 所示。

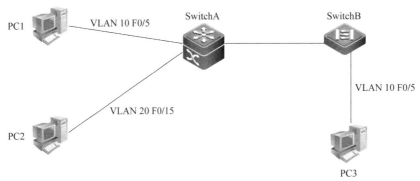

图 3 - 9 任务拓扑图

注：先连接线缆，再进行配置。注意连接线缆的接口编号。SwitchA 为三层交换机。

【注意事项】

两台交换机之间相连的端口应该设置为 Tag VLAN 模式。

需要设置 PC 的网关。

【任务步骤】

第 1 步：在交换机 SwitchA 上创建 VLAN 10、VLAN 20，并将端口 0/5 和 0/15 划分到 VLAN 10、VLAN 20 中。

```
SwitchA(config)# vlan 10
SwitchA(config - vlan)# name sales
SwitchA(config - vlan)#exit
SwitchA(config)#interface fastethernet 0/5
SwitchA(config - if)#switchport access vlan 10
SwitchA(config - if)#exit
SwitchA(config)#vlan 20
SwitchA(config - vlan)# name technical
SwitchA(config - vlan)#exit
SwitchA(config)#interface fastethernet 0/15
SwitchA(config - if)#switchport access vlan 20
SwitchA(config - if)#exit
```

第 2 步：把交换机 SwitchA 与 SwitchB 相连端口（假设为 0/1）定义为 Tag VLAN 模式。

```
SwitchA(config)#interface fastethernet 0/1
SwitchA(config-if)#switchport mode trunk
```

将 fastethernet 0/24 端口设为 Tag VLAN 模式。

验证测试：

```
SwitchA#show interfaces fastethernet 0/1 switchport
```

第 3 步：在交换机 SwitchB 上创建 VLAN 10，并将 0/5 端口划分到 VLAN 10 中。

```
SwitchB(config)#vlan 10
SwitchB(config-vlan)# name sales
SwitchB(config-vlan)#exit
SwitchB(config)#interface fastethernet 0/5
SwitchB(config-if)#switchport access vlan 10
SwitchB(config-if)#exit
```

第 4 步：把交换机 SwitchA 与 SwitchB 相连端口（假设为 0/1）定义为 Tag VLAN 模式。

```
SwitchB(config)#interface fastethernet 0/1
SwitchB(config-if)#switchport mode trunk
```

将 fastethernet 0/24 端口设为 Tag VLAN 模式。

验证测试：

```
SwitchB#show interface fastethernet 0/1 switchport
```

第 5 步：验证 PC1 与 PC3 能相互通信，但 PC2 与 PC3 不能通信。

第 6 步：设置三层交换机 VLAN 间通信。

```
SwitchA(config)#interface vlan 10            !创建虚拟接口 VLAN 10。
SwitchA(config-if)#ip address 192.168.10.254 255.255.255.0
```

配置虚拟接口 VLAN 10 的地址为 192.168.10.254。

```
SwitchA(config-if)#no shutdown               !开启端口。
SwitchA(config-if)#exit
SwitchA(config)#int vlan 20                  !创建虚拟接 VLAN 20。
SwitchA(config-if)#ip address 192.168.20.254  255.255.255.0
```

配置虚拟接口 VLAN 10 的地址为 192.168.20.254。

```
SwitchA(config-if)#no shutdown
```

验证测试：查看 s3760 路由接口的状态。

```
SwitchA#show ip interface            !查看 IP 接口的状态。
```

第 7 步：将 PC1 和 PC3 的默认网关设置为 192.168.10.254，将 PC2 的默认网关设置为 192.168.20.254。

评价标准表

项目			工作时间		姓名： 组别： 班级：			总分：	
序号	评价项目	评价内容及要求		考核环节	配分	学生自评（20%）	学生互评（20%）	教师评价（60%）	得分
1	素质考评	工作纪律情况，团队合作意识		全过程	15				
2	方案制订	网络规划工程科学性、合理性，有无创新		计划、决策	15				
3	实操考评	项目实施情况。项目实施过程评估和项目实施测试评估		实施、检查	50				
4	工单考评	工单报告的撰写质量；口头汇报的质量；答辩质量		评估	20				

指导教师签字：　　　　　　　　　　　　　　　　　　学生签字：

　　　　　　　　　　　　　　　　　　　　　　　　　年　　月　　日

任务3.4　静态路由配置与管理

职业岗位	网络运维工程师、网络技术支持、网络安全工程师、网络工程师			
项目3	构建企业办公网络	姓名		班级
任务3.4	静态路由配置与管理	学号		时间
任务要求	校园网通过一台路由器连接到校园外的另一台路由器上，现要在路由器上做适当配置，实现校园网内部主机与校园网外部主机的相互通信			
任务目标	具备利用静态路由方式实现网络连通性的能力			

【技术原理】

路由器属于网络层设备，能够根据 IP 包头的信息选择一条最佳路径，将数据包转发出去，实现不同网段的主机之间的相互访问。

路由器是根据路由表进行选路和转发的，而路由表就是由一条条的路由信息组成。路由表的产生方式一般有 3 种：

直连路由：给路由器接口配置一个 IP 地址，路由器自动产生本接口 IP 所在网段的路由信息。

静态路由：在拓扑结构简单的网络中，管理员通过手工的方式配置本路由器未知网段的路由信息，从而实现不同网段之间的连接。

动态路由协议学习产生的路由：在大规模的网络中，或网络拓扑相对复杂的情况下，通过在路由器上运行路由协议，路由器之间相互自动学习，从而产生路由信息。

【实现功能】

实现网络的互连互通，从而实现信息的共享和传递。

【任务设备】

R1700（2 台）、V.35 线缆（1 条）、PC（2 台）、直连线或交叉线（2 条）。

【任务拓扑】

任务拓扑如图 3-10 所示。

图 3-10　任务拓扑图

注：普通路由器和主机直连时，需要使用交叉线，若以太网接口支持 MDI/MDIX，则使用直连线也可以连通。

【任务步骤】

第 1 步：在路由器 Router1 上配置接口的 IP 地址和串口上的时钟频率。

基本输入：

```
Router1(config)#interface fastethernet 1/0
Router1(config-if)#ip address 172.16.1.1 255.255.255.0
Router1(config-if)#no shutdown
Router1(config)#interface serial 1/2
Router1(config-if)#ip address 172.16.2.1 255.255.255.0
Router1(config-if)#clock rate 64000          !配置 Router1 的时钟频率
Router1(config-if)#no shutdown
```

验证测试：验证路由器接口的配置。

```
Router1#show ip interface brief
Router1#show interface serial 1/2
```

第 2 步：在路由器 Router1 上配置静态路由。

基本输入：

```
Router1(config)#ip route 172.16.3.0 255.255.255.0 172.16.2.2
```

验证测试：验证 Router1 上的静态路由配置。

```
Router1#show ip route
```

第 3 步：在路由器 Router2 上配置接口的 IP 地址和串口上的时钟频率。

```
Router2(config)#interface fast5ethernet 1/0
Router2(config-if)#ip address 172.16.3.2 255.255.255.0
Router2(config-if)#no shutdown
Router2(config)#interface serial 1/2
Router2(config-if)#ip address 172.16.2.2 255.255.255.0
Router2(config-if)#no shutdown
```

验证测试：验证路由器接口的配置。

```
Router2#show ip interface brief
Router2#show interface serial 1/2
```

第 4 步：在路由器 Router2 上配置静态路由。

```
Router2(config)#ip route 172.16.1.0 255.255.255.0 172.16.2.1
```

第 5 步：测试网络的互连互通性。

```
C:\>ping 172.16.3.22              !判断从 PC1 到 PC2 的连通性
```

【注意事项】

如果两台路由器通过鉴定串口直接互连，则必须在其中一端设置时钟频率（DCE）。

评价标准表

项目			工作时间		姓名： 组别： 班级：		总分：	
序号	评价项目	评价内容及要求	考核环节	配分	学生自评（20%）	学生互评（20%）	教师评价（60%）	得分
1	素质考评	工作纪律情况，团队合作意识	全过程	15				
2	方案制订	网络规划工程科学性、合理性，有无创新	计划、决策	15				

续表

序号	评价项目	评价内容及要求	考核环节	配分	学生自评（20%）	学生互评（20%）	教师评价（60%）	得分
3	实操考评	项目实施情况。项目实施过程评估和项目实施测试评估	实施、检查	50				
4	工单考评	工单报告的撰写质量；口头汇报的质量；答辩质量	评估	20				

指导教师签字：　　　　　　　　　　　　　　　学生签字：

　　　　　　　　　　　　　　　　　　　　　　年　　月　　日

任务 3.5 RIP 路由协议配置与管理

一、知识链接 RIP 路由协议与配置方式

（一）动态路由协议概述

动态路由选择协议是通过运行路由选择协议，使网络中路由器相互间通信，传递路由信息，利用收到的路由信息动态更新路由器表的过程。它能实时地适应网络拓扑结构的变化。如果路由更新信息表明发生了网络变化，路由选择算法就会重新计算路由，并发出新的路由更新信息。这些信息通过各个网络引起各路由器重新启动其路由算法，并更新各自的路由表，以动态地反映网络拓扑变化。动态路由适用于网络规模大、网络拓扑复杂的网络。当然，各种动态路由协议会不同程度地占用网络带宽和 CPU 资源。

1. 动态路由的分类

一个自治系统就是处于一个管理机构控制之下的路由器和网络群组。它可以是一个路由器直接连接到一个 LAN 上，同时也连到 Internet 上；它可以是一个由企业骨干网互连的多个局域网。在一个自治系统中的所有路由器必须相互连接，运行相同的路由协议，同时分配同一个自治系统编号。根据是否在一个自治域内使用，动态路由协议分为内部网关协议和外部网关协议。

外部网关协议（Exterior Gateway Protocol，EGP）是在自治系统之间交换路由选择信息的互联网络协议，如 BGP。内部网关协议（Interior Gateway Protocol，IGP）是指在自治系统内交换路由选择信息的路由协议，常用的内部网关协议有 OSPF、RIP、IGRP、EIGRP、IS -

IS。路由协议根据算法可以分为两大类：距离矢量（Distance Ventor）和链路状态（Link State）。路由协议根据在进行路由信息传递时是否包含路由的掩码信息，可以分为两大类：有类路由协议和无类路由协议。有类路由协议（classful – routing）在进行路由信息传递时，不包含路由的掩码信息。路由器按照标准 A、B、C 类进行汇总处理。当与外部网络交换路由信息时，接收方路由器将不会知道 Subnet，因为 Subnet Mask 信息没有被包括在路由更新数据包中。

有类路由协议在同一个主类网络里能够区分 Subnet，是因为如果路由更新信息是关于在接收 Interface 上所配置的同一主类网络的，那么路由器将采用配置在本地 Interface 上的 Subnet Mask。如果路由更新信息是关于在接收 Interface 上所配置的不同主类网络的，那么路由器将根据其所属地址类别采用默认的 Subnet Mask。无类路由协议（classless routing）在进行路由信息传递时，包含子网掩码信息，支持 VLSM（变长子网掩码）。RIP（路由信息协议）、IGRP（内部网关路由协议）、OSPF（开放式最短路径优先）、IS – IS（中间系统 – 中间系统）、EIGRP（增强型内部网关路由协议）、BGP（边界网关协议）是常见的动态路由协议。

2. 动态路由的基本原理

①要求网络中运行相同的路由协议。每种路由协议的工作方式、选路原则等都有所不同。

②所有运行了路由协议的路由器会将本机相关路由信息发送给网络中其他的路由器。

③所有路由器会根据所学的信息产生相应网段的路由信息。路由器根据某种路由算法（对于不同的动态路由，协议算法不同）把收集到的路由信息加工成路由表，供路由器在转发 IP 报文时查阅。

④所有路由器会每隔一段时间向邻居通告本机的状态。动态路由之所以能根据网络的情况自动计算路由、选择转发路径，是因为当网络发生变化时，路由器之间彼此交换的路由信息会告知对方网络的这种变化，通过信息扩散使所有路由器都能得知网络变化。

（二）距离矢量路由协议

1. 距离矢量路由协议概述

距离矢量（Distance Vector）算法是以 R. E. Bellman、L. R. Ford 和 D. R. Fulkerson 所做的工作为基础的，鉴于此，把距离矢量路由协议称为 Bellman – Ford 或者 Ford – Fulkerson 算法。距离矢量名称的由来是路由是以矢量（距离、方向）的方式被通告出去的，这里的距离是根据度量来决定的。通俗点说，就是往某个方向上的距离。

每台路由器在信息上都依赖于自己的相邻路由器，而它的相邻路由器又是通过自它们自己的相邻路由器那里学习路由，依此类推，所以就好像街边巷尾的小道新闻，一传十，十传百，很快就能弄得家喻户晓了。正因为如此，一般把距离矢量路由协议称为“依照传闻的路由协议”。距离矢量路由协议有以下三个特性。

①路由器只向邻居发送路由信息报文。

②路由器将更新后完整的路由信息报文发送给邻居。

③路由器根据接收到的信息报文计算产生路由表。

2. 常见距离矢量路由协议

常见距离矢量路由协议有 IP 路由信息协议 RIP、Xerox 网络系统的 XNS RIP、Cisco 的 Internet 网关路由选择协议 IGRP、DEC 的 DNA 阶段 4、Apple Talk 的路由选择表维护协议 RTMP 和外部 Internet 网关路由选择协议 EIGRP。

（三）链路状态路由协议

1. 链路状态路由协议概述

链路状态路由选择协议又称为最短路径优先协议，它基于 Edsger Dijkstra 的最短路径优先（SPF）算法。它比距离矢量路由协议复杂得多，但基本功能和配置却很简单，甚至算法也容易理解。路由器的链路状态的信息称为链路状态，包括接口的 IP 地址和子网掩码、网络类型（如以太网链路或串行点对点链路）、该链路的开销、该链路上所有的相邻路由器。

链路状态路由协议是层次式的，网络中的路由器并不向邻居传递"路由项"，而是通告给邻居一些链路状态。与距离矢量路由协议相比，链路状态协议对路由的计算方法有本质的差别。距离矢量协议是平面式的，所有的路由学习完全依靠邻居，交换的是路由项。链路状态协议只是通告给邻居一些链路状态。运行该路由协议的路由器不是简单地从相邻的路由器学习路由，而是把路由器分成区域，收集区域内所有路由器的链路状态信息，根据状态信息生成网络拓扑结构，每一个路由器再根据拓扑结构计算出路由。链路状态路由协议有以下三个基本特征：

①向全网扩散链路状态信息。

②当网络结构发生变化时，立即发送更新信息。

③只发送需要更新的信息。

2. 常见的链路状态路由协议

如今，用于 IP 路由的链路状态路由协议有两种。

（1）最短路径优先（OSPF）

OSPF 由 IETF 的 OSPF 工作组设计，OSPF 的开发始于 1987 年，如今正在使用的有 OSPFv2 和 OSPFv3 两个版本。OSPF 的大部分工作由 John Moy 完成。

（2）中间系统到中间系统（IS–IS）

IS–IS 是由 ISO 设计的，它的雏形由 DEC 开发，首席设计师是 Radia Perlman。IS–IS 最初是为 OSI 协议簇而非 TCP/IP 协议簇而设计的，后来，集成化 IS–IS，即双 IS–IS 添加了对 IP 网络的支持，尽管 IS–IS 路由协议一直主要供 ISP 和电信公司使用，但已有越来越多的企业开始使用 IS–IS。

两者既有很多共同点，也有很多不同之处。有很多分别拥护 OSPF 和 IS–IS 的派别，它们从未停止过对双方优缺点的讨论和争辩。

（四）路由信息协议 RIP

1. RIP 的定义

RIP（Routing Information Protocols，路由信息协议）是使用最广泛的距离矢量路由选择协议。最初是为 Xerox 网络系统 Xeroxparc 通用协议而设计的，是 Internet 中常用的路由协议。RIP 采用距离向量算法，即路由器根据距离选择路由，所以也称为距离向量协议。

RIP 用两种数据包传输更新：请求包和更新包。路由器收集所有可到达目的地的不同路径，并且保存有关到达每个目的地的最少站点数的路径信息，除到达目的地的最佳路径外，任何其他信息均予以丢弃。同时，路由器也把所收集的路由信息用 RIP 协议通知相邻的其他路由器，这样，正确的路由信息逐渐扩散到了全网。

2. RIP 协议的工作原理

（1）初始化

RIP 初始化时，会从每个参与工作的接口上发送请求数据包。该请求数据包会向所有的 RIP 路由器请求一份完整的路由表。该请求通过 LAN 上的广播形式发送 LAN 或者在点到点链路发送到下一跳地址来完成。这是一个特殊的请求，向相邻设备请求完整的路由更新。

（2）接收请求

RIP 有两种类型的消息：响应消息和接收消息。请求数据包中的每个路由条目都会被处理，从而为路由建立度量以及路径。RIP 采用跳数度量，值为 1 的意味着一个直连的网络，16 为网络不可达。路由器会把整个路由表作为接收消息的应答返回。

（3）接收到响应

路由器接收并处理响应，它会通过对路由表项进行添加、删除或者修改而作出更新。

（4）常规路由更新和定时

路由器以 30 s 一次的频率将整个路由表以应答消息的形式发送到邻居路由器。路由器收到新路由或者现有路由的更新信息时，会设置一个 180 s 的超时时间。如果 180 s 没有任何更新信息，路由的跳数设为 16。路由器以度量值 16 宣告该路由，直到刷新计时器从路由表中删除该路由。刷新计时器的时间设为 240 s，或者比过期计时器时间多 60 s。在此期间，路由器不会用它接收到的新信息对路由表进行更新，这样能够为网络的收敛提供一段额外的时间。

（5）触发路由更新

当某个路由度量发生改变时，路由器只发送与改变有关的路由，并不发送完整的路由表。

3. 路由环路的产生

当路由器 C 的网络拓扑发生变化时，4.0.0.0 的网段设为不可达（down），如图 3 – 11 所示。

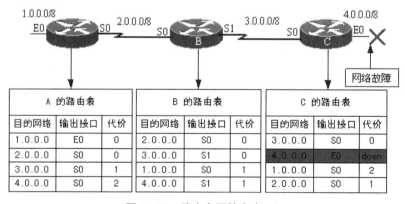

图 3 – 11   路由自环的产生 – 1

有一种情况可能会发生，即在路由器 C 还没有来得及告诉路由器 B 自己自连的 4.0.0.0 网段不可达的信息，路由器 B 先发给自己一个 RIP 更新路由信息。这个路由信息告诉路由器 C，"我能够在 1 跳之内达到 4.0.0.0 的网段"，路由器 C 就相信路由器 B，并更新自己的路由表项，由原来的表项 "4.0.0.0 E0 down"（自连，出口为 E0）变为 "4.0.0.0 S02"（从 S0 口经 2 跳到 4.0.0.0）。如图 3 − 12 所示。

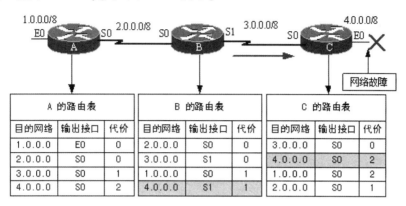

图 3 − 12　路由自环的产生 − 2

再过一段时间后，路由器 C 反过来又将自己的路由信息发布给路由器 B，影响路由器 B 和路由器 A 的路由信息更新，使到达 4.0.0.0 的网络跳数各增加了 1。如图 3 − 13 所示。

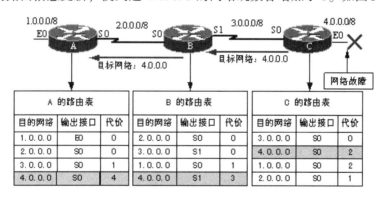

图 3 − 13　路由自环的产生 − 3

但 4.0.0.0 的网络是 C 的直连网络，其网络故障仍没有恢复，C 再次报 4.0.0.0 已 down 掉，后又从 B 处学到到达 4.0.0.0 为跳数 4，再又扩散到 B、A，如此循环反复，互相影响，形成路由信息更新环路，如图 3 − 14 所示。

4. 解决路由自环

有以下五种方法可以解决路由环路：

（1）解决路由自环问题——计数到无穷

在这种方案中，通过定义最大跳数（为 15）来阻止路由无限循环。

路由器在广播 RIP 数据包之前总是把跳数（metric field）的值加 1，一旦跳数值达到 16，则视为不可到达，从而丢弃 RIP 数据包。如图 3 − 15 所示。

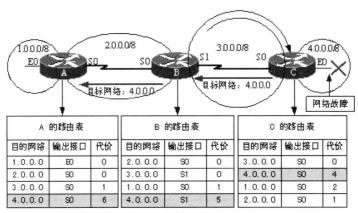

图 3 – 14　路由自环的产生 – 4

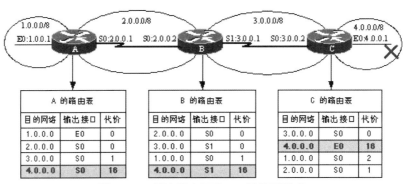

图 3 – 15　解决路由环路——计数到无穷

计数到无穷的提出限制了网络的规模，路由器的个数不能超过 15，并且增加了收敛的时间，影响网络的性能。

（2）解决路由自环问题——水平分割

水平分割保证路由器记住每一条路由信息的来源，并且不在收到这条信息的端口上再次发送此路由信息。这是保证不产生路由循环的最基本措施。

RIP 规定：网络 4.0.0.0 的路由选择更新只能从路由器 C 产生（因为网络 4.0.0.0 是路由器 C 的自连路由），而路由器 A 和 B 不能对 4.0.0.0 的网络进行路由选择更新。即路由信息不能够返回其起源的路由器，这就是水平分割。

如图 3 – 16 所示，路由器 A 不能向路由器 B 广播 3.0.0.0、4.0.0.0 的网络；路由器 B 不能向路由器 A 广播 1.0.0.0 的网络，也不能向路由器 C 广播 4.0.0.0 的网络；路由器 C 不能向路由器 B 广播 1.0.0.0、2.0.0.0 的网络。

（3）解决路由自环问题——触发更新

RIP 规定：当网络发生变化（新网络的加入、原有网络的消失或网络故障）时，立即触发更新，而无须等待路由器更新计时器（30 s）期满，从而加快了收敛。同样，当一个路由器刚启动 RIP 时，它广播请求报文，收到此广播的相邻路由器立即应答一个更新报文，而不必等到下一个更新周期。这样，网络拓扑的变化最快地在网络上传播开。触发更新只是在概率上降低了自环发生的可能性。图 3 – 17 说明了触发更新解过程。

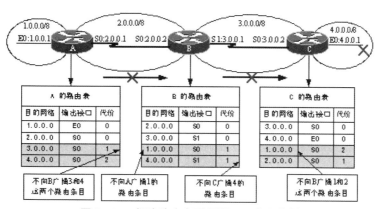

图 3 – 16　解决路由自环问题——水平分割

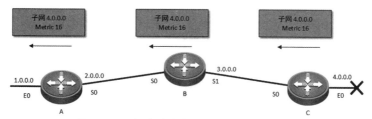

图 3 – 17　解决路由自环问题——触发更新

（4）解决路由自环问题——路由毒杀和反转毒杀

路由毒化（路由中毒）：网络4.0.0.0的路由选择更新只能从路由器C产生，如果路由器C从其他路由学习到4.0.0.0网络的路由选择更新，则路由器C将10.4.0.0网络改为不可到达（如16跳）。

毒性反转（带毒化逆转的水平分割）：当一条路由信息变为无效后，路由器并不立即将它从路由表中删除，而是用最大的跳数16（不可到达）的度量值将其广播出去，虽然这样增加了路由表的大小，但可消除路由循环。

当路由器C从其他路由学习到4.0.0.0网络的路由选择更新时，路由器C将4.0.0.0网络改为不可到达（如16跳），并向其他路由器转发4.0.0.0网络是不可达到的路由选择更新，毒化反转和水平分割一起使用。如图3 – 18所示。

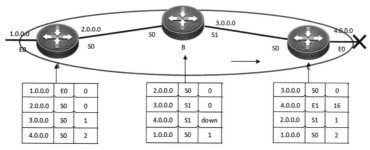

图 3 – 18　解决路由自环问题——路由毒杀和反转毒杀

（5）解决路由自环问题——抑制定时器

当一条路由信息无效之后，一段时间内这条路由都处于抑制状态，即在一定时间内不再接收关于同一目的地址的路由更新。如果路由器从一个网段上得知一条路径失效，然后又立即在另一个网段上得知这个路由有效，通常这个有效的信息往往是不正确的，抑制计时避免了这个问题。因此，当一条链路频繁启停时，抑制计时减少了路由的浮动，增加了网络的稳定性。

当路由器 B 从 C 处知 4.0.0.0 的网络不可达时，启动一个抑制计时器（RIP 默认 180 s）。在抑制计时器期满前，若再从路由器 C 处得知 4.0.0.0 的网络又能达到时，或者从其他路由器如 A 处得到更好的度量标准时（比不可达更好），删除抑制计时器；否则，在该时间内不学习任何与该网络相关的路由信息，并在倒计时期间继续向其他路由器（如 A）发送毒化信息。如图 3 - 19 所示。

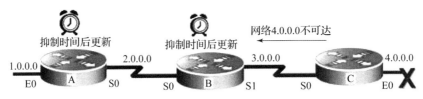

图 3 - 19　解决路由自环问题——抑制定时器

5. RIP 协议版本

RIP 有 RIPv1 和 RIPv2 两个版本，可以指定接口所处理的 RIP 报文版本。RIPv1 为有类路由，不支持 VLSM，使得用户不能通过划分更小的网络地址的方法来更高效地使用有限的 IP 地址空间。RIPv2 对此做出了改进，支持 VLSM，为无类路由。RIPv1 发送更新报文的方式为广播，RIPv1 通过地址为 224.0.0.9 的组播发送更新报文。

RIPv1 还支持认证，这可以让路由器确认它所学到的路由信息来自合法的邻居路由器。表 3 - 4 对两个版本作出了比较。

表 3 - 4　RIPv1、RIPv2 比较

特性	RIPv1	RIPv2
采用跳数为度量值	是	是
15 是最大的有效度量值，16 为无穷大	是	是
默认 30 s 更新周期	是	是
周期性更新时，发送全部路由信息	是	是
拓扑改变是发送只针对变化的触发更新	是	是
使用路由毒化、水平分割、毒性逆化	是	是
使用抑制计时器	是	是
发送更新的方式	广播	组播
使用 UDP520 端口发送报文	是	是
更新中携带子网掩码、支持 VLSM	否	是
支持认证	否	是

（五）配置 RIP 协议

1. 配置步骤

RIP 路由协议的配置比较简单，首先开启 RIP 协议进程，执行如下命令：

```
Router(config)#router rip
```

接着申请本路由器参与 RIP 协议的直连网段信息，执行如下命令：

```
Router(config-router)#network network-number
```

例如：

```
Router(config-router)#network 192.168.1.0
Router(config-router)#network 192.168.2.0
```

接着指定 RIP 协议的版本 2（默认是版本 1），执行如下命令：

```
Router(config-router)#version 2
```

最后在 RIPv2 版本中关闭自动汇总，执行如下命令：

```
Router(config-router)#no auto-summary
```

2. 查看 RIP 配置信息

配置完 RIP 协议后，验证 RIP 的配置，执行如下命令：

```
Router#show ip protocols
```

如果显示路由表的信息，执行如下命令：

```
Router#show ip route
```

清除 IP 路由表的信息，执行如下命令：

```
Router#clear ip route
```

在控制台显示 RIP 的工作状态，执行如下命令：

```
Router#debug ip rip
```

二、任务实施　RIP 路由协议配置与管理

职业岗位	网络运维工程师、网络技术支持、网络安全工程师、网络工程师			
项目 3	构建企业办公网络	姓名		班级
任务 3.5	RIP 路由协议配置与管理	学号		时间
任务要求	校园网通过一台三层交换机连接到校园网出口路由器，路由器再和校园外的另一台路由器连接，现做适当配置，实现校园网内部主机与校园网外部主机的相互通信			

| 任务目标 | 具备在路由器上配置动态路由协议 RIP 的能力 |

【技术原理】

RIP（Routing Information Protocols，路由信息协议）是应用较早、使用较普遍的 IGP（Interior Gateway Protocol，内部网关协议），适用于小型同类网络，是典型的距离矢量（distance – vector）协议。

RIP 协议跳数用于衡量路径开销，RIP 协议里规定最大跳数为 15。

RIP 协议有两个版本类型：RIPv1 和 RIPv2。

RIPv1 属于有类路由协议，不支持 VLSM（变长子网掩码），RIPv1 是以广播的形式进行路由信息的更新的；更新周期为 30 s。

RIPv2 属于无类路由协议，支持 VLSM（变长子网掩码），RIPv2 是以组播的形式进行路由信息的更新的，组播地址是 224.0.0.9。RIPv2 还支持基于端口的认证，提高网络的安全性。

【实现功能】

实现网络的互连互通，从而实现信息的共享和传递。

【任务设备】

三层交换机（1 台）、路由器（2 台）、V.35 线缆（1 根）、直连线或交叉线（1 条）。

【任务拓扑】

任务拓扑如图 3 – 20 所示。

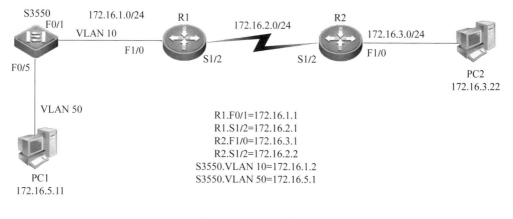

R1.F0/1=172.16.1.1
R1.S1/2=172.16.2.1
R2.F1/0=172.16.3.1
R2.S1/2=172.16.2.2
S3550.VLAN 10=172.16.1.2
S3550.VLAN 50=172.16.5.1

图 3 – 20　任务拓扑图

【任务步骤】

第 1 步：进行基本配置。

三层交换机基本配置：

```
S3760 -24(config)#vlan 10
S3760 -24(config -vlan)#exit
S3760 -24(config)#vlan 50
S3760 -24(config -vlan)#exit
```

```
S3760-24(config)#interface fastethernet 0/1
S3760-24(config-if)#switchport access vlan 10
S3760-24(config-if)#exit
S3760-24(config)#interface fastethernet 0/5
S3760-24(config-if)#switchport access vlan 50
S3760-24(config-if)#exit
S3760-24(config)#interface vlan 10        !创建VLAN虚接口,并配置IP。
S3760-24(config-if)#ip address 172.16.1.2 255.255.255.0
S3760-24(config-if)#no shutdown
S3760-24(config-if)#exit
S3760-24(config)#interface vlan 50        !创建VLAN虚接口,并配置IP。
S3760-24(config-if)#ip address 172.16.5.1 255.255.255.0
S3760-24(config-if)#no shutdown
S3760-24(config-if)#exit
```

验证测试:

```
S3760-24#show vlan
```

路由器基本配置:

```
Router1(config)#interface fastethernet 1/0
Router1(config-if)#ip address 172.16.1.1 255.255.255.0
Router1(confit-if)#no shutdown
Router1(config-if)#exit
Router1(config)#interface serial 1/2
Router1(config-if)#ip address 172.16.2.1 255.255.255.0
Router1(config-if)#no shutdown
Router2(config)#interface fastethernet 1/0
Router2(config-if)#ip address 172.16.3.1 255.255.255.0
Router2(confit-if)#no shutdown
Router2(config-if)#exit
Router2(config)#interface serial 1/2
Router2(config-if)#ip address 172.16.2.2 255.255.255.0
Router2(config-if)#clock rate 64000
Router2(config-if)#no shutdown
```

验证测试:验证路由器接口的配置和状态。

```
Router1#show ip interface brief
Router2#show ip interface brief
```

第2步:配置RIPv2路由协议。

基本输入:

```
S3760 – 24 配置 RIP
S3760 – 24(config)#router rip                             !开启 RIP 进程。
S3760 – 24 (config – router)#network 172.16.1.0          !通告本设备的直连网段。
S3760 – 24(config – router)#network 172.16.5.0
S3760 – 24(config – router)#version 2
Router1 配置 RIPv2
Router1(config)#router rip                                !开启 RIP 进程。
Router1(config – router)#network 172.16.1.0
Router1(config – router)#network 172.16.2.0
Router1(config – router)#version 2                        !定义 RIPv2
Router1(config – router)#no auto – summary                !关闭路由信息的自动汇总功能。
Router2 配置 RIP
Router2(config)#router rip                                !开启 RIP 进程。
Router2(config – router)#network 172.16.2.0
Router2(config – router)#network 172.16.3.0
Router2(config – router)#version 2                        !定义 RIPv2
Router2(config – router)#no auto – summary
```

第 3 步：验证三台路由设备的路由表，查看是否自动学习了其他网段的路由信息。

```
S3760 – 24#show ip route
Router1#show ip route
Router2#show ip route
```

第 4 步：测试网络的连通性。

【注意事项】

①在串口上配置时钟频率时，一定要在电缆 DCE 商的路由器上配置，否则链路不通。

② No auto – summary 功能只在 RIPv2 中支持。

③三层交换机没有 no auto – summary 命令。

④ PC 主机网关一定要指向直连接口 IP 地址，例如 PC1 网关指向三层交换机 VLAN 50 的 IP 地址。

评价标准表

项目			工作时间		姓名： 组别： 班级：		总分：	
序号	评价项目	评价内容及要求	考核环节	配分	学生自评（20%）	学生互评（20%）	教师评价（60%）	得分
1	素质考评	工作纪律情况，团队合作意识	全过程	15				

续表

序号	评价项目	评价内容及要求	考核环节	配分	学生自评（20%）	学生互评（20%）	教师评价（60%）	得分
2	方案制订	网络规划工程科学性、合理性，有无创新	计划、决策	15				
3	实操考评	项目实施情况。项目实施过程评估和项目实施测试评估	实施、检查	50				
4	工单考评	工单报告的撰写质量；口头汇报的质量；答辩质量	评估	20				

指导教师签字：　　　　　　　　　　　　　　　学生签字：

年　　月　　日

任务 3.6　OSPF 路由协议配置与管理

一、知识链接　OSPF 路由协议原理与配置方式

（一）OSPF 概述

OSPF 是一种典型的链路状态路由协议，启用 OSPF 协议的路由器彼此交换并保存整个网络的链路信息，从而掌握全网的拓扑结构，再通过 SPF 算法计算出到达每一个网络的最佳路由。

OSPF 作为一种内部网关协议（Interior Gateway Protocol，IGP，其网关和路由器都在同一个自治系统内部），用于在同一个自治域（AS）中的路由器之间发布路由信息。运行 OSPF 的每一台路由器中都维护一个描述自治系统拓扑结构的统一的数据库，该数据库由每一个路由器的链路状态信息（该路由器可用的接口信息、邻居信息等）、路由器相连的网络状态信息（该网络所连接的路由器）、外部状态信息（该自治系统的外部路由信息）等组成。所有的路由器并行运行着同样的算法（最短路径优先算法 SPF），根据该路由器的拓扑数据库，构造出以它自己为根节点的最短路径树，该最短路径树的叶子节点是自治系统内部的其他路由器。当到达同一目的路由器存在多条相同代价的路由时，OSPF 能够在多条路径上分配流量，实现负载均衡。

OSPF 不同于距离矢量协议（RIP），它有如下特性：

- 支持大型网络、路由收敛快、占用网络资源少。
- 无路由环路。
- 支持 VLSM 和 CIDR。
- 支持等价路由。
- 支持区域划分、构成结构化的网络、提供路由分级管理。

1. 路由器 ID（Router ID）

①通过 router – id 命令指定的路由器 ID 最为优先。

```
Router(config - router)# router - id 1.1.1.1
```

②选择具有最高 IP 地址的环回接口。

```
Router(config)# int  loopback 0
Router(config)# ip addr 10.1.1.1 255.255.255.255
```

③选择具有最高 IP 地址的已激活的物理接口。

2. 邻居（Neighbors）

OSPF 第一步建立毗邻关系。路由器 A 从自己的端口向外组播发送 HELLO 分组，向外通告自己的路由器 ID 等，所有与路由器 A 物理上直连的，并且同样运行 OSPF 协议的路由器，就可能成为邻居。两台路由器处于 Two – way 状态，建立了邻居关系。

3. 邻接（Adjacency）

相邻的路由器 B 如果收到这个 Hello 报文，就将这个报文内路由器 A 的 ID 信息加入自己的 Hello 报文内。如果路由器 A 的某端口收到从其他路由器 B 发送的含有自身 ID 信息的 Hello 报文，则它根据该端口所在的网络类型来确定是否可以建立邻接关系。两台路由器处于 FULL 状态时，则建立了邻接关系。

4. 链路状态（Link – State）

链路的工作状态是正常工作还是发生故障，与此相关的信息称为链路状态。

OSPF 路由器收集其所在网络区域中各路由器的连接状态信息，即链路状态信息（Link – State），生成链路状态数据库（Link – State Database）。路由器掌握了该区域上所有路由器的链路状态信息，也就等于了解了整个网络的拓扑状况。

5. 链路状态公告（LSA）、链路状态数据库（LSDB）

OSPF 路由器之间使用链路状态通告（Link – State Advertisement，LSA）来交换各自的链路状态信息，并把获得的信息存储在链路状态数据库 LSDB 中。

根据路由器的类型不同，定义了 7 种类型的 LSA。LSA 中包括的信息有路由器的 RID、邻居的 RID、链路的带宽、路由条目、掩码等。

路由器 LSA（第 1 类 LSA）由区域内所有路由器产生，并且只能在本区域内泛洪。这些最基本的 LSA 列出了路由器所有的链路和接口、链路状态及代价。

6. 链路开销

OSPF 路由协议通过计算链路的带宽来计算最佳路径的选择。每条链路根据带宽不同，具有不同的度量值，这个度量值在 OSPF 路由协议中称作"开销（Cost）"。通常，10 Mb/s

的以太网的链路开销是 10，16 Mb/s 令牌环网的链路开销是 6，FDDI 或快速以太网的开销是 1，2 Mb/s 的串行链路的开销是 48。

两台路由器之间路径开销之和的最小值为最佳路径。

7. 邻居表、拓扑表、路由表

OSPF 路由协议维护 3 张表：邻居表、拓扑表、路由表。最基础的就是邻居表。

路由器通过发送 HELLO 包，将与其物理直连的、同样运行 OSPF 路由协议的路由器作为邻居放在邻居表中。

当路由器建立了邻居表之后，运行 OSPF 路由协议的路由器会互相通告自己所了解的网络拓扑，从而建立拓扑表。在一个区域内，一旦收敛，所有的路由器具有相同的拓扑表。

当完整的拓扑表建立起来后，路由器便会按照链路带宽的不同，使用最短路径优先 SPF 算法，从拓扑表中计算出最佳路由，放在路由表中。

8. 指定路由器（Designative Router，DR）

在接口所连接的各毗邻路由器之间，具有最高优先级的路由器作为 DR。端口的优先权值从 0 到 255，在优先级相同的情况下，选择路由器 ID 最高的路由器作为 DR。

因此，DR 具有接口最高优先级 + 最高路由器 ID。

9. 备份指定路由器（Backup Designative Router，BDR）

在各毗邻路由器之间选择路由器 ID 次高的路由器作为 BDR。

10. OSPF 网络类型

根据路由器所连接的物理网络不同，OSPF 将网络划分为四种类型：广播多路访问型、非广播多路访问型、点到点型、点到多点型。

广播多路访问型网络，例如：以太网 Ethernet、令牌环网 Token Ring、FDDI。选举路由器中的 DR 和 BDR。

非广播多路访问型网络，例如：帧中继 Frame Relay、X. 25、SMDS。

点到点型网络，例如：PPP、HDLC。

11. OSPF 的区域

OSPF 引入"分层路由"的概念，将网络分割成一个"主干"连接的一组相互独立的部分，这些相互独立的部分被称为"区域"（Area），"主干"的部分称为"主干区域"。每个区域就如同一个独立的网络，该区域的 OSPF 路由器只保存该区域的链路状态，同一区域的链路状态数据库保持同步，使得每个路由器的链路状态数据库都可以保持合理的大小，路由计算的时间、报文数量都不会过大。

多区域的 OSPF 必须存在一个主干区域（Area0），主干区域负责收集非主干区域发出的汇总路由信息，并将这些信息返还给到各区域。

OSPF 区域不能随意划分，应该合理地选择区域边界，使不同区域之间的通信量最小。在实际应用中，区域的划分往往不是根据通信模式而是根据地理或政治因素来完成的。分区域的好处：

①减少路由更新；

②加速收敛；

③限制不稳定路由到一个区域；

④提高网络性能。

（二）单区域 OSPF 的基本配置

1. 单区域 OSPF 的基本配置步骤

定义路由器 ID。定义网络中各路由器的逻辑环回接口 IP 地址，从而得到相应的路由器 ID。

如果一台路由器，在一个接口上是 DR，而在另一个接口上不是 DR，则不能将此路由器的 ID 定义太大，否则，无论哪个接口，均成为 DR。确定路由器 ID 的步骤：

①通过 router – id 命令指定的最为优先。

②最高的环回接口地址次之，使用的环回接口通常是 32 位掩码长度，可用以下命令修改网络类型，并使路由条目的掩码长度和通告保持一致。

```
R1(config)# int loopback0
R1(config-if)# ip ospf network point-to-point
```

用路由器 loopback 口的 IP 地址作为 Router ID。这样做有很多的好处，其中最大的好处就是：loopback 口是一个虚拟的接口，而并非一个物理接口。只要该接口在路由器使用之初处于开启状态，则该路由器的 router id 就不会改变（除非有新的 loopback 口被用户创建并配置以更大的 IP 地址）。它并不像真正的物理接口，物理接口在线缆被拔出的时候处于 down 的状态，此时，整个路由器就要重新计算其 router id，比较烦琐，也造成不必要的开销。

③最后是选择级别最高的活动物理接口，使其在此接口上成为 DR，启动路由进程，发布接口。

2. 对应的命令举例

①定义路由器的 ID：

```
Router(config)# interface loopback 0
Router(config-if)# ip address 172.16.17.5 255.255.255.255
```

②定义路由器接口优先级：

```
Router(config)# interface S1/2
Router(config-if)# ip ospf priority 200
```

③启动路由进程，process – id 为进程号，在锐捷中不需要此项，而是自动产生。它只有本地含义，每台路由器有自己独立的进程。各路由器之间互不影响。

```
Router(config)# router  ospf  [process-id]
```

如：Router（config）# router ospf 1

④用 network 命令将网络指定到特定的区域。address 为路由器的自连接口 IP 地址，inverse – mask 为反码，area – id 为区域号。区域号可以用十进制数表示，也可用 IP 地址表示，如 0 或 0.0.0.0 为主干区域。

```
Router(config-router)# network address inverse-mask area [area-id]
```

如：Router(config)# network　10. 2. 1. 0　　0. 0. 0. 255　　area 0

　　　Router(config)# network　10. 64. 0. 0　　0. 0. 0. 255　　area 0

3. OSPF 邻居关系不能建立的常见原因

①hello 时间间隔和 dead 时间间隔不同。

②区域号码不一致。

③特殊区域（如 stub、nssa 等）类型不匹配。

④认证类型或密码不一致。

⑤路由器 ID 相同。

⑥Hello 包被 ACL 拒绝。

⑦链路上的 MTU 不匹配。

⑧接口下 OSPF 网络类型不匹配。

二、任务实施　　OSPF 路由协议配置与管理

职业岗位	网络运维工程师、网络售后技术支持、网络安全工程师、网络工程师				
项目3	构建企业办公网络	姓名		班级	
任务 3.6	OSPF 路由协议配置与管理	学号		时间	
任务要求	校园网通过一台三层交换机连接到校园网出口路由器，路由器再和校园外的另一台路由器连接，现做适当配置，实现校园网内部主机与校园网外部主机的相互通信				
任务目标	具备在路由器上配置动态路由协议 RIP 的能力				

【任务拓扑】

任务拓扑如图 3 – 21 所示。

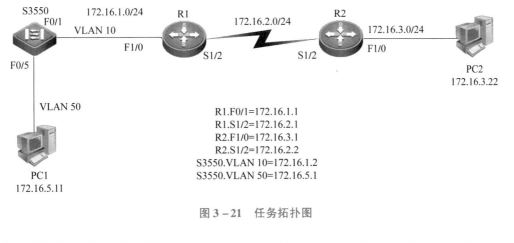

图 3 – 21　任务拓扑图

注：路由器和主机直连时，需要使用交叉线，在 R1700 的以太网接口支持 MDI/MDIX，使用直连线也可以连通。R1 的 S1/2 为 DCE 接口。

【任务设备】

三层交换机（1 台）、路由器（2 台）、V.35 线缆（1 根）、直连线或交叉线（1 条）。

【任务步骤】

第 1 步：进行基本配置。

三层交换机基本配置：

```
Switch#configure terminal
Switch(config)#hostname S3550
S3550(config)#vlan 10
S3550(config-vlan)#exit
S3550(config)#vlan 50
S3550(config-vlan)#exit
S2550(config)#interface fa 0/1
S3550(config-if)#switchport access vlan 10
S3550(config-if)#exit
S3550(config)#interface fa 0/5
S3550(config-if)#switchport access vlan 50
S3550(config-if)#exit
S3550(config)#interface vlan 10      !创建 VLAN 虚接口,并配置 IP
S3550(config-if)#ip address 172.16.1.2 255.255.255.0
S3550(config-if)#no shutdown
S3550(config-if)#exit
S3550(config)#interface vlan 50
S3550(config-if)#ip address 172.16.5.1 255.255.255.0
S3550(config-if)#no shutdown
S3550(config-if)#exit
```

验证测试：

```
S3550#show vlan
```

路由器的基本配置：

```
Router1(config)#interface fastethernet 1/0
Router1(config-if)#ip address 172.16.1.1 255.255.255.0
Router1(config-if)#no shutdown
Router1(config=if)#exit
Router1(config)#interface serial 1/2
Router1(config-if)#ip address 172.16.2.1 255.255.255.0
Router1(config-if)#clock rate 64000
Router1(config-if)#no shutdown
Router2(config)#interface fastethernet 1/0
Router2(config-if)#ip address 172.16.3.1 255.255.255.0
Router2(config-if)#no shutdown
Router2(config=if)#exit
```

```
Router2(config)#interface serial 1/2
Router2(config-if)#ip address 172.16.2.2 255.255.255.0
Router2(config-if)#no shutdown
```

验证测试：验证路由器接口的配置和状态。

```
Router1#show ip interface brief
Router2#show ip interface brief
```

第 2 步：配置 OSPF 路由协议。

S3550 - 24 配置 OSPF：

```
S3550(config)#router ospf                                         !开启 OSPF 路由协议进程
  S3550(config-router)network 172.16.5.0 0.0.0.255 area 0   !申请直连网段信息,并
分配区域号
  S3550(config-router)#network 172.16.1.0 0.0.0.255 area 0
  S3550(config-router)#end
```

Router1 配置 OSPF：

```
Router1(config)#router ospf
Router1(config-router)network 172.16.1.0 0.0.0.255 area 0
Router1(config-router)#network 172.16.2.0 0.0.0.255 area 0
Router1(config-router)#end
```

Router2 配置 OSPF：

```
Router2(config)#router ospf
Router2(config-router)network 172.16.2.0 0.0.0.255 area 0
Router2(config-router)#network 172.16.3.0 0.0.0.255 area 0
Router2(config-router)#end
```

第 3 步：查看 3 台路由器设备的路由表, 验证是否自动学习了其他网段的路由信息。

```
S3550#show ip route
Router1#show ip route
Router2#show ip route
```

第 4 步：测试网络的连通性。

【注意事项】

①在串口上配置时钟频率时, 一定要在电缆 DCE 端的路由器上配置, 否则链路不通。

②在通告直连网段时, 注意要写该网段的反掩码。

③在通告直连网段时, 必须指明所属的区域。

评价标准表

项目			工作时间		姓名： 组别： 班级：		总分：	
序号	评价项目	评价内容及要求	考核环节	配分	学生自评（20%）	学生互评（20%）	教师评价（60%）	得分
1	素质考评	工作纪律情况，团队合作意识	全过程	15				
2	方案制订	网络规划工程科学性、合理性，有无创新	计划、决策	15				
3	实操考评	项目实施情况。项目实施过程评估和项目实施测试评估	实施、检查	50				
4	工单考评	工单报告的撰写质量；口头汇报的质量；答辩质量	评估	20				

指导教师签字： 　　　　　　　　　　　　　学生签字：

　　　　　　　　　　　　　　　　　　　　　　　　年　　月　　日

项目 4

实施接入广域网

任务 4.1　广域网协议配置与测试

一、知识链接　广域网技术与应用

（一）广域网概述

广域网 WAN，是按地理范围划分而来的名称，相对的还有局域网、城域网。100 m 以内是局域网（比如一个公司的网络）；一个城市范围的网络叫城域网（比如一个城市的银行网点构成的网络）；超过一个城市的，跨越地址范围较大的，是广域网。广域网同时也是把多个局域网、城域网连接起来的网络。由于广域网跨越的地理范围大，因此，其传输线路往往特别长，这时在连接链路上就必须采用一些有别于局域网与城域网的特殊技术，以保证较长线路的信号质量与数据通信质量指标。

目前网络中使用的所有协议都是严格遵守 OSI 的七层模型标准的，在网络中传输数据时，将根据不同协议层进行解析，从上到下依次为封装和解封装。TCP 工作在第四层传输层，IP 工作在第三层网络层，广域网协议工作在第二层数据链路层，这也就是为什么即使安装并设置了正确的 TCP/IP 协议信息，如果没有正确配置第二层数据链路层广域网协议的信息，也将无法顺利完成数据传输工作。

不过，在实际使用中，广域网协议经常被大众所忽视，因为局域网中是不需要广域网协议的，只有连接到外网 Internet 时，才需要针对广域网协议进行设置，而这些工作往往由 ISP 工作人员进行。但是配置不同的广域网协议后，网络的使用效果和功能相去甚远，所以，网络技术人员也应该对不同的广域网协议有所了解与掌握，明白它们的优缺点和应用场合。

大多数广域网技术和协议都是数据链路层协议（第二层），由各种组织经过多年发展而来。在此领域的主要组织有定义 PPP 的 IET、定义 ATM 和帧中继的 ITU – T ISO。目前比较常用的广域网协议主要有 PPP、HDLC、Frame – relay、X. 25、xDSL、Cable MODEM、ISDN、ATM、MPLS、SONET 等协议。

（二）常见广域网服务

1. 专线服务

- 可以为用户提供永久的专用连接。
- 不管用户是否有数据在线路上传送，都要为专线付租用费，故又被称为租用线。
- 连接的可靠性高，但租用费也相对较高。
- 一般用于 WAN 的核心连接，或者 LAN 和 LAN 之间的长期固定连接。
- 线路交换在每次通信时都要首先在网络中建立一条物理线路或连接，并要在用户数据传输完毕后撤除或结束所建立的连接，又称为电路交换。
- 典型例子：电话网络、在传统电话网络上实现的数字传输服务 ISDN。

2. 包交换服务

- 将待传输的数据分成若干个等长或不等长的数据传输单元来进行独立传输的一种服务方式。
- 在包交换网络中，网络线路为不同的数据包或帧所共享，交换设备为这些包或帧选择一条合适的路径将其传送到目的地。
- 若信道没有空闲，则交换设备将待转发的数据包或数据帧暂时缓存起来。
- 信道的利用率较高。
- 典型例子：帧中继和 ATM。

（三）广域网与 OSI 模型

广域网主要工作于 OSI 模型（图 4 - 1）的下三层，即物理层、数据链路层和网络层。由于目前网络层普遍采用了 IP 协议，所以广域网技术或标准主要关注物理层和数据链路层的功能及其实现。不同广域网技术的差异就在于它们在物理层和数据链路层实现方式的不同。广域网的物理层协议主要描述如何面向广域网服务提供电气、机械、规程和功能特性，包括定义 DTE 和 DCE 设备的接口。广域网的数据链路层定义数据帧的封装以及如何通过广域网链路传输到远程节点。

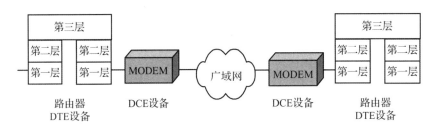

图 4 - 1　广域网 OSI 模型

（四）广域网常见协议

1. 点对点协议

点对点协议（Point - to - Point Protocol，PPP）由 IETF（Internet Engineering Task Force，国际互联网工程任务组）开发，目前已被广泛使用并成为国际标准。

点对点协议是一个工作于数据链路层的广域网协议。为路由器到路由器、主机到网络之间使用串行接口进行点到点的连接提供了 OSI 第二层的服务。在物理上，可使用各种不同的传输介质，包括双绞线、光纤及无线传输介质。在数据链路层提供了一套解决链路建立、维护、拆除、上层协议协商、认证等问题的方案。在帧的封装格式上，PPP 采用的是一种 HDLC 的变化形式。对网络层协议的支持则包括了多种不同的主流协议，如 IP 和 IPX 等。

2. ISDN 综合业务数字网

综合业务数字网（Integrated Service Digital Network，ISDN）由国际电报电话咨询委员会（现更名为国际电信联合会 ITU）定义，由电话综合数字网 IDN 演变而来。它向用户提供端到端的连接，并支持一切话音、数字、图像、图形、传真等广泛业务。用户可以通过一组有限的、标准的、多用途用户网络接口来访问这个网络，从而获得相应的业务。其特点：有以 IDN 为基础发展而成的通信网；支持端到端的数字连接，是一个全数字化的网络；支持各种通信业务；提供标准的用户 – 网络接口，用户对 ISDN 的访问通过该接口完成。

ISDN 为用户提供的系列综合业务分为承载业务、用户终端业务和用户补充业务三大类。

承载业务是指由 ISDN 网络提供的单纯的信息传输业务，其任务是将信息从一个地方传送到另一个地方，在传送过程中不对数据做任何处理。用户终端业务指那些由网络和用户终端设备共同完成的业务，除了电话、可视图文、用户电报、可视电话等业务外，ISDN 主要用于接入因特网。个人用户使用因特网接入这项业务主要是利用 ISDN 的远程接入功能，接入时采用拨号方式；企业用户则通常使用 ISDN 作为备份线路。用户补充业务是对承载业务和用户终端业务的补充与扩展，它为用户提供更加完善和灵活的服务，如主叫用户线识别、被叫用户线识别、呼叫等待等。

3. ATM

（1）ATM 的性能

综合了电路交换的可靠性与分组交换的高效性，借鉴了两种交换方式的优点，采用了基于信元的统计时分复用技术。

* 电路交换

采用时分复用方式，通信双方周期性地占用重复出现的时隙，信道以其在一帧中的时隙来区分，而且在通信过程中无论是否有信息发送，所分配的信道（时隙）均被相应的两端独占。该模式的实时性好，适用于发送对延迟敏感的数据，但信道带宽的浪费较大。

* 分组交换

不分配任何时隙，采用存储转发方式，属于统计复用。该交换方式的灵活性好，适合突发性业务，并且信道带宽的利用率高，但分组间不同的延时会导致传输抖动，因此不适合实时通信。

（2）ATM 的特点

以面向连接的方式工作，大大降低了信元丢失率，保证了传输的可靠性；物理线路使用光纤，误码率很低；短小的信元结构使得 ATM 信头的功能被简化，并使信头的处理能基于硬件实现，从而大大减少了处理时延；采用短信元作为数据传输单位可以充分利用信道空闲，提高了带宽利用率。

（3）ATM 的应用

ATM 的高可靠性和高带宽使得其能用于适应从低速到高速的各种传输业务，如数字化的声音、数据、图像等。可应用于高速骨干网中实现视频点播（Video On Demand，VOD）、宽带信息查询、远程教育、远程医疗、远程协同办公、家庭购物等。

4. 帧中继

帧中继的实现继承了 X. 25 提供统计复用功能和采用虚电路交换的优点，简化了可靠传输和差错控制机制，将那些用于保证数据可靠性传输的任务如流量控制和差错控制等委托给用户终端或本地节点机来完成，在减少网络时延的同时，降低了通信成本。在网络层次或体系结构上，只有物理层和链路层两层，并对链路层功能进行了较大的调整。取消了 X. 25 中的网络层，将统计复用、数据交换、路由选择等功能定义在数据链路层执行，取消了流量控制、纠错及确认等处理功能；数据交换从 X. 25 包交换改成了以帧为单位，故称帧交换。

（1）帧中继的特点

采用统计复用技术为用户提供共享的网络资源，提高了网络资源的利用率。不仅可以提供用户事先约定的带宽，而且在网络资源富裕时，允许用户使用超过预定值的带宽，而只用付预定带宽的费用。仅实现物理层和链路层的核心功能，大大简化了网络中各个节点机之间的处理过程，有效地降低了网络时延，提供了较高的传输质量。高质量的线路和智能化的终端是实现帧中继技术的基础，前者保证了传输中的误码率很低，即使出现了少量的错误，也可以由智能终端进行端到端的恢复。采取了 PVC 管理和拥塞管理，客户智能化终端和交换机可以清楚了解网络的运行情况，不向发生拥塞和已删除的 PVC 上发送数据，以避免造成信息的丢失，进一步保证了网络的可靠性。

（2）帧中继的应用

帧中继的用户接入速率一般为 64 Kb/s ~ 2 Mb/s，局间中继传输速率一般为 2 Mb/s、34 Mb/s，现已可达 155 Mb/s。当用户需要数据通信，其带宽要求为 64 Kb/s ~ 2 Mb/s，并且参与通信的单位多于两个时，可使用帧中继。帧中继具有动态分配带宽的功能，可以有效处理突发性数据，当数据业务量为突发性时可选用。帧中继可支持多个低速率复用。用它来组建虚拟专用网 VPN 或者用来互连局域网。

5. SDH

1988 年，国际电报电话咨询委员会在美国贝尔通信研究所的光同步 SONET 的基础上提出了同步数字体系（Synchronous Digital Hierarchy，SDH）。其是一种基于光纤的传输网络，具有传输速率高、传输带宽大等特点；具有统一的比特率、统一的接口标准，这为不同厂家设备间的互连提供了可能；网络管理能力大大增强；提出了自愈网的新概念，用 SDH 设备组成的带有自愈保护功能的环网，可以在传输媒体主信号被切断时，自动通过自愈功能恢复正常通信，提高了可靠性；采用字节复接技术，使网络中上下支路信号变得十分简单。

SDH 是一种基于光纤的传输网络，具有光纤本身所具有的许多优点：不怕潮湿；不受电磁干扰；抗腐蚀能力强；有抗核辐射的能力；质量小。SDH 的高带宽与其他技术如 WDM

技术、ATM 技术、IP over SDH 等的结合，使得 SDH 越来越重要，成为信息高速公路不可缺少的主要物理传送平台。如公用市话网/长话网的通信干线、有线电视网和因特网等。

二、任务实施　广域网协议配置与测试

职业岗位	网络运维工程师、网络技术支持、网络安全工程师、网络工程师				
项目 4	实施接入广域网	姓名		班级	
任务 4.1	广域网协议配置与测试	学号		时间	
任务要求	你是公司的网络管理员，两个分公司之间希望能够申请一条广域网专线进行连接。公司现有锐捷路由器两台，希望你了解该设备的广域网接口所支持的协议，以确定选择哪一种广域网链路				
任务目标	了解广域网协议的封装类型和封装方法，具备广域网协议封装的能力				

【技术原理】

常见广域网专线技术有 DDN 专线、PTSN/ISDN 专线、帧中继专线、X. 25 专线等。

数据链路层提供各种专线技术的协议，主要有 PPP、HDLC、X. 25、Frame – relay 以及 ATM 等。

【任务设备】

路由器 1 台。

【任务步骤】

第 1 步：查看广域网的接口默认的封装类型。

```
Router1#show interface serial 1/2
```

第 2 步：查看广域网接口支持的封装类型。

```
RouterA(config)#interface serial 1/2
routerA(config – if)#encapsulation?
```

第 3 步：更改广域网接口支持的封装类型。

PPP 封装：

```
RouterA(config)#interface serial 1/2
routerA(config – if)#encapsulation ppp          !将接口协议封装 PPP 协议。
routerA(config – if)#end
routerA#show interface serial 1/2
```

Frame – relay 封装：

```
RouterA(config)#interface serial 1/2
routerA(config – if)#encapsulatio farme – relay   !将接口协议封装帧中继协议。
routerA(config – if)#end
routerA#show interface serial 1/2
```

X. 25 封装：

```
routerA(config)#interface serial 1/2
routerA(config - if)#encapsulation X25        !将接口协议封装 X.25 协议。
routerA(config - if)#end
routerA#show interface serial 1/2
```

【注意事项】

封装广域网协议时，要求 V.36 线缆的两个端口封装协议书一致，否则无法建立链路。

评价标准表

项目			工作时间		姓名： 组别： 班级：		总分：	
序号	评价项目	评价内容及要求		考核 环节	配分	学生 自评 （20%）	学生 互评 （20%）	教师 评价 （60%）	得分
1	素质考评	工作纪律情况，团队合作意识		全过程	15				
2	方案制订	网络规划工程科学性、合理性，有无创新		计划、决策	15				
3	实操考评	项目实施情况。项目实施过程评估和项目实施测试评估		实施、检查	50				
4	工单考评	工单报告的撰写质量；口头汇报的质量；答辩质量		评估	20				

指导教师签字：　　　　　　　　　　　　　　　学生签字：

　　　　　　　　　　　　　　　　　　　　　　　年　　月　　日

任务 4.2　网络认证配置与管理

一、知识链接　PPP 的特点和配置方式

（一）PPP 的特点

点对点协议（PPP）为在点对点连接上传输多协议数据包提供了一种标准方法（表 4 -1）。

PPP 最初设计是为两个对等节点之间的 IP 流量传输提供一种封装协议。在 TCP/IP 集中，它是一种用来同步调制连接的数据链路层协议（OSI 模式中的第二层），替代了原来非标准的第二层协议，即 SLIP。除了 IP 以外，PPP 还可以携带其他协议，包括 DECnet 和 Novell 的 Internet 网包交换（IPX）。

表 4-1　PPP 协议结构

8 bit	16 bit	24 bit	40 bit	Variable…	16~32 bit
Flag	Address	Control	Protocol	Information	FCS

PPP 是目前广域网上应用最广泛的协议之一，它的优点在于简单、具备用户验证能力、可以解决 IP 分配等。但是目前 PPP 协议很少在纯粹的点对点上使用了，那种从 A 点到 B 点配置 PPP 的实际例子基本上不存在了，毕竟 PPP 是众多广域网协议的基础，其他协议都是在它的基础上改进而来的。然而，在多点到点的情况下，PPP 还是广泛应用的，不过它并不是单独工作的，而是借助于其他网络存在。

目前 PPP 的主要应用技术有两种：一种是 PPP over Ethernet（PPPoE），另一种是 PPP over ATM（PPPoA）。

PPPoE 是通常所说的 ADSL、有线通、FTTB 等宽带拨号采用的协议，大部分家庭拨号上网就是通过 PPP 在用户端和运营商的接入服务器之间建立通信链路的。目前宽带接入正在成为取代拨号上网的趋势。利用以太网（Ethernet）资源在以太网上运行 PPP 来进行用户认证接入的方式称为 PPPoE。PPPoE 既保护了用户方的以太网资源，又完成了宽带的接入要求，是目前家庭宽带接入方式中应用最广泛的技术标准。

PPPoA 则是在 ATM 网络上运行 PPP 的技术，在 ATM（异步传输模式，Asynchronous Transfer Mode）网络上运行 PPP 来管理用户认证的方式称为 PPPoA。它与 PPPoE 的原理相同，作用相同；不同的是，它是在 ATM 网络上运行，而 PPPoE 是在以太网网络上运行，所以要分别适应 ATM 标准和以太网标准（图 4-2）。

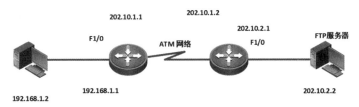

图 4-2　PPPoA 实现广域连接

一般来说，衡量一个网络协议的优劣主要有以下几个指标：带宽、时延、网络资源争用及可视性。那么 PPP 协议在这四个方面的表现如何呢？

带宽通常是稀缺资源，因此必须要节约使用。在所有广域网协议中，PPP 的带宽是最低的，比 HDLC 协议和 FRAME RELAY 帧中继要慢不少，更不用说 ATM 了。时延是广域网固有的问题，PPP 的时延比较长，当在点对点封装时，效果还可以，一旦发展到点到多点，则时延问题比较严重。网络资源争用时，由于 PPP 是点到点协议，不存在多线路合用的问题，所以网络资源争用问题出现的概率比较小。协议的可视性主要是帮助网络管理员更深入、直观地了解协议工作状态，而 PPP 则不具有可视性管理功能。

（二）PPP 协议的验证

PPP 协议有两种认证方式：PAP 和 CHAP。

1. PAP 验证

（1）PAP 验证的特点

PAP 采用两次握手方式，其认证密码在链路上是明文传输的；一旦连接建立后，客户端路由器需要不停地在链路上发送用户名和密码进行认证，因此，受到远程服务器端路由器对其进行登录尝试的频率和定时的限制。

PAP 验证的特点为使用两次握手协议和明文方式进行验证。

首先，客户端给出服务器端的用户名和密码（username RA password rapass），并将自己的用户名和密码送给服务器端进行验证（ppp pap sent – username RB password rapass）。其次，在服务器端进行验证（用户名和密码），并通告成功或失败。如图 4 – 3 所示。

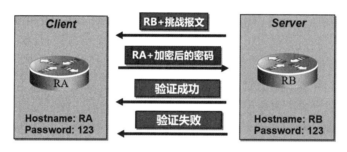

图 4 – 3　PAP 认证过程

（2）PAP 验证配置

客户端（被验证方）：

```
RA(config)#interface seril 1/2
RA(config - if)#encapsulation ppp
RA(config - if)#ppp pap sent - username ruijie password 0 123
```

服务器端（验证方）：

```
RB(config)#username ruijie password 123
RB(config)#interface seril 1/2
RB(config - if)#encapsulation ppp
RB(config - if)#ppp authentication pap
```

2. CHAP 验证

（1）CHAP 验证的特点

CHAP 验证的特点为使用三次握手协议；只在网络上传输用户名，而并不传输口令；安全性比 PAP 的高，但认证报文耗费带宽。

CHAP 验证工作过程为首先由服务器端给出对方（客户端）的用户名和挑战密文，客户端同样给出对方（服务器端）的用户名和加密密文，服务器端进行验证，并向客户端通告验证成功或失败。在客户端建立用户名与密码，用户名是对方（服务器端）的主机名；在服务器端也建立用户名与密码，用户名是对方（客户端）的主机名，如图 4 – 4 所示。

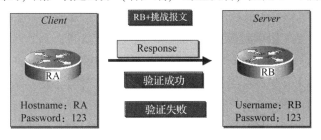

图 4 – 4　CHAP 认证过程

（2）CHAP 验证配置

客户端（被验证方）：

```
RA(config)#username RB password 123
RA(config)#interface serial 1/2
RA(config – if)#encapsulation ppp
```

服务器端（验证方）：

```
RB(config)#username RA password 123
RB(config)#interface serial 1/2
RB(config – if)#encapsulation ppp
RB(config – if)#ppp authentication chap
```

（3）PPP 认证的调试

特权模式下输入：

```
Router#show interfaces serial 1/2
Router#debug ppp authentication
```

二、任务实施　网络认证配置与管理

职业岗位	网络运维工程师、网络技术支持、网络安全工程师、网络工程师				
项目 4	接入广域网	姓名		班级	
任务 4.2	网络认证配置与管理	学号		时间	
模块一	应用 PAP 认证				
任务要求	你是公司的网络管理员，公司为了满足不断增长的业务需求，申请了专线接入，你的客户路由器与 ISP 进行链路协商时要验证身份，配置路由器保证链路建立，并考虑其安全性				
任务目标	掌握 PAP 认证的过程，具备 PAP 认证的能力				

【技术原理】

PPP 位于 OSI 七层模型的数据链路层，PPP 按照功能划分为两个子层：LCP 和 NCP。LCP 主要负责链路的协商、建立、回拨、认证、数据的压缩、多链路捆绑等功能。NCP 主要负责和上层的协议进行协商，为网络层协议提供服务。

PPP 的认证功能是指在建立 PPP 链路的过程中进行密码的验证，验证通过则建立连接，验证不通过则拆除链路。

PPP 支持两种认证方式：PAP 和 CHAP。PAP（Password Authentication Protocol，密码验证协议）是验证双方通过两次握手完成验证过程的方法。由验证方主动发出验证请求，包含了验证的用户和密码。由验证方验证后做出回复：通过验证或验证失败。在验证过程中，用户名和密码以明文的方式在链路上传输。

【实现功能】

在链路协商时，保证安全验证，并且用户名、密码以明文的方式传输。

【任务设备】

R1700（2 台）、V.35 线缆（1 条）。

【任务拓扑】

任务拓扑如图 4-5 所示。

1.1.1.1/24   1.1.1.2/24
RA   RB
S1/2   S1/2

图 4-5　任务拓扑图

注意： RB 为 DCE 端。

【任务步骤】

第 1 步：基本配置。

```
Ra(config)#interface serial 1/2
Ra(config-if)#ip address 1.1.1.1 255.255.255.0
Ra(config-if)#no shutdown
Rb(config)#interface serial 1/2
Rb(config-if)ip address 1.1.1.2 255.255.255.0
Rb(config-if)#clock rate 64000
Rb(config-if)#no shutdown
```

验证测试（以 RA 为例）：

```
Ra#show interface serial 1/2
```

第 2 步：配置 PPP PAP 认证。

```
Ra(config)#interface serial 1/2
Ra(config-if)#encapsulation ppp                              !接口下封装 PPP 协议。
Ra(config-if)#ppp pap sent-username ra password 0 star !PAP 用户名.密码。
Rb(config)#username ra password 0 star
Rb(config-if)#encapsulation ppp
Rb(config-if)#ppp authentication pap                         !PPP 启用 PAP 认证方式。
```

验证测试：

```
Ra#debug ppp authentication                        !观察 PAP 验证过程。
```

【注意事项】

①在 DCE 端要配置时钟。

② Rb(config)#username ra password 0 star 中，username 后面的参数是对方的主机名。

③在接口下封装 PPP。

④debug ppp authentication 只有在路由器物理层 UP 链路尚未建立的情况下打开，才有信息输出。本任务的实质是体验链路层协议建立的安全性链路过程，该信息在链路协商的过程中出现。

模块二	应用 CHAP 认证
任务要求	你是公司的网络管理员，公司为了满足不断增长的业务需求，申请了专线接入，你的客户路由器与 ISP 进行链路协商时要验证身份，配置路由器保证链路建立，并考虑其安全性
任务目标	掌握 CHAP 认证的过程，具备 CHAP 认证的能力

【技术原理】

CHAP（Challenge Handshake Authentication Protocol，挑战式握手验证协议）是指验证双方通过三次握手完成验证过程，比 PAP 安全。由验证方主动发出挑战报文，由被验证方应答。在整个验证过程中，链路上传递的信息都进行了加密处理。

【实现功能】

在链路协商时，保证安全验证；密码以密文的方式传输。

【任务设备】

R1700（2 台）、V.35 线缆（1 条）。

【任务拓扑】

任务拓扑如图4-6所示。

图4-6 任务拓扑图

【任务步骤】

第1步：基本配置。

```
Ra(config)#interface serial 1/2
Ra(config-if)#ip address 1.1.1.1 255.255.255.0
Ra(config-if)#no shutdown
Rb(config)#interface serial 1/2
Rb(config-if)#ip address 1.1.1.2 255.255.255.0
Rb(config-if)#clock rate 64000
Rb(config-if)#no shutdown
```

验证测试：

```
Ra#show interface serial 1/2
```

第2步：配置PPP CHAP认证。

```
Ra(config)#username rb password 0 star
!以对方的主机名作为用户名,密码和对方的路由器一致
Ra(config)#interface serial 1/2
Ra(config-if)#encapsulation ppp
Ra(config-if)#ppp authentication chap        !PPP 启用 CHAP 方式验证
Rb(config)#username ra password 0 star
!以对方的主机名作为用户名,密码和对方的路由器一致
Rb(config)#interface serial 1/2
Rb(config-if)#encapsulation ppp
```

验证测试：

```
Ra#debug ppp authentication        !观察 CHAP 验证过程
```

【注意事项】

①在 DCE 端要配置时钟。

② Ra(config)#username rb password 0 star,该命令中,rb 为对方的主机名。

③在接口下封装 PPP。

评价标准表

项目			工作时间		姓名： 组别： 班级：		总分：		
序号	评价项目	评价内容及要求	考核 环节	配分	学生 自评 （20%）	学生 互评 （20%）	教师 评价 （60%）	得分
1	素质考评	工作纪律情况，团队合作意识	全过程	15				
2	方案制订	网络规划工程科学性、合理性，有无创新	计划、决策	15				
3	实操考评	项目实施情况。项目实施过程评估和项目实施测试评估	实施、检查	50				
4	工单考评	工单报告的撰写质量；口头汇报的质量；答辩质量	评估	20				

指导教师签字：　　　　　　　　　　　　　　　　　　学生签字：

年　　　月　　　日

任务 4.3　NAT 技术配置与管理

一、知识链接　NAT 技术原理和配置方式

（一）NAT 的概念

随着网络用户的迅猛增长，IPv4 的地址空间日趋紧张，在将地址空间从 IPv4 转到 IPv6 之前，需要将日益增多的企业内部网接入外部网，在申请不到足够的公网 IP 地址的情况下，要使企业都能连上 Internet，必须使用 NAT（Network Address Translation，网络地址转换）技术。

NAT 是一个 IETF 标准，允许一个机构众多的用户仅用少量的公网地址连接到 Internet 上。

1. 企业 NAT 的基本应用

解决地址空间不足的问题（IPv4 的空间已经严重不足）。私有 IP 地址网络与公网互连（企业内部经常采用私有 IP 地址空间 10.0.0.0/8、172.16.0.0/12、192.168.0.0/16）；非注册的公有 IP 地址网络与公网互连（企业建网时，就使用了公网 IP 地址空间，但此公网 IP 并没有注册，为避免更改地址带来的风险和成本问题，在网络改造中，仍保持原有的地址空间）。

2. NAT 术语

Inside local address：内部私有地址，指给局域网内部主机使用的地址，可为私有地址。

Inside global address：内部公有地址，指从 ISP 或 NIC 注册的地址，为合法的公网的地址。即内部主机地址被 NAT 转换的外部地址。

Outside local address：外部网络中的主机在内部网络中的地址。

Outside global address：外部网络主机的地址。

图 4-7 显示了在 NAT 转换拓扑结构中各地址的情况。

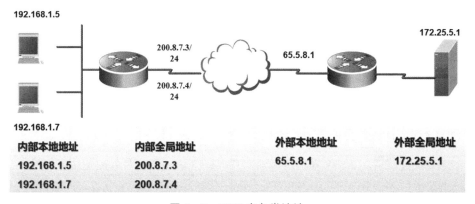

图 4-7　NAT 中各类地址

3. NAT 的优点

局域网内保持私有 IP，无须改变，只需改变路由器，做 NAT 转换，就可上外网；节省了大量的地址空间；隐藏了内部网络拓扑结构。

4. NAT 的缺点

NAT 增加了延迟；隐藏了端到端的地址，丢失了 IP 地址的跟踪，不能支持一些特定的应用程序；需要更多的资源如内存、CPU 来处理 NAT。

5. NAT 设备

具有 NAT 功能的设备有服务器、路由器、防火墙、核心三层交换机，以及各种软件代理服务器 proxy、ISA、ICS、wingate、sysgate 等。因软件耗时太长、转换效果较低，只适合小型企业。有的也可将 NAT 功能配置在防火墙上，以减少一台路由器的成本。但随着硬件成本的下降，大多数企业都选用路由器。即使家用的路由器中，也有 NAT 功能。

通常 NAT 是本地网络与 Internet 的边界。其工作在园区网络的边缘，由边界路由器执行 NAT 功能，将内部私有地址转换成公网可路由的地址。

（二）NAT 的分类

NAT 有三种类型：静态 NAT、动态地址池 NAT、网络地址端口转换 NAPT。其中，静态 NAT 是设置起来最为简单和最容易实现的一种，内部网络中的每个主机都被永久映射成外部网络中的某个合法的地址，多用于服务器的永久映射。而动态地址池 NAT 则是在外部网络中定义了一系列的合法地址，采用动态分配的方法映射到内部网络，多用于网络中工作站的转换。网络地址端口转换 NAPT 则是把内部地址映射到外部网络的一个 IP 地址的不同端口上。

静态 NAT 转换的工作过程如图 4 – 8 所示。如内网的本地地址 192.168.1.5 与 200.8.7.4 对应，而 192.168.1.7 与 200.8.7.3 对应。

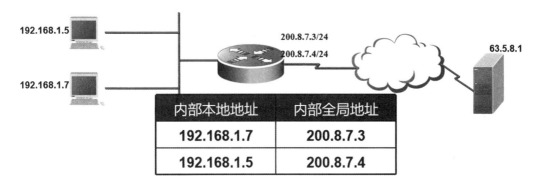

图 4 – 8　静态 NAT 转换的过程

动态地址池 NAT 指的是有一个内部全局地址池，如 200.8.7.1 ~ 200.8.7.10，可将内部网络中内部本地地址动态地映射到这个地址池内。这样，从 192.168.1.5 发出的前后两个包，可能分别映射到不同的内部全局地址上，例如，第 1 个包是 192.168.1.5 ~ 200.8.7.3，第 2 个包是 192.168.1.5 ~ 200.8.7.4，如图 4 – 9 所示。

无论是动态地址池 NAT 还是静态 NAT，主要作用都是改变传出包的源地址、改变传入包的目的地址。

NAPT 是动态建立内部网络中内部本地地址与端口之间的对应关系。就是将多个内部地址映射为一个合法公网地址，但以不同的协议端口号与不同的内部地址相对应，也就是 < 内部地址 + 内部端口 > 与 < 外部地址 + 外部端口 > 之间的转换。如 < 192.168.1.7 > + < 1024 > 与 < 200.8.7.3 > + < 1024 > 对应、< 192.168.1.5 > + < 1136 > 与 < 200.8.7.3 > + < 1136 > 对应，如图 4 – 10 所示。

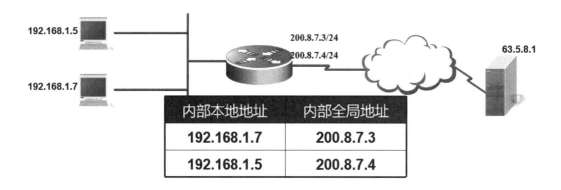

图 4 – 9　动态地址池 NAT 转换过程

内部本地地址：端口	内部全局地址:端口	外部全局地址：端口
192.168.1.7:1024	200.8.7.3:1024	63.5.8.1：80
192.168.1.7:1136	200.8.7.3:1136	63.5.8.1：80

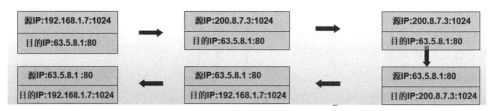

图 4 – 10　网络地址端口转换

局域网缺乏全局 IP 地址，甚至没有专门申请的全局 IP 地址，只有一个连接 ISP 的全局 IP 地址，但是局域网内部要求上网的主机数很多，通过实现网络地址端口转换 NAPT，可以提高内网的安全性。

（三）NAT 的配置

表 4 – 2 列出了主要的 NAT 命令。

表 4 – 2　主要的 NAT 命令

命令行	作用
Router(config – if)# ip nat outside	定义出口
Router(config – if)# ip nat inside	定义入口
Router(config)#ip nat inside source static 内部私有地址 内部公有地址	建立私有与公有地址之间一对一的静态映射
Router(config)# ip nat pool 池名 开始内部公有地址 结束内部公有地址［netmask 子网掩码 ｜ prefix – length 前缀长度］	建立一个公有地址池
Router(config)# access – list 号码 permit 内部私有地址 反码	创建内网访问地址列表
Router(config)#ip nat inside source list 号码 pool 池名	配置基于源地址的动态地址池 NAT
Router(config)#ip nat inside source list 号码 pool 池名 overload	配置基于源地址的网络地址端口转换 NAPT
show ip nat translations	显示 NAT 转换情况

1. 静态 NAT 的配置

静态 NAT 的特征是内部私有主机地址与公网主机地址做一对一映射。如果内网主机地址需要被外网访问，这种转换非常有用。配置步骤如下：

（1）定义内网接口和外网接口

```
Router(config)# interface fastethernet 1/0
Router(config – if)#ip addr 200.8.7.1 255.255.255.0
Router(config – if)#ip nat outside
Router(config)# interface fastethernet 1/1
Router(config – if)#ip addr 192.168.1.1 255.255.255.0
Router(config – if)#ip nat inside
```

（2）建立静态的一对一的映射关系

```
Router(config)#ip nat inside source static 192.168.1.7 200.8.7.3
Router(config)#ip nat inside source static 192.168.1.5 200.8.7.4
```

（3）设置默认路由

```
Router(config)#ip route 0.0.0.0 0.0.0.0 200.8.7.2
```

2. 动态地址池 NAT 的配置

动态地址池 NAT 的特征是内部主机使用地址池中的公网地址来映射，同一内部地址两次映射后的公网地址可能不一样。

配置步骤：

（1）定义内网接口和外网接口

```
Router(config)#interface fastethernet 1/0
Router(config-if)#ip addr 200.8.7.1 255.255.255.0
Router(config-if)#ip nat outside
Router(config)#interface fastethernet 1/1
Router(config-if)#ip addr 192.168.1.1 255.255.255.0
Router(config-if)#ip nat inside
```

（2）定义访问控制列表（内部本地地址范围）

```
Router(config)#access-list 10 permit 192.168.1.0 0.0.0.255
```

（3）定义转换的外网地址池（ISP 提供的全局地址池）

```
Router(config)#ip nat pool abc 200.8.7.1 200.8.7.10 netmask 255.255.255.0
```

（4）建立映射关系

```
Router(config)#ip nat inside source list 10 pool abc
```

（5）设置默认路由

```
Router(config)#ip route 0.0.0.0 0.0.0.0 200.8.7.2
```

3. 端口复用

端口复用的特征是内部多个私有地址映射到一个公网地址的不同端口上，理想状况下，一个单一的 IP 地址可以使用的端口数为 4 000 个。

静态 PAT 配置步骤：

（1）定义内网接口和外网接口

```
Router(config)#interface fastethernet 1/0
Router(config-if)#ip addr 200.8.7.1 255.255.255.0
Router(config-if)#ip nat outside
Router(config)#interface fastethernet 1/1
Router(config-if)#ip addr 192.168.1.1 255.255.255.0
Router(config-if)#ip nat inside
```

（2）建立静态的映射关系

```
Router(config)#ip nat inside source static tcp 192.168.1.7 1024 200.8.7.3 1024
Router(config)#ip nat inside source static udp 192.168.1.7 1024 200.8.7.3 1024
```

（3）设置默认路由

```
Router(config)#ip route 0.0.0.0 0.0.0.0 200.8.7.2
```

4. 网络地址端口转换 NAPT 的配置

（1）定义内网接口和外网接口

```
Router(config)#interface fastethernet 1/0
Router(config-if)#ip addr 200.8.7.1 255.255.255.0
Router(config-if)#ip nat outside
Router(config)#interface fastethernet 1/1
Router(config-if)#ip addr 192.168.1.1 255.255.255.0
Router(config-if)#ip nat inside
```

（2）定义内部本地地址范围

```
access-list 10 permit 192.168.1.0 0.0.0.255
```

（3）定义内部全局地址池

```
Router(config)#ip nat pool abc 200.8.7.3 200.8.7.3 netmask 255.255.255.0
```

（4）建立映射关系

```
Router(config)#ip nat inside source list 10 pool abc overload
```

5. 删除 NAT

（1）删除静态 NAT 转换

```
Router(config)#no ip nat inside source static
```

（2）从 NAT 转换表中清除所有动态表项

```
(Router(config)#Clear ip nat translation
```

（3）从 NAT 转换表中清除扩展动态转换表项

```
Router(config)#Clear ip nat translation protocol
```

6. NAT 的验证

（1）当前 NAT 转换情况

```
Router#show ip nat translate
```

（2）显示转换统计信息

```
Router#show ip nat statistics
```

二、任务实施 NAT 技术配置与管理

职业岗位	网络运维工程师、网络技术支持、网络安全工程师、网络工程师				
项目 4	实施接入广域网	姓名		班级	
任务 4.3	NAT 技术配置与管理	学号		时间	
模块一	应用网络地址端口转换 NAPT 实现局域网访问互联网				
任务要求	你是某公司的网络管理员，公司只向 ISP 申请了一个公司 IP 地址，希望全公司的主机都能访问外网，请你实现				

任务目标	将内网中所有主机连接到 Internet，通过端口号区分的复用实现内部全局地址转换

【网络拓扑】

网络拓扑如图 4 – 11 所示。

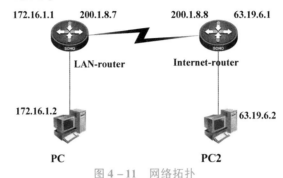

图 4 – 11　网络拓扑

【任务设备】

路由器（2 台）、V. 35 线缆（1 条）、PC（2 台）、直连线或交叉线（2 条）。

【任务步骤】

第 1 步：基本配置。

局域网路由器配置：

```
Red – Giant(config)#hostname lan – router
Lan – router(config)#interface fastEthernet 1/0
Lan – router(config – if)#ip address 172.16.1.1 255.255.255.0
Lan – router(config – if)#no shutdown
Lan – router(config – if)#exit
Lan – router(config)#interface serial 1/2
Lan – router(config – if)#ip address 200.1.8.7 255.255.255.0
Lan – router(config – if)#no shutdown
Lan – router(config – if)#exit
```

互联网路由器配置：

```
internet – router(config)#interface fastEthernet 1/0
internet – router(config – if)#ip address 63.19.6.1 255.255.255.0
internet – router(config – if)#no shutdown
internet – router(config – if)#exit
internet – router(config)#interface serial 1/2
internet – router(config – if)#ip address 200.1.8.8 255.255.255.0
internet – router(config – if)#clock rate 64000
internet – router(config – if)#no shutdown
internet – router(config – if)#end
```

在局域网路由器上配置缺省路由：

```
lan – router(config)#ip route 0.0.0.0 0.0.0.0 serial1/2
```

在互联网路由器上配置静态路由:

```
internet-router(config)#ip route 172.16.1.0 255.255.255.0serial1/2
```

验证测试:

```
Internet-router#ping 200.1.8.7
```

第2步: 配置动态 NAPT 映射。

```
lan-router(config)#interface fastEthernet 1/0
lan-router(config-if)#ip nat inside            !定义 F1/0 为内网接口
lan-router(config-if)#exit
lan-router(config)#interface serial 1/2
lan-router(config-if)#ip nat outside           !定义 S1/2 为外网接口
lan-router(config-if)#exit
lan-router(config)#ip nat pool to_internet 200.1.8.7 200.1.8.7 netmask
255.255.255.0                                   !定义外部全局地址池
lan-router(config)#access-list 10 permit 172.16.1.0 0.0.0.255
!定义允许转换的地址(即定义内部本地地址)
lan-router(config)#ip nat inside source list 10 pool to_internet overload
!为内部本地调用转换地址池
```

第3步: 验证测试。

在服务器 63.19.6.2 上配置 FTP 服务。

模块二	应用 NAT 实现外网主机访问内网服务器
任务要求	你是某公司的网络管理员, 公司只向 ISP 申请了一个公网 IP 地址, 现公司的网站在内网, 要求在互联网也可以访问公司网站, 请你实现。其中, 172.16.1.2 是 FTP 服务器的 IP 地址
任务目标	掌握 NAT 源地址转换和目的地址转换的区别, 掌握向外网发布内网服务器的方法。

【网络拓扑】

网络拓扑如图 4 - 12 所示。

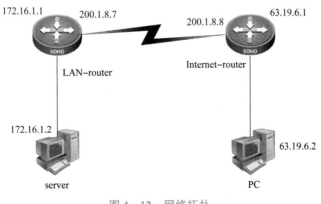

图 4 - 12 网络拓扑

【任务设备】

路由器（2 台）、V.35 线缆（1 条）、PC（2 台）、直连线（1 条）。

【任务步骤】

第 1 步：基本配置。

```
Red - Giant(config)#hostname lan - router
Lan - router(config)#interface fastEthernet 1/0
Lan - router(config - if)#ip address 172.16.1.1 255.255.255.0
Lan - router(config - if)#no shutdown
Lan - router(config - if)#exit
Lan - router(config)#interface serial 1/2
Lan - router(config - if)#ip address 200.1.8.7 255.255.255.0
Lan - router(config - if)#no shutdown
Lan - router(config - if)#exit
Internet - router(config)#interface fastEthernet 1/0
Internet - router(config - if)#ip address 63.19.6.1 255.255.255.0
Internet - router(config - if)#no shutdown
Internet - router(config - if)#exit
Internet - router(config)#interface serial 1/2
Internet - router(config - if)#ip address 200.1.8.8 255.255.255.0
Internet - router(config - if)#clock rate 64000
Internet - router(config - if)#no shutdown
Internet - router(config - if)#end
```

在 LAN - router 上配置默认路由：

```
lan - router(config)#ip route 0.0.0.0 0.0.0.0 serial 1/2
```

在 Internet - router 上配置静态路由：

```
internet - router(config)#ip route 172.16.1.0 255.255.255.0 serial1/2
```

验证测试：

```
Internet - router#ping 200.1.8.7
```

第 2 步：配置反向 NAT 映射。

```
lan - router(config)#interface fastEthernet 1/0
lan - router(config - if)#ip nat inside
lan - router(config - if)#exit
lan - router(config)#interface serial 1/2
lan - router(config - if)#ip nat outside
lan - router(config - if)#exit
lan - router(config)#ip nat pool web_server 172.16.1.2 172.16.1.2 netmask
255.255.255.0         !定义内网服务器地址池。
lan - router(config)#access - list 3 permit host 200.1.8.7
!定义外网的公网 IP 地址。
lan - router(config)#ip nat inside destination list 3 pool web_server
!将外网的公网 IP 地址转换为 Web 服务器地址。
lan - router(config)#ip nat inside source static tcp 172.16.1.2 21 200.1.8.7 21
!定义访问外网 IP 的 21 端口时,转换为访问内网的服务器 IP 的 21 端口。
```

第3步：验证测试

在内网主机配置 FTP 服务。利用外网的 1 台主机通过 IE 浏览器登录内网服务器 200.1.8.7。

```
lan-router#show ip nat translations
```

【注意事项】

不要把内网和外网应用的接口弄错。

配置目标地址转换后，需要利用静态 NAPT 配置静态的端口地址转换。

评价标准表

项目			工作时间		姓名： 组别： 班级：			总分：	
序号	评价项目	评价内容及要求		考核 环节	配分	学生 自评 （20%）	学生 互评 （20%）	教师 评价 （60%）	得分
1	素质考评	工作纪律情况，团队合作意识		全过程	15				
2	方案制订	网络规划工程科学性、合理性，有无创新		计划、决策	15				
3	实操考评	项目实施情况。项目实施过程评估和项目实施测试评估		实施、检查	50				
4	工单考评	工单报告的撰写质量；口头汇报的质量；答辩质量		评估	20				

指导教师签字：　　　　　　　　　　　　　　学生签字：

　　　　　　　　　　　　　　　　　　　　　　年　　月　　日

项目 5

构建企业安全网络

任务 5.1 保护办公网络安全

一、知识链接 交换机端口安全与配置方式

（一）概述

1. 交换机端口安全

交换机端口安全功能，是指针对交换机的端口进行安全属性的配置，从而控制用户的安全接入。交换机端口安全主要有两类：一是限制交换机端口的最大连接数，二是针对交换机端口进行 MAC 地址、IP 地址的绑定。

交换机端口是防止局域网大部分的内部攻击对用户、网络设备造成破坏，如 MAC 地址攻击、ARP 攻击、IP/MAC 地址欺骗等。在局域网内部常常受到一些攻击，这些攻击包括：

（1）MAC 攻击

每秒发送成千上万个随机源 MAC 的报文，在交换机的内部，大量广播包向所有端口转发，使 MAC 地址表空间很快就被不存在的源 MAC 地址占满，没有空间学习合法的 MAC 地址。

（2）ARP 攻击

攻击者不断向对方计算机发送有欺诈性质的 ARP 数据包，数据包内含有与当前设备重复的 MAC 地址，使对方在回应报文时，由于简单的地址重复错误而导致不能进行正常的网络通信。一般情况下，受到 ARP 攻击的计算机会出现两种现象：

①不断弹出"本机的×××段硬件地址与网络中的×××段地址冲突"对话框。

②计算机不能正常上网，出现网络中断的症状。

由于这种攻击是利用 ARP 请求报文进行"欺骗"的，防火墙会误认为这是正常的请求数据包而不予拦截，所以普通的防火墙很难抵挡这种攻击。

（3）IP/MAC 地址欺骗

攻击者用网络盗用别人的 IP 或 MAC 地址进行网络攻击。

2. 交换机端口安全的基本功能

交换机端口安全的基本功能包括：

①限制交换机端口的最大连接数。限制交换机端口的最大连接数可以控制交换机端口下连的主机数，以防止用户进行恶意的 ARP 欺骗。

②端口的安全地址绑定，例如在端口上同时绑定 IP 和 MAC 地址，也可以防止 ARP 欺骗；在端口上绑定 MAC 地址，并限定安全地址数为 1，可以防止恶意 DHCP 请求。

对于交换机端口地址的绑定，可针对 MAC 地址、IP 地址、IP + MAC 地址进行灵活的绑定，从而实现对用户的严格控制，保证用户的安全接入和防止常见的内网的网络攻击。例如 ARP 欺骗、IP 或 MAC 地址欺骗、IP 地址攻击等。

3. 安全违例方式

（1）安全违例产生于以下情况

①一个端口被配置为安全端口，而其安全地址的数目已经达到允许的最大个数。

②端口收到一个源地址不属于端口上的安全地址的包。

（2）安全违例的处理方式

在配置了端口安全功能后，在实际应用中，如果违反了端口安全规定，将产生一个安全违例。产生安全违例后，有 3 种处理方式：

①protect：当安全地址个数满后，安全端口将丢弃未知名地址（不是该端口的安全地址中的任何一个）的包，这也是默认配置。

②restrict：当违反端口安全时，将发送一个 Trap 通知。

③shutdown：当违反端口安全时，将关闭端口并发送一个 Trap 通知。

（3）配置端口的一些限制

配置端口安全时，有如下一些限制：

①一个安全端口不能是一个聚合端口（aggregate port），只能在一个 ACCESS 端口上配置。

②一个安全端口不能是 SPAN 的目的端口。

③交换机最大连接数限制默认的处理方式是 protect。

④端口安全和 802.1x 认证端口是互不兼容的，不能同时启用。

⑤安全地址是有优先级的，从低到高的顺序是：单 MAC 地址→单 IP 地址/MAC 地址 + IP 地址（谁后设置谁生效）。

⑥单个端口上的最大安全地址个数为 128。

⑦在同一个端口上不能同时应用绑定 IP 的安全地址和安全 ACL，这两种功能是互斥的。

⑧支持绑定 IP 地址的数量是有限制的。

（二）配置安全端口

1. 配置格式

（1）启动端口安全功能

```
Switch(config-if)# switchport port-security
! 打开该接口的端口安全功能
```

（2）端口安全最大连接数配置

```
Switch(config-if)#switchport port-security maximum value
! 设置接口上安全地址的最大个数,范围是 1~128,默认值为 128
Switch(config-if)#no switchport port-security maximum
! 恢复接口安全地址的最大个数为默认值
```

注意事项：

①端口安全功能只能在 ACCESS 端口上进行配置。

②当端口因为违例而被关闭后，在全局配置模式下使用命令 errdisable recovery 来将接口从错误状态中恢复过来。

③端口地址绑定。

```
#switchport port-security mac-address mac-address [ip-address ip-address]
! 手工配置接口上的安全地址 MAC 地址及 IP 地址
Switch(config-if)#no switchport port-security mac-address mac-address! 删除
安全地址绑定
```

（3）设置处理违例的方式

```
Switch(config-if)#switchport port-security violation{protect|restrict |shutdown}
! 设置处理违例的方式
Switch(config-if)#no switchport port-security violation
! 将违例处理方式恢复为默认值
```

注意：

①端口安全功能只能在 ACCESS 端口上进行配置。

②端口的安全地址绑定方式有单 MAC 地址、单 IP 地址、MAC 地址 + IP 地址。

2. 应用案例

例1：配置接口 gigabitethernet 1/3 上的端口安全功能，设置最大地址个数为 8，设置违例方式为 protect。

```
Switch#configure terminal
Switch(config)#interface gigabitethernet 1/3
Switch(config-if)#switchport mode access
Switch(config-if)#switchport port-security
Switch(config-if)#switchport port-security maximum 8
Switch(config-if)#switchport port-security violation protect
Switch(config-if)#end
```

例2：配置接口 fastethernet 0/5 上的端口安全功能，配置端口绑定地址，主机 MAC 为 00d0.f800.073c，IP 为 192.168.1.1。

```
Switch# configure terminal
Switch(config#interface fastethernet 0/5
Switch(config-if)#switchport mode access
Switch(config-if)#switchport port-security
Switch(config-if)#switchport port-security mac-address 00d0.f800.073c  ip-address  192.168.1.1
```

3. 查看配置信息

查看所有接口的安全统计信息，包括最大安全地址数、当前安全地址数以及违例处理方式等。

```
Switch#show port - security
```

二、任务实施 保护办公网络安全

职业岗位	网络运维工程师、网络技术支持、网络安全工程师、网络工程师				
项目 5	构建企业安全网络	姓名		班级	
任务 5.1	保护企业办公网安全	学号		时间	
任务要求	你是一个公司的网络管理员，公司要求对网络进行严格控制。为了防止公司内部用户的 IP 地址冲突，防止公司内部的网络攻击和破坏行为。为每一位员工分配了固定的 IP 地址，并且限制只允许公司员工主机可以使用网络，不得随意连接其他主机。例如：某员工分配的 IP 地址是 172.16.1.55/24，主机 MAC 地址是 00 - 06 - 1B - DE - 13 - B4。该主机连接在 1 台 2126G 上边				
任务目标	掌握交换机的端口安全功能，具备控制用户的安全接入的能力				

【实现功能】

针对交换机的所有端口，配置最大连接数为 1，针对 PC1 主机的接口进行 MAC 地址 + IP 地址绑定。

【网络拓扑】

网络拓扑如图 5 - 1 所示。

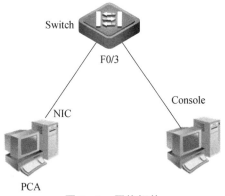

图 5 - 1 网络拓扑

【任务设备】

二层交换机（1 台）、PC（1 台）、直连网线（1 条）。

【任务步骤】

第 1 步：配置交换机端口的最大连接数限制。

```
Switch#configure terminal
Switch(config)#interface range fastethernet 0/1－16   ！进行一组端口的配置模式
Switch(config－if－range)#switchport port－security
！开启交换机的端口安全功能
Switch(config－if－range)#switchport port－security maximum 1
！配置端口的最大连接数为1
Switch(config－if－range)#switchport port－security violation shutdown
！配置安全违例的处理方式为 shutdown
```

验证测试，查看交换机的端口安全配置。

```
Switch#show port－security
```

第2步：配置交换机端口的地址绑定。

首先在主机上打开 CMD 命令提示符窗口，执行 ipconfig /all 命令。然后查看主机的 IP 地址和 MAC 地址信息，配置交换机端口的地址绑定。

```
Switch#configure terminal
Switch(config)#interface     fastethernet 0/3
Switch(config－if)#switchport port－security
Switch(config－if)#switchport port－security mac－address 68F7.2879.61b9 ip－
address 172.16.1.55
！配置 IP 地址和 MAC 地址的绑定
```

第3步：验证测试，查看地址安全绑定配置。

```
Switch#show port－security address
```

【注意事项】

①交换机端口安全功能只能在 ACCESS 端口进行配置。

②交换机最大连接数限制取值范围是 1～128，默认是 128。

③交换机最大连接数限制默认的处理方式是 protect。

评价标准表

项目			工作时间		姓名： 组别： 班级：		总分：	
序号	评价项目	评价内容及要求	考核环节	配分	学生自评 （20%）	学生互评 （20%）	教师评价 （60%）	得分
1	素质考评	工作纪律情况，团队合作意识	全过程	15				
2	方案制订	网络规划工程科学性、合理性，有无创新	计划、决策	15				

续表

序号	评价项目	评价内容及要求	考核环节	配分	学生自评（20%）	学生互评（20%）	教师评价（60%）	得分
3	实操考评	项目实施情况。项目实施过程评估和项目实施测试评估	实施、检查	50				
4	工单考评	工单报告的撰写质量；口头汇报的质量；答辩质量	评估	20				

指导教师签字：　　　　　　　　　　　　　　学生签字：

　　　　　　　　　　　　　　　　　　　　　　　　年　　月　　日

任务 5.2　保护园区网络安全

一、知识链接　ACL 原理与配置方式

（一）ACL 定义

ACL 全称为访问控制列表（Access Control List），网络中常说的 ACL 是 IOS/NOS 等网络操作系统所提供的一种访问控制技术，初期仅在路由器上支持，现在已经扩展到三层交换机，部分最新的二层交换机也开始提供 ACL 支持。

1. 基本原理

ACL 使用包过滤技术，在路由器上读取第三层及第四层包头中的信息，如源地址、目的地址、源端口、目的端口等，根据预先定义好的规则对包进行过滤，从而达到访问控制的目的，如图 5-2 所示。

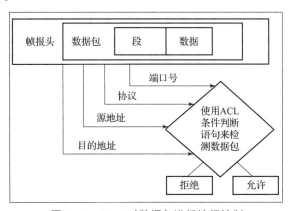

图 5-2　ACL 对数据包进行访问控制

2. ACL 的功能

网络中的节点分为资源节点和用户节点两大类。其中，资源节点提供服务或数据，而用户节点访问资源节点所提供的服务与数据。ACL 的主要功能就是一方面保护资源节点，阻止非法用户对资源节点的访问；另一方面限制特定的用户节点对资源节点的访问权限。

3. 配置 ACL 的基本原则

在实施 ACL 的过程中，应当遵循如下两个基本原则：

（1）最小特权原则

只给受控对象完成任务所必需的最小的权限。

（2）最靠近受控对象原则

所有的网络层访问权限控制尽可能离受控对象最近。

4. 局限性

由于 ACL 是使用包过滤技术来实现的，过滤的依据是第三层和第四层包头中的部分信息，这种技术具有一些固有的局限性，如无法识别到具体的人，无法识别到应用内部的权限级别等。因此，要达到端到端（end to end）的权限控制目的，需要和系统级及应用级的访问权限控制结合使用。

具体来说，ACL 是应用在路由器（或三层交换机）接口的指令列表，这些指令应用在路由器（或三层交换机）的接口处，以决定哪种类型的通信流量被转发、哪种类型的通信流量被阻塞。图 5-3 显示了 ACL 的工作过程。

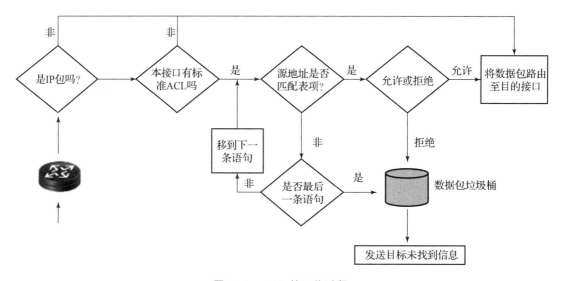

图 5-3　ACL 的工作过程

（二）ACL 的分类

ACL 分为标准 ACL、扩展 ACL 和基于时间的 ACL。

1. 标准 ACL

标准 ACL（Standard ACL）的配置分为两步。

第 1 步：定义访问控制列表，其命令格式如下：

```
Router(config)# access - list access - list - number { permit | deny } source
[source -wildcard] [log]
```

例如：

```
Router(config)#access - list 1 permit 10.0.0.0 0.255.255.255
```

功能说明：

①为每个 ACL 分配唯一的编号 access – list – number。access – list – number 与协议有关，见表 5 – 1。标准 ACL 在 1 ~ 99 之间，这里为 1。

表 5 – 1　ACL 表号与协议之间的关系

协议（Protocol）	ACL 表号的取值范围
IP（Internet 协议）	1 ~ 99
Extended IP（扩展 Internet 协议）	100 ~ 199
AppleTalk	600 ~ 699
IPX（互联网数据包交换）	800 ~ 899
Extended IPX（扩展互联网数据包交换）	900 ~ 999
IPX service Advertising Protocol（IPX 服务通告协议）	1 000 ~ 1 099

②检查源地址（Checks Source address），由 source、source – wildcard 组成，以决定源网络或地址。source – wildcard 为通配符掩码。通配符掩码（反码）= 255.255.255.255 – 子网掩码，它是一个 32 位的数字字符串。0 表示"检查相应的位"，1 表示"不检查（忽略）相应的位"，这里，网络号为 10.0.0.0，通配符掩码（反码）为 0.255.255.255；特殊的通配符掩码：Any 表示 0.0.0.0 255.255.255.255，Host 172.30.16.29 表示 172.30.16.29 0.0.0.0。

③不区分协议（允许或拒绝整个协议簇），这里指 IP 协议。

④确定是允许（permit）或拒绝（deny），这里是 permit。

⑤log 表示将有关数据包匹配情况生成日志文件。

⑥只能删除整个访问控制列表，不能只删除其中一行。

```
Router(config)#no access - list access - list - number
```

第 2 步：把标准 ACL 应用到一个具体接口：

```
Router(config)#int interface
Router(config - if)#{protocol} access - group access - list - number {in |out}
```

例如：

```
Router(config)#int s1/1
Router(config - if)#ip access - group 1 out
```

2. 扩展 ACL

同样地，扩展 ACL（Standard ACL）的配置分两步：

第 1 步：定义访问控制列表，其命令格式如下：

```
Router(config)# access - list access - list - number { permit | deny } protocol
source source - wildcard [operator operand] destination destination - wildcard [oper-
ator operand] [ established ] [log]
```

例如：

```
Router(config)# access - list 101 Deny tcp 172.16.4.0 0.0.0.255 172.16.3.0
0.0.0.255 eq 20
```

表 5 - 2 说明各参数的含义。

表 5 - 2 扩展 ACL 参数说明

参数	参数描述
access - list - number	访问控制列表表号
permit	deny	如果满足条件，允许或拒绝后面指定特定地址的通信流量
protocol	用来指定协议类型，如 IP、TCP、UDP、ICMP 等
source and destination	分别用来标识源地址和目的地址
source - wildcard	通配符掩码，跟源地址相对应
destination - wildcard	通配符掩码，跟目的地址相对应
operator	lt，gt，eq，neq（小于，大于，等于，不等于）
operand	一个端口号或应用名称
established	如果数据包使用一个已建立连接，便可允许 TCP 信息通过

功能说明：

①检查源和目的地址。

②允许或拒绝某个特定的协议（分协议），对 TCP/IP 协议簇来说，可以指定的协议有 ICMP、IGMP、TCP、UDP、IP 等。

③分配唯一的编号，在 100 ~ 199 之间。

④指定操作符。

⑤给出端口号或应用名称，表 5 - 3 显示了一些常用的端口及应用程序名。

表 5 - 3 常用的端口说明

端口号	关键字	说明
20	FTP - DATA	文件传输协议（FTP）数据
21	FTP	文件传输协议（FTP）控制

续表

端口号	关键字	说明
23	TELNET	远程登录（Telnet）
25	SMTP	简单邮件传输协议（SMTP）
53	DOMAIN	域名服务系统（DNS）
69	TFTP	普通文件传送协议（TFTP）
80	WWW	超文本传输协议（HTTP）
161	SNMP	简单网络管理协议（SNMP）

第 2 步：把扩展 ACL 应用到一个具体接口：

```
Router(config)#int interface
Router(config-if)#{protocol}access-group access-list-number {in|out}
```

例如：

```
Router(config)#int s1/1
Router(config-if)#ip access-group 1 out
```

注意事项：

①访问列表的编号指明了使用何种协议的访问列表。

②每个端口、每个方向、每条协议只能对应于一条访问列表。

③访问列表的内容决定了数据的控制顺序。

④具有严格限制条件的语句应放在访问列表所有语句的最上面。

⑤在访问列表的最后有一条隐含声明：deny any，表示每一条正确的访问列表都至少应该有一条允许语句。

⑥先创建访问列表，然后应用到端口上。

⑦访问列表不能过滤由路由器自己产生的数据。

⑧只能删除整个访问控制列表，不能只删除其中一行。

```
Router(config)#no access-list access-list-number
```

3. 命名 ACL

在标准 ACL 和扩展 ACL 中，使用名字代替数字来表示 ACL 编号，称为命名 ACL。使用命名 ACL 的好处有：

①通过一个字母数字串组成的名字来直观地表示特定的 ACL。

②不受 99 条标准 ACL 和 100 条扩展 ACL 的限制。

③网络管理员可以方便地对 ACL 进行修改而无须删除 ACL 后再对其重新配置。

命名 ACL 的配置分三步：

第 1 步：创建一个 ACL 命名，要求名字字符串唯一。

```
Router(config)# ip access - list { standard | extended } name
```

第 2 步：定义访问控制列表，其命令格式如下：

标准的 ACL：

```
Router(config - sta - nacl)#{permit |deny}source [source - wildcard] [log]
```

或扩展的 ACL：

```
Router(config - ext - nacl)#{permit |deny}protocol source source - wildcard[operator
operand] destination destination -wildcard [ operator operand] [ established ] [log]
```

第 3 步：把 ACL 应用到一个具体接口上：

```
Router(config)# int interface
Router(config - if)# {protocol} access - group name {in |out}
```

4. 基于时间的访问控制列表

基于时间的访问列表可以为一天中的不同时间段，或者一个星期中的不同日期，或者二者的结合制定不同的访问控制策略，从而满足用户对网络的灵活需求。

基于时间的访问列表能够应用于编号访问列表和命名访问列表。实现基于时间的访问表只需要 3 个步骤：

第 1 步：定义一个时间范围。

格式为：time - range   time - range - name （时间范围的名称）

可以定义绝对时间范围和周期、重复使用的时间范围。

（1）定义绝对时间范围

```
absolute [ start start - time start - date] [ end end - time end - date]
```

其中，start - time 和 end - time 分别用于指定开始和结束时间，使用 24 小时间格式表示，其格式为"小时:分钟"；start - date 和 end - date 分别用于指定开始的日期和结束的日期，使用日/月/年的时间格式，而不是通常采用的月/日/年格式。表 5 - 4 给出了绝对时间范围的实例。

表 5 - 4　绝对时间范围的实例

定义	描述
absolute start 17：00	从配置的当天 17：00 开始直到永远
absolute start 17：00 1 december 2000	从 2000 年 12 月 1 日 17：00 开始直到永远
absolute end 17：00	从配置时开始直到当天的 17：00 结束
absolute end 17：00 1 december 2000	从配置时开始直到 2000 年 12 月 1 日 17：00 结束
absolute start 8：00 end 20：00	从每天早晨的 8 点开始到下午的 8 点结束
absolute start 17：00 1 december 2000 to end 5：00 31 december 2000	从 2000 年 12 月 1 日开始直到 2000 年 12 月 31 日结束

（2）定义周期、重复使用的时间范围

```
periodic days-of-the-week hh:mm to days-of-the-week hh:mm
```

periodic 是以星期为参数来定义时间范围的一个命令。它可以使用大量的参数，其范围可以是一个星期中的某一天、几天的结合，或者使用关键字 daily、weekdays、weekend 等。表 5-5 给出了一些周期性时间的实例。

表 5-5　周期性时间的实例

定义	描述
periodic weekend 7:00 to 19:00	星期六早上 7:00 到星期日晚上 7:00
periodic weekday 8:00 to 17:00	星期一早上 8:00 到星期五晚上 5:00
periodic daily 7:00 to 17:00	每天的早上 7:00 到下午 5:00
periodic Saturday 17:00 to Monday 7:00	星期六晚上 5:00 到星期一早上 7:00
periodic Monday Friday 7:00 to 20:00	星期一和星期五的早上 7:00 到下午 8:00

第 2 步：在访问列表中用 time-range 引用时间范围。

（1）基于时间的标准 ACL

```
Router(config)#access-list access-list-number{permit|deny}source[source-
wildcard][log][time-range time-range-name]
```

（2）基于时间的扩展 ACL

```
Router(config)#access-list access-list-number {permit|deny} protocol
source source-wildcard [operator operand]destination destination-wildcard[oper-
ator operand][established][log][time-range time-range-name]
```

第 3 步：把 ACL 应用到一个具体接口。

```
Router(config)#int interface
Router(config-if)#{protocol} access-group access-list-number{in|out}
```

配置实例：

```
router#configure terminal
router(config)#time-range allow-www
router(config-time-range)#asbolute start 7:00 1 June 2010 end 17:00 31 December 2010
router(config-time-range)#periodic weekend 7:00 to 17:00
router(config-time-range)#exit
router(config)#access-list 101 permit tcp 192.168.1.0 0.0.0.255 any eq www time-
range allow-www
router(config)#interface serial 1/1
router(config-if)#ip access-group 101 out
```

二、任务实施　保护园区网络安全

职业岗位	网络运维工程师、网络技术支持、网络安全工程师、网络工程师			
项目5	构建企业安全网络	姓名		班级	
任务5.2	保护企业园区网安全	学号		时间	
子任务	子任务一：应用标准访问列表			
任务要求	你是一个公司的网络管理员，公司的经理部、财务部和销售部门分处不同的3个网段，三部门之间用路由器进行信息传递，为了安全起见，公司领导要求销售部不能对财务部门访问			
任务目标	掌握交换机的端口安全功能，具备控制用户的安全接入的能力			

【实现功能】

实现网段间互相访问的安全控制。

【任务设备】

路由器（2台）、V.35线缆（1条）、直连线或交叉线（3条）。

【网络拓扑】

网络拓扑如图5-4所示。

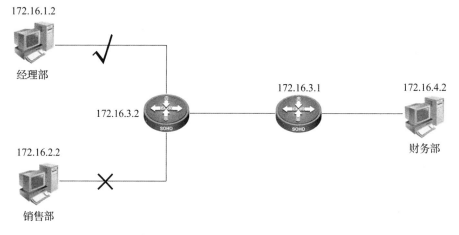

图5-4　网络拓扑

【任务步骤】

第1步：基本配置。

Router1 基本配置：

```
Router1(config)#interface fastethernet 1/0
Router1(config-if)#ip add 172.16.1.1 255.255.255.0
Router1(config-if)#no shutdown
```

```
Router1(config-if)#interface fastethernet 1/1
Router1(config-if)#ip add 172.16.2.1 255.255.255.0
Router1(config-if)#no shutdown
Router1(config)#interface serial 1/2
Router1(config-if)#ip add 172.16.3.2 255.255.255.0
Router1(config-if)#clock rate 64000
Router1(config-if)#no shutdown
Router1(config-if)#end
```

验证测试：show ip int brief　　! 观察接口状态

Router2 基本配置：

```
Router2(config)#interface fastethernet 1/0
Router2(config-if)#ip add 172.16.4.1 255.255.255.0
Router2(config-if)#no shutdown
Router2(config-if)#exit
Router2(config)#interface serial 1/2
Router2(config-if)#ip add 172.16.3.1 255.255.255.0
Router2(config-if)#no shutdown
```

验证测试：show ip int brief

配置静态路由：

```
Router1(config)#ip route 172.16.4.0 255.255.255.0 serial 1/2
Router2(config)#ip route 172.16.1.0 255.255.255.0 serial 1/2
Router2(config)#ip route 172.16.2.0 255.255.255.0 serial 1/2
```

验证测试：show ip route　　!查看路由表信息

第2步：配置标准 IP 访问控制列表。

```
Router2(config)#access-list 1 deny 172.16.2.0 0.0.0.255
                              ! 拒绝来自172.16.2.0 网段的流量通过。
Router2(config)#access-list 1 permit 172.16.1.0 0.0.0.255
                              ! 允许来自172.16.1.0 网段的流量通过。
```

验证测试：show access-list 1

第3步：把访问挖掘列表在接口下应用。

```
Router2(config)#interface fastethernet 1/0
Router2(config-if)#ip access-group 1 out  ! 在接口下访问控制列表出栈流量调用
```

测试验证：show ip interface fastethernet 1/0

【注意事项】

①在访问控制列表中的网络掩码用反掩码。

②标准控制列表要应用在尽量靠近目的地址的接口。

子任务	子任务二：应用扩展访问列表
任务要求	你是学校的网络管理员，在 3550 – 24 交换机上连着学校的提供 WWW 和 FTP 的服务器，另外，还连接着学生宿舍楼和教工宿舍楼，学校规定学生只能对服务器进行 FTP 访问，不能进行 WWW 访问，教工则没有此限制
任务目标	具备扩展 IP 访问列表规则及配置的能力

【实现功能】

实现网段间互相访问的安全控制。

【任务设备】

三层交换机（1 台）、PC（3 台）、直连线（3 条）。

【网络拓扑】

网络拓扑如图 5 – 5 所示。

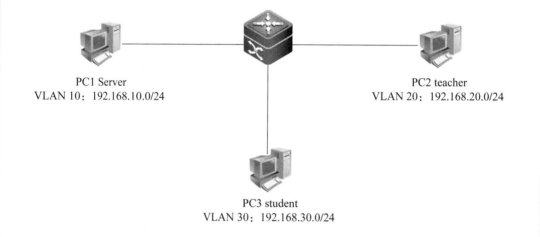

PC1 Server
VLAN 10：192.168.10.0/24

PC2 teacher
VLAN 20：192.168.20.0/24

PC3 student
VLAN 30：192.168.30.0/24

图 5 – 5　网络拓扑

【任务步骤】

第 1 步：基本配置。

```
3550 –24(config)#vlan 10
3550 –24(config –vlan)#name server
3550 –24(config)#vlan 20
3550 –24(config –vlan)#name teachers
3550 –24(config)#vlan 30
3550 –24(config –vlan)#name students
3550 –24(config)#interface f0/5
3550 –24(config –if)#switchport mode access
```

```
3550 - 24(config - if)#switchport access vlan 10
3550 - 24(config)#interface f0/10
3550 - 24(config - if)#switchport mode access
3550 - 24(config - if)#switchport access vlan 20
3550 - 24(config)#interface f0/15
3550 - 24(config - if)#switchport mode access
3550 - 24(config - if)#switchport access vlan 30
3550 - 24(config)#interface vlan10
3550 - 24(config - if)#ip add 192.168.10.1 255.255.255.0
3550 - 24(config - if)#no shutdown
3550 - 24(config)#interface vlan 20
3550 - 24(config - if)#ip add 192.168.20.1 255.255.255.0
3550 - 24(config - if)#no shutdown
3550 - 24(config)#interface vlan 30
3550 - 24(config - if)#ip add 192.168.30.1 255.255.255.0
3550 - 24(config - if)#no shutdown
```

第 2 步：配置命名扩展 IP 访问控制列表。

```
3550 - 24(config)#ip access - list extended denystudentwww
！定义命名扩展访问列表。
3550 - 24(config - ext - nacl)# deny tcp 192.168.30.0 0.0.0.255 192.168.10.0
0.0.0.255 eq www
！禁止 WWW 服务。
3550 - 24(config - ext - nacl)# permit ip any any    ！允许其他服务。
```

验证命令：

```
3550 - 24#show ip access - lists denystudentwww
```

第 3 步：把访问控制列表在接口下应用。

```
3550 - 24(config)#int vlan 30
3550 - 24(config - if)#ip access - group denystudentwww in
```

第 4 步：配置 Web 服务器和 FTP 服务器。

第 5 步：验证测试。

分别在学生网段和教师宿舍网段使用 1 台主机访问 Web 服务器。测试发现，学生网段不能访问网页，教学宿舍网段可以访问网页；教师和学生都可以访问 FTP 服务器。

【注意事项】

①访问控制列表要在接口下应用。

②deny 某个网段后，要 peimit 其他网段。

评价标准表

项目		工作时间		姓名： 组别： 班级：		总分：	

序号	评价项目	评价内容及要求	考核环节	配分	学生自评（20%）	学生互评（20%）	教师评价（60%）	得分
1	素质考评	工作纪律情况，团队合作意识	全过程	15				
2	方案制订	网络规划工程科学性、合理性，有无创新	计划、决策	15				
3	实操考评	项目实施情况。项目实施过程评估和项目实施测试评估	实施、检查	50				
4	工单考评	工单报告的撰写质量；口头汇报的质量；答辩质量	评估	20				

指导教师签字：　　　　　　　　　　　　　　　　学生签字：

年　　　月　　　日

任务 5.3　防火墙配置与管理

一、知识链接　防火墙的原理与配置方式

（一）防火墙的定义

传统意义的防火墙用于控制实际的火灾，使火灾被限制在建筑物的某部分，不会蔓延到其他区域。网络安全中的防火墙用于保护网络免受恶意行为的侵害，并阻止其非法行为的网络设备或系统。其作为一个安全网络的边界点，在不同的网络区域之间进行流量的访问控制。所谓防火墙，指的是一个由软件和硬件设备组合而成，在内部网和外部网之间、专用网与公共网之间的界面上构造的保护屏障，是一种获取安全性方法的形象说法，它是一种计算机硬件和软件的结合，使 Internet 与 Intranet 之间建立起一个安全网关（Security Gateway），

从而保护内部网免受非法用户的侵入。防火墙主要由服务访问规则、验证工具、包过滤和应用网关 4 个部分组成，防火墙就是一个位于计算机和它所连接的网络之间的软件或硬件。该设备流入/流出的所有网络通信和数据包均要经过此防火墙。

（二）防火墙的作用

1. 保护网络和系统资源

一个防火墙（作为阻塞点、控制点）能极大地提高一个内部网络的安全性，并通过过滤不安全的服务而降低风险。由于只有经过精心选择的应用协议才能通过防火墙，所以网络环境变得更安全。例如防火墙可以禁止诸如众所周知的不安全的 NFS 协议进出受保护网络，这样外部的攻击者就不可能利用这些脆弱的协议来攻击内部网络。防火墙同时可以保护网络免受基于路由的攻击，例如 IP 选项中的源路由攻击和 ICMP 重定向中的重定向路径。防火墙应该可以拒绝所有以上类型攻击的报文并通知防火墙管理员。

2. 控制和管理网络访问

通过以防火墙为中心的安全方案配置，能将所有安全软件（如口令、加密、身份认证、审计等）配置在防火墙上。与将网络安全问题分散到各个主机上相比，防火墙的集中安全管理更经济。例如，在网络访问时，一次一密口令系统和其他身份认证系统完全可以不必分散在各个主机上，而集中在防火墙上。

3. 数据流量的深度检测

如果所有的访问都经过防火墙，那么，防火墙就能记录下这些访问并作出日志记录，同时，也能提供网络使用情况的统计数据。当发生可疑动作时，防火墙能进行适当的报警，并提供网络是否受到监测和攻击的详细信息。另外，收集一个网络的使用和误用情况也是非常重要的。这是因为可以清楚防火墙是否能够抵挡攻击者的探测和攻击，并且清楚防火墙的控制是否充足。而网络使用统计对网络需求分析和威胁分析等而言也是非常重要的。

4. 身份验证

通过利用防火墙对内部网络的划分，可实现内部网重点网段的隔离，从而限制了局部重点或敏感网络安全问题对全局网络造成的影响。此外，隐私是内部网络非常关心的问题，一个内部网络中不引人注意的细节可能包含了有关安全的线索而引起外部攻击者的兴趣，甚至因此而暴露了内部网络的某些安全漏洞。使用防火墙就可以隐蔽那些透漏内部细节如Finger、DNS 等服务。Finger 显示了主机的所有用户的注册名、真名，以及登录时间和使用的 Shell 类型等。但是 Finger 显示的信息非常容易被攻击者所获悉。攻击者可以知道一个系统使用的频繁程度，这个系统是否有用户正在连线上网，这个系统是否在被攻击时引起注意等。防火墙可以同样阻塞有关内部网络中的 DNS 信息，这样一台主机的域名和 IP 地址就不会被外界所了解。除了安全作用，防火墙还支持具有 Internet 服务性的企业内部网络技术体系 VPN（虚拟专用网）。

5. 记录和报告事件

进出网络的数据都必须经过防火墙，防火墙通过日志对其进行记录，能提供网络使用的详细统计信息。当发生可疑事件时，防火墙更能根据机制进行报警和通知，提供网络是否受到威胁的信息。

（三）防火墙的分类

防火墙是现代网络安全防护技术中的重要构成内容，可以有效地防护外部的侵扰与影响。随着网络技术手段的完善，防火墙技术的功能也在不断地完善，可以实现对信息的过滤，保障信息的安全性。防火墙就是一种在内部网络与外部网络的中间中发挥作用的防御系统，具有安全防护的价值与作用。通过防火墙可以实现内部与外部资源的有效流通，及时处理各种安全隐患问题，进而提升了信息数据资料的安全性。防火墙技术具有一定的抗攻击能力，对外部攻击具有自我保护作用，随着计算机技术的进步，防火墙技术也在不断发展。

1. 过滤型防火墙

过滤型防火墙是在网络层与传输层中，可以基于数据源头的地址以及协议类型等标志特征进行分析，确定是否可以通过。在符合防火墙规定标准之下，满足安全性能以及类型才可以进行信息的传递，而一些不安全的因素则会被防火墙过滤、阻挡。

2. 应用代理类型防火墙

应用代理防火墙主要的工作范围就是在 OSI 的最高层，位于应用层之上。其主要的特征是可以完全隔离网络通信流，通过特定的代理程序就可以实现对应用层的监督与控制。这两种防火墙是应用较为普遍的防火墙，其他一些防火墙应用效果也较为显著，在实际应用中，要综合具体的需求以及状况合理地选择防火墙的类型，这样才可以有效地避免防火墙的外部侵扰等问题的出现。

3. 复合型

应用较为广泛的防火墙技术为复合型防火墙技术，其综合了包过滤防火墙技术以及应用代理防火墙技术的优点，譬如发过来的安全策略是包过滤策略，那么可以针对报文的报头部分进行访问控制；如果安全策略是代理策略，就可以针对报文的内容数据进行访问控制，因此，复合型防火墙技术综合了其组成部分的优点，同时摒弃了两种防火墙的原有缺点，大大提高了防火墙技术在应用实践中的灵活性和安全性。

（四）防火墙部署方式

防火墙是为加强网络安全防护能力而在网络中部署的硬件设备，有多种部署方式，常见的有桥模式、网关模式和 NAT 模式等。

1. 桥模式

桥模式也可叫作透明模式。最简单的网络由客户端和服务器组成，客户端和服务器处于同一网段。出于安全方面的考虑，在客户端和服务器之间增加了防火墙设备，对经过的流量进行安全控制。正常的客户端请求通过防火墙送达服务器，服务器将响应并返回给客户端，用户不会感觉到中间设备的存在。工作在桥模式下的防火墙没有 IP 地址，当对网络进行扩容时，无须对网络地址进行重新规划，但牺牲了路由、VPN 等功能。

2. 网关模式

网关模式适用于内外网不在同一网段的情况，防火墙设置网关地址实现路由器的功能，为不同网段进行路由转发。网关模式相比桥模式具备更高的安全性，在进行访问控制的同时，实现了安全隔离，具备了一定的私密性。

3. NAT 模式

如果在 NAT 模式的基础上需要实现外部网络访问内部网络服务的需求，还可以使用地址/端口映射（MAP）技术，在防火墙上进行地址/端口映射配置，当外部网络用户需要访问内部服务时，防火墙将请求映射到内部服务器上；当内部服务器返回相应数据时，防火墙再将数据转发给外部网络。使用地址/端口映射技术使得外部用户能够访问内部服务，但是外部用户无法看到内部服务器的真实地址，只能看到防火墙的地址，从而增强了内部服务器的安全性。

二、任务实施　防火墙配置与管理

职业岗位	网络运维工程师、网络技术支持、网络安全工程师、网络工程师			
项目 5	构建企业安全网络	姓名		班级
任务 5.3	防火墙配置与管理工单	学号		时间
模块一	登录防火墙并进行简单配置			
任务要求	作为公司的网络管理员，你希望在机房对防火墙进行初始配置后，可以通过 Web 方式对防火墙进行远程配置和管理，因此需要对其进行初始的基本设置			
任务目标	具备登录防火墙和初始化防火墙的能力			

【项目拓扑】

项目拓扑如图 5 – 6 所示。

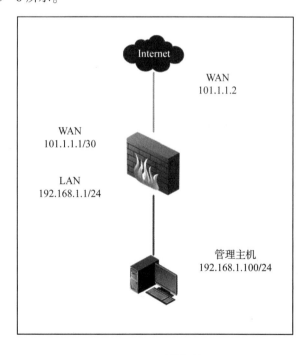

图 5 – 6　网络拓扑

【任务设备】

EG2000K 防火墙（1 台）、主机（1 台）、直连线（1 条）。

【任务步骤】

第 1 步：连接防火墙和主机后访问 192. 168. 1. 1，使用默认用户名 admin、密码 admin 登录防火墙，如图 5 -7 所示。

图 5 -7　防火墙登录界面

第 2 步：选择"网络"→"接口配置"→"外网口配置"，如图 5 -8 所示。

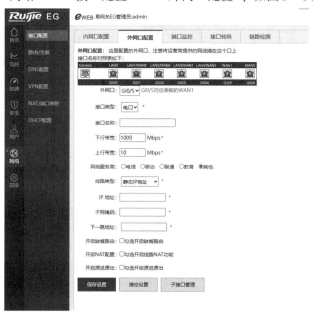

图 5 -8　"外网口配置"界面

第 3 步：配置链接到外网的接口，如图 5 - 9 所示。

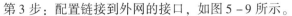

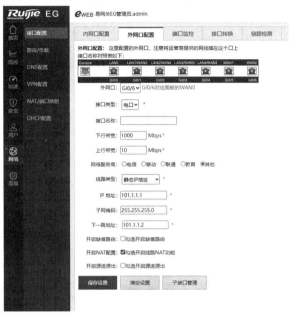

图 5 - 9　具体配置参数

第 4 步：这时防火墙已经初始化完成，可以正常连接互联网了。

模块二	审计所有用户在工作日浏览 Web 的情况
任务要求	企业网络的出口使用了一台防火墙作为接入 Internet 的设备，现在需要使用防火墙的安全策略实现严格的审计，在工作日期间审计所有用户在 Web 浏览的情况，并进行流量负载均衡
任务目标	利用防火墙的安全策略实现严格的流量审计及流量调控

【需求分析】

企业网络需要对内部网络到达 Internet 的流量进行审计，防火墙的安全审计和流控可以满足这个需求，实现内部网络到 Internet 的审计。

【任务拓扑】

任务拓扑如图 5 - 10 所示。

【任务设备】

防火墙连接到 Internet 的链路、防火墙（1 台）、PC（1 台）、FTP 服务器 1 台。

【任务原理】

流量控制以及流量审计是防火墙的基础功能，这个功能可将不同的流量按需分配，比如工作软件分配给更多的流量，审计则能给企业提供对于风险网站以及常规网站的浏览记录。

【任务步骤】

第 1 步：选择"流控"→"流控策略"，如图 5 - 11 所示。

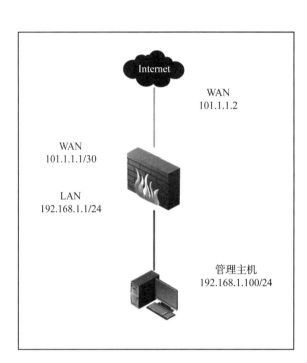

图 5 – 10　拓扑图

图 5 – 11　流控策略

第 2 步：单击"开启智能流控"按钮，弹出如图 5 – 12 所示对话框。

≡ 切换流控方案　　　　　　　　　　　　　　　✕

线路带宽：☐Gi0/5 ☐Gi0/6

流控方案：　保证办公应用（企业）　▼　*未配置方案*

关键/保证类	注意：带宽紧张时优先保证以下应用的带宽。
	即时通讯软件、IP网络电话、电子邮件协议、普通网页浏览、普通网页浏览明细、DNS、ICMP-DETAIL、安全协议、VPN应用、办公OA、视频会议、HTTPS

注意：带宽紧张时会抢占抑制类应用的带宽，空闲时可用满剩余的所有带宽！

确定　　**跳过＞＞暂不配置**

图 5 – 12　"切换流控方案"对话框

第 3 步：选择线路带宽，并单击"确定"按钮，如图 5 – 13 所示。

≡ 切换流控方案　　　　　　　　　　　　　　　✕

线路带宽：☐Gi0/5 ☑Gi0/6

Gi0/6下行 1000　　Mbps 上行 1000　　Mbps

流控方案：　保证办公应用（企业）　▼　*未配置方案*

关键/保证类	注意：带宽紧张时优先保证以下应用的带宽。
	即时通讯软件、IP网络电话、电子邮件协议、普通网页浏览、普通网页浏览明细、DNS、ICMP-DETAIL、安全协议、VPN应用、办公OA、视频会议、HTTPS

注意：带宽紧张时会抢占抑制类应用的带宽，空闲时可用满剩余的所有带宽！

确定　　**跳过＞＞暂不配置**

图 5 – 13　选择线路带宽

第4步：单击"流控"→"行为策略"，如图5-14所示。

图5-14 "行为策略"配置界面

第5步：单击"添加行为策略"选项，如图5-15所示。

图5-15 高级行为策略配置

第 6 步：填写策略组名称，如图 5 – 16 所示。

图 5 – 16　策略组名称配置

第 7 步：单击"下一步"按钮后，勾选"网站访问"，如图 5 – 17 所示。

图 5 – 17　行为控制界面

第8步：单击右上角的"＋"按钮，然后选择网站，如图5－18所示。

图5－18　选择网站

第9步：单击"确定"按钮，弹出如图5－19所示窗口。勾选所有分类后，单击"确定"按钮。

图5－19　选择网站分类界面

第 10 步：在"生效时间"下拉列表中选择"工作日"后，单击"确定"按钮，如图 5 – 20 所示。

图 5 – 20　选择生效时间

第 11 步：单击"下一步"按钮后，勾选"所有用户"，如图 5 – 21 所示。

图 5 – 21　选择用户

第12步：单击"完成"按钮，如图5-22所示。

图5-22 配置完成

模块三	防 ARP 攻击和 DoS 攻击
任务要求	公司使用防火墙作为网络出口设备连接到 Internet，并且公司内部有一台对外提供服务的 FTP 服务器。最近网络管理员发现 Internet 中有人向 FTP 服务器发起 DoS 攻击和 ARP 攻击，消耗了服务器的系统资源
任务目标	利用防火墙的抗攻击功能防止内网 ARP 及 DoS 流量攻击等

【需求分析】

要防止 DoS 和 ARP 攻击，可以使用防火墙的抗攻击功能。

【任务拓扑】

任务拓扑如图5-23所示。

【任务设备】

防火墙1台、PC 2台（1台作为 FTP 服务器、1台模拟外部网络的攻击者）、FTP 服务器软件程序、SYN Flood 攻击软件程序。

【任务原理】

通常情况下，在内网中充斥着攻击行为，无论是有意的还是无意的。开启防火墙的防攻击功能就可以避免很大一部分的攻击。

【任务步骤】

第1步：单击"安全"→"本地防攻击"，如图5-24所示。

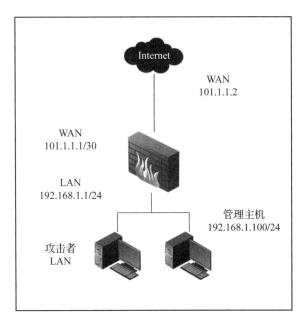

图 5 – 23　拓扑图

图 5 – 24　防攻击功能界面

第 2 步：开启防攻击功能，如图 5 – 25 所示。

第 3 步：填写管理 IP，如图 5 – 26 所示。

【注意事项】

开启攻击防御之后，管理员 IP 将会固定，一定要做好记录。

图 5 – 25　开启防攻击功能

图 5 – 26　填写管理 IP

【注意事项】

设置的防火墙 SYN Flood 检测阈值（SYN 包速率）小于实际攻击端的发包速率。防火墙是根据 SYN 报文速率对 SYN Flood 攻击进行检测的，所以，防火墙在接收报文时会有采样的时间，这段时间内部分攻击报文可能会通过防火墙，在目的端造成少量的半连接。

任务评分	
模块四	实现基于 IP 不同网段的负载均衡
任务要求	公司购置了一条新的专线，要为公司做一个基于网段的负载均衡，来充分利用两条向外的宽带
任务目的	将管理部门分流到一个独立的出口，实现负载均衡

【任务拓扑】

任务拓扑如图 5 - 27 所示。

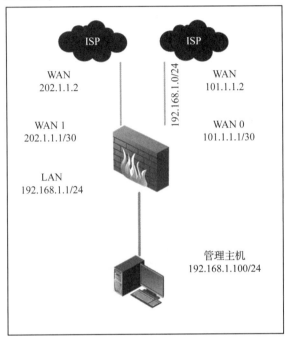

图 5 - 27　拓扑图

【任务设备】

防火墙（1 台）、PC（1 台）、出口（2 个）。

【任务原理】

防火墙继承了 ACL 以及策略路由等功能，可以使用策略路由将不同网段的流量分流至不同的地方。

【任务步骤】

第 1 步：选择"网络"→"路由/负载"→"策略路由"，如图 5 - 28 所示。

第 2 步：单击"新建 ACL 列表"选项，并单击"添加 ACL"按钮，弹出如图 5 - 29 所示对话框。

第 3 步：ACL 列表填入 10 后，单击"确定"按钮，并单击"添加 ACE 规则"选项，弹出如图 5 - 30 所示对话框。

第 4 步：选择"掩码设置"，并填入 IP 地址和掩码，如图 5 - 31 所示。

图 5 – 28 策略路由配置界面

图 5 – 29 添加标准 ACL 界面

图 5-30　添加 ACE 规则

图 5-31　输入 ACE 规则

第5步：添加禁止其余所有网段访问，如图5-32所示。效果如图5-33所示。

图5-32　添加禁止其余所有网段访问

图5-33　完成后效果图

第6步：刷新页面，选择匹配ACL列表10，并指定出口为下一跳地址，填入需求IP，如图5-34所示。

图 5 - 34　配置完成

第 7 步：选择"普通路由"选项卡，如图 5 - 35 所示。

图 5 - 35　添加普通路由界面

第 8 步：选择添加默认路由，并填入需求的 IP 地址，单击"完成"按钮，体验完成效果，如图 5 - 36 和图 5 - 37 所示。

图 5 – 36　添加默认路由界面

图 5 – 37　完成效果

评价标准表

项目			工作时间		姓名： 组别： 班级：			总分：	
序号	评价项目	评价内容及要求	考核 环节	配分	学生 自评 （20%）	学生 互评 （20%）	教师 评价 （60%）	得分	
1	素质考评	工作纪律情况，团队合作意识	全过程	15					
2	方案制订	网络规划工程科学性、合理性，有无创新	计划、决策	15					
3	实操考评	项目实施情况。项目实施过程评估和项目实施测试评估	实施、检查	50					
4	工单考评	工单报告的撰写质量；口头汇报的质量；答辩质量	评估	20					

指导教师签字：　　　　　　　　　　　　　　　　　　学生签字：

　　　　　　　　　　　　　　　　　　　　　　　　　　年　　月　　日

项目 6

构建校园无线网络

任务 6.1 建立开放式的无线接入服务

一、知识链接 无线技术与应用

随着科技的飞速发展，信息时代的网络互连已不再是简单地将计算机以物理的方式连接起来，取而代之的是合理地规划及设计整个网络体系，充分利用现有的各种资源，建立遵循标准的高效可靠且具备扩充性的网络系统。无线网络的诸多特性正好符合了这一需求。

一般而言，凡采用无线传输的计算机网络都可称为无线网。从 WLAN（Wireless LAN，无线局域网）到蓝牙，从红外线到移动通信，所有的这一切都是无线网络的应用典范。就WLAN 而言，从其定义可以看到，它是一种能让计算机在无线基站覆盖范围内的任何地点（包括户内户外）发送、接收数据的局域网形式，说得通俗点，就是局域网的无线连接形式。

接着，让我们来认识一下 WiFi。就目前的情况来看，WiFi 已被公认为 WLAN 的代名词。但要注意的是，这二者之间有着根本的差异：WiFi 是一种无线局域网产品的认证标准，而 WLAN 则是无线局域网的技术标准，二者都保持着同步更新的状态。

WiFi 的英文全称为 "Wireless Fidelity"，即 "无线相容性认证"。之所以说它是一种认证标准，是因为它并不是只针对某一 WLAN 规范的技术标准。例如，IEEE 802.11b 是较早出台的无线局域网技术标准，因此，当时人们就把 IEEE 802.11b 标准等同于 WiFi。但随着无线技术标准的多样化，WiFi 的内涵也就相应地发生了变化，因为它针对的是整个 WLAN领域。

由于无线技术标准的多样化出现，使得频段和调频方式不尽相同，造成了各种标准的无线网络设备互不兼容，这就给无线接入技术的发展带来了相当大的不确定因素。为此，1999年 8 月组建的 WECA（无线以太网兼容性联盟）推出了 WiFi 标准，以此来统一和规范整个无线网络市场的产品认证。只有通过了 WECA 认证，厂家生产的无线产品才能使用 WiFi 认证商标，有了 WiFi 认证，一切兼容性问题就变得简单起来。用户只需认准 WiFi 标签，便可保证他们所购买的无线 AP、无线网卡等无线周边设备能够很好地协同工作。

（一）无线网络分类

无线网络的分类有多种，按照网络覆盖范围的不同，可以将无线网络划分为无线个人网、无线局域网、无线城域网和无线广域网。

1. 无线个人网

无线个人网（Wireless Personal Area Network，WPAN）是在小范围内相互连接数个装置所形成的无线网络，通常是个人可及的范围内。例如，蓝牙连接耳机及膝上电脑，ZigBee 也提供了无线个人网的应用平台。

2. 无线局域网

无线局域网（Wireless Local Area Network，WLAN）是指应用无线通信技术将计算机设备互连起来，构成可以互相通信和实现资源共享的网络体系，如图 6-1 所示。无线局域网本质的特点是不再使用通信电缆将计算机与网络连接起来，而是通过无线的方式连接，从而使网络的构建和终端的移动更加灵活。

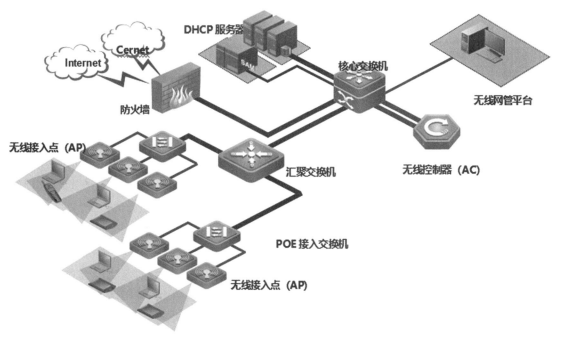

图 6-1　典型无线局域网

3. 无线城域网

无线城域网（Wireless Metropolitan Area Network，WMAN）是连接数个无线局域网的无线网络形式。2003 年 1 月，一项新的无线城域网标准 IEEE 802.16a 正式通过。致力于此标准研究的组织是 WiMAX 论坛——全球微波接入互操作性（Worldwide Interoperability for Microwave Access）论坛。作为一个非营利性的产业团体，WiMax 由 Intel 及其他众多领先的通信组件及设备公司共同创建。截至目前，已经有超过 522 个成员，其中包括中兴、华为、微软、英特尔和三星等全球领先的著名设备厂商、服务提供商、系统集成商和科学研究机构，其成员和合作伙伴遍及全球。

4. 无线广域网

无线广域网（Wireless Wide Area Network，WWAN）基于移动通信基础设施，由网络运营商，例如中国移动、中国联通、Softbank 等运营商所经营。其负责一个城市所有区域甚至一个国家所有区域的通信服务。

（二）无线主要标准

伴随着英特尔迅驰"移动计算"技术的深入人心，许多人在认识了无线局域网后，将其误认为近几年的科技成果。其实不然，早在第二次世界大战期间，美国陆军就已开始采用无线电波传输数据资料。由于这项无线电传输技术采用了高强度的加密方式，因此在当时获得了美军和盟军的广泛支持。与此同时，这项技术的运用也让许多研究者得到了灵感。到1971 年，夏威夷大学（University of Hawaii）的几名研究员创造了第一个基于"封包式"技术的无线电网络。这个被称为 ALOHNET 的网络已经具备了无线局域网的雏形，它由 7 台计算机，并采用双向星型拓扑结构组成，横跨了夏威夷整个岛屿，中心计算机则放置在瓦胡岛（Oahu Island）上，至此，无线局域网正式诞生。

到了近代，伴随着以太局域网的迅猛发展，无线局域网以其安装简便、使用灵活等优点赢得了特定市场的认可。但也正因为当时的无线局域网是作为有线局域网的一种补充，使得基于 802.3 架构的无线网络产品存在着极易受干扰、性能不稳定、传输速率低且不易升级等缺陷，不同厂商之间的产品也互不兼容，从而限制了无线局域网的进一步发展。于是，规范和统一无线局域网标准的 IEEE 802.11 委员会在 1990 年 10 月成立，并于 1997 年 6 月制定了具有里程碑性的无线局域网标准——IEEE 802.11。

IEEE 802.11 标准是 IEEE 制定的无线局域网标准，主要对网络的物理层（PH）和媒质访问控制层（MAC）进行规定，其中对 MAC 层的规定是重点。各厂商的产品在同一物理层上可以互相操作，这样就使得无线局域网的两种主要用途——"多点接入"和"多网段互连"更易于低成本实现，从而为无线局域网的进一步普及打通了道路。

无线技术包括了无线局域网技术和以 5G 为代表的无线上网技术，这些标准和技术发展到今天，已经出现了包括 IEEE 802.11、蓝牙技术和 HomeRF 等在内的多项标准和规范。以 IEEE（电气和电子工程师协会）为代表的多个研究机构针对不同的应用场合，制定了一系列协议标准，推动了无线局域网的实用化。这些协议由 WiFi（WiFi 联盟是一家世界性组织，成立的目标是确保符合 IEEE 802.11 标准的 WLAN 产品之间的相互协作性）组织制定和进行认证。我国向国际标准化组织提交的无线局域网中国国家标准 WAPI（无线局域网鉴别与保密基本结构）提案，已由国际标准化组织 ISO/IEC 授权的机构 IEEE Registration Authority（IEEE 注册权威机构）正式批准发布，分配了用于 WAPI 协议的以太类型字段，这也是中国在该领域唯一获得批准的协议。这是中国拥有自主知识产权的无线局域网标准，该标准较好地解决了无线局域网的安全问题。下面列出了一些主要无线局域网标准。

1. IEEE 802.11 系列协议

作为全球公认的局域网权威，IEEE 802 工作组建立的标准最广泛使用的有以太网、令牌环、无线局域网等。在 1997 年，IEEE 发布了 802.11 协议，这也是在无线局域网领域内的第一个国际上被认可的协议。之后 IEEE 又陆续推出了 802.11b、802.11g、802.11n、

802.11ac 等标准。802.11ac 又称 5G WiFi，是现阶段最为通用的标准，它在 802.11n 标准百兆的基础上，使无线网络的速度达到了 Gb/s 级。2019 年 9 月 16 日，WiFi 联盟宣布启动 WiFi 6 认证计划，该计划旨在使采用下一代 802.11ax WiFi 无线通信技术的设备达到既定标准。2022 年 1 月，WiFi 联盟宣布了 WiFi 6 第 2 版标准（WiFi 6 Release 2）。WiFi 6 第 2 版标准改进了上行链路以及所有支持频段（2.4 GHz、5 GHz 和 6 GHz）的电源管理，适用于家庭和工作场所的路由器及设备，以及智能家居 IoT 设备。802.11 协议主要工作在 ISO 协议的最低两层上，并在物理层上进行了一些改动，加入了高速数字传输的特性和连接的稳定性。

2. 蓝牙技术

蓝牙技术将成为全球通用的无线技术，它工作在 2.4 GHz 波段，采用的是跳频展频（FHSS）技术，数据速率为 1 Mb/s，距离为 10 m。任一蓝牙技术设备一旦搜寻到另一个蓝牙技术设备，马上就可以建立联系，而无须用户进行任何设置。在无线电环境非常嘈杂情况下，其优势更加明显。蓝牙技术的主要优点是成本低、耗电量低以及支持数据/语音传输。

3. HomeRF

HomeRF 是专门为家庭用户设计的，它工作在 2.4 GHz，利用 50 跳/s 的跳频扩谱方式，通过家庭中的一台主机在移动设备之间实现通信，既可以通过时分复用支持语音通信，又能通过载波监听多重访问/冲突避免协议提供数据通信服务。同时，HomeRF 提供了与 TCP/IP 良好的集成，支持广播、多播和 48 位 IP 地址。HomeRF 最显著的优点是支持高质量的语音及数据通信，它把共享无线连接协议（SWAP）作为未来家庭内联网的几项技术指标，使用 IEEE 802.11 无线以太网作为数据传输标准。

4. HyperLAN/HyperLAN2

HyperLAN 是 ETSI 制定的标准，分别应用在 2.4 GHz 和 5 GHz 不同的波段中。与 IEEE 802.11 最大的不同，在于 HyperLAN 不使用调变的技术，而使用 CSMA（Carrier Sense Multiple Access）技术。HyperLAN2 采用 Wireless ATM 技术，因此也可以将 HyperLAN2 视为无线网络的 ATM，采用 5 GHz 射频频率，传输速率为 54 Mb/s。

5. WiMAX

作为宽带无线通信的推动者，美国电气和电子工程师协会（IEEE）于 1999 年设立 IEEE 802.16 工作组，工作内容主要是开发固定宽带无线接入系统标准，包括空中接口及其相关功能，标准涵盖 2~66 GHz 的许可频段和免许可频段，解决"最后一千米"的宽带无线城域网的接入问题。随着研究的深入，IEEE 相继推出了 IEEE 802.16、IEEE 802.16a、IEEE 802.16d、IEEE 802.16e 等一系列标准，该系列标准引起业界广泛关注，被认为是宽带无线城域网（WMAN）的理想解决方案。为了推广遵循 IEEE 802.16 和 ETSI HIPERMAN 的宽带无线接入设备，并确保其兼容性及互用性，一些主要的通信部件及设备制造商结成了一个工业贸易联盟组织，即 WiMAX，IEEE 802.16 标准又被称为 WiMAX 技术。其最大传输速度可达到 75 Mb/s，最大传输距离可达到 50 km。

6. GPRS 技术

GPRS 的英文全称为 General Packet Radio Service，中文含义为通用分组无线服务，它是利用"包交换"（Packet – Switched）的概念发展出的一套无线传输方式。所谓的包交换，就是将 Date 封装成许多独立的封包，再将这些封包一个一个传送出去，形式上有点儿类似于寄包裹。采用包交换的好处是只有在有资料需要传送时才会占用频宽，而且可以传输的资料量计价，这对用户来说是比较合理的计费方式。此外，在 GSM phase 2 + 的标准里，GPRS 可以提供 4 种不同的编码方式，这些编码方式也分别提供不同的错误保护（Error Protection）能力。利用 4 种不同的编码方式，每个时槽可提供的传输速率为 CS – 1（9.05 kb/s）、CS – 2（13.4 kb/s）、CS – 3（15.6 kb/s）及 CS – 4（21.4 kb/s），其中，CS – 1 的保护最为严密，CS – 4 则是完全未加以任何保护的。每个用户最多可同时使用 8 个时槽，所以 GPRS 号称最高传输速率为 171.2 kb/s。GPRS 是一种新的 GSM 数据业务，它在移动用户和数据网络之间提供一种连接，给移动用户提供高速无线 IP 和 X.25 分组数据接入服务。GPRS 采用分组交换技术，它可以让多个用户共享某些固定的信道资源。如果把空中接口上的 TDMA 帧中的 8 个时隙都用来传送数据，那么数据速率最高可达 164 kb/s。GSM 空中接口的信道资源既可以被话音占用，也可以被 GPRS 数据业务占用。

7. 5G 技术

5G 是英文 5th Generation 的缩写，指第五代移动通信技术。移动通信延续着每十年一代技术的发展规律，已历经 1G、2G、3G、4G 的发展。每一次代际跃迁，每一次技术进步，都极大地促进了产业升级和经济社会发展。从 1G 到 2G，实现了模拟通信到数字通信的过渡，移动通信走进了千家万户；从 2G 到 3G、4G，实现了语音业务到数据业务的转变，传输速率成百倍提升，促进了移动互联网应用的普及和繁荣。当前，移动网络已融入社会生活的方方面面，深刻改变了人们的沟通、交流乃至整个生活方式。4G 网络造就了繁荣的互联网经济，解决了人与人随时随地通信的问题。随着移动互联网快速发展，新服务、新业务不断涌现，移动数据业务流量呈爆炸式增长，4G 移动通信系统难以满足未来移动数据流量暴涨的需求。

5G 作为一种新型移动通信网络，不仅要解决人与人通信的问题，为用户提供增强现实、虚拟现实、超高清（3D）视频等更加身临其境的极致业务体验，还要解决人与物、物与物通信问题，满足移动医疗、车联网、智能家居、工业控制、环境监测等物联网应用需求。最终，5G 将渗透到经济社会的各行业各领域，成为支撑经济社会数字化、网络化、智能化转型的关键新型基础设施。

（三）无线规范

迄今为止，电子电器工程师协会（IEEE）已经开发并制定了多种 IEEE 802.11 无线局域网规范，最为经典的包括 IEEE 802.11、IEEE 802.11a、IEEE 802.11b、IEEE 802.11g、IEEE 802.11n、IEEE 802.11ac。所有这些规范都使用了防数据丢失特征的载波检测多址连接（CDMA/CD）作为路径共享协议。任何局域网应用、网络操作系统以及网络协议（包括互联网协议、TCP/IP）都可以轻松运行在基于 IEEE 802.11 规范的无线局域网上，就像以太网那样。但是 WLAN 却没有"飞檐走壁"的连接线缆。

早期的 IEEE 802.11 标准数据传输速率为 2 Mb/s，之后经过改进，传输速率达到 11 Mb/s 的 IEEE 802.11b 也紧跟着出台。但随着网络的发展，特别是 IP 语音、视频数据流等高带宽网络应用得较为频繁，IEEE 802.11b 规范 11 Mb/s 的数据传输速率难免有些力不从心。于是，传输速率高达 54 Mb/s 的 IEEE 802.11a 和 IEEE 802.11g 随即诞生。为了实现高带宽、高质量的 WLAN 服务，使无线局域网达到以太网的性能水平，802.11n 应运而生。下面就从性能及特点入手，来分别介绍几种无线网络规范。

1. IEEE 802.11b

从性能上看，IEEE 802.11b 的传输速率为 11 Mb/s，但实际传输速率在 5 Mb/s 左右，与普通的 10Base – T 规格有线局域网持平。无论是家庭无线组网还是中小企业的内部局域网，IEEE 802.11b 都能基本满足使用要求。由于基于的是开放的 2.4 GHz 频段，因此，IEEE 802.11b 的使用无须申请，既可以作为对有线网络的补充，又可以自行独立组网，灵活性很强。

从工作方式上看，IEEE 802.11b 的运作模式分为两种：点对点模式和基本模式。其中，点对点模式是指无线网卡和无线网卡之间的通信方式，即一台装配了无线网卡的计算机可以与另一台装配了无线网卡的计算机实施通信，对于小型无线网络来说，这是一种非常方便的互连方案；而基本模式则是指无线网络的扩充或无线和有线网络并存时的通信方式，这也是 IEEE 802.11b 最常用连接方式。此时，装载无线网卡的计算机需要通过"接入点"（无线 AP）才能与另一台计算机连接，由接入点来负责频段管理及漫游等指挥工作。在带宽允许的情况下，一个接入点最多可支持 1 024 个无线节点的接入。当无线节点增加时，网络存取速度会随之变慢，此时添加接入点的数量可以有效地控制和管理频段。

2. IEEE 802.11a

从技术角度而言，IEEE 802.11a 与 IEEE 802.11b 虽然在编号上仅一字之差，但是二者间的关系并不像其他硬件产品换代时的简单升级，这种差别主要体现在工作频段上。由于 IEEE 802.11a 工作在不同于 IEEE 802.11b 的 5.2 GHz 频段，避免了当前微波、蓝牙以及大量工业设备广泛采用的 2.4 GHz 频段，因此，其产品在无线数据传输过程中所受到的干扰大为降低，抗干扰性较 IEEE 802.11b 更为出色。

高达 54 Mb/s 的数据传输速率是 IEEE 802.11a 的真正意义所在。在 IEEE 802.11b 以其 11 Mb/s 的数据传输速率满足了一般上网冲浪、数据交换、共享外设等需求的同时，IEEE 802.11a 已经为今后无线宽带网的进一步要求做好了准备，从长远的发展角度来看，其竞争力是不言而喻的。此外，IEEE 802.11a 的无线网络产品较 IEEE 802.11b 有着更低的功耗，这对笔记本电脑以及 PDA 等移动设备来说也有着重大意义。

然而，IEEE 802.11a 的普及也并非一帆风顺，就像许多新生事物被人们所接受时要面临的问题一样，IEEE 802.11a 也有其自身的"难言之隐"。

首先，IEEE 802.11a 所面临的难题是来自厂商方面的压力。目前，IEEE 802.11b 已走向成熟，许多拥有 IEEE 802.11b 产品的厂商会对 IEEE 802.11a 持谨慎态度。二者是竞争还是共存，各厂商的态度莫衷一是。从目前的情况来看，由于这两种技术标准互不兼容，不少厂商为了均衡市场需求，直接将其产品做成了 a + b 的形式，这种做法固然解决了"兼容"问题，但也带来了成本增加的负面因素。

其次，相关法律法规的限制，使得 5.2 GHz 频段无法在全球各个国家中获得批准和认可。5.2 GHz 的高频虽然令 IEEE 802.11a 具有了低干扰的使用环境，但也带来了不利的一面——太空中数以千计的人造卫星与地面站通信也恰恰使用 5.2 GHz 频段。此外，欧盟也只允许将 5.2 GHz 频率用于其自己制定的另一个无线标准——HiperLAN。

3. IEEE 802.11g

不可否认，IEEE 802.11g 的诞生为无线网络市场注入了一剂"强心针"，但随之带来的还有无休止的争论，争论的焦点自然是围绕在 IEEE 802.11a 与 IEEE 802.11g 之间。

与 IEEE 802.11a 相同的是，IEEE 802.11g 也使用了正交分频多任务（Orthogonal Frequency Division Multiplexing，OFDM）的模块设计，这是其 54 Mb/s 高速传输的秘诀。然而，不同的是，IEEE 802.11g 的工作频段并不是 IEEE 802.11a 的 5.2 GHz，而是坚守在和 IEEE 802.11b 一致的 2.4 GHz 频段，这样一来，原先 IEEE 802.11b 使用者所担心的兼容性问题得到了很好的解决，IEEE 802.11g 提供了一个平滑过渡的选择。

既然 IEEE 802.11b 有了 IEEE 802.11a 来替代，无线宽带局域网可谓已经"后继有人"了，那么 IEEE 802.11g 的推出是否多余了呢？答案自然是否定的。除了具备高传输率以及兼容性上的优势外，IEEE 802.11g 所工作的 2.4 GHz 频段的信号衰减程度不像 IEEE 802.11a 的 5.2 GHz 那么严重，并且 IEEE 802.11g 还具备更优秀的"穿透"能力，能适应更加复杂的使用环境。但是先天性的不足（2.4 GHz 工作频段），使得 IEEE 802.11g 和它的前辈 IEEE 802.11b 一样极易受到微波、无线电话等设备的干扰。此外，IEEE 802.11g 的信号比 IEEE 802.11b 的信号能够覆盖的范围要小得多，用户可能需要添置更多的无线接入点才能满足原有使用面积的信号覆盖，这是"高速"的代价。

4. IEEE 802.11n

IEEE 802.11n 的目标在于改善 802.11a 与 802.11g 无线标准在网上流量不足的问题。

在传输速率方面，802.11n 可以将 WLAN 的传输速率由 802.11a 及 802.11g 提供的 54 Mb/s，提高到 300 Mb/s 甚至高达 600 Mb/s。得益于将 MIMO（多入多出）与 OFDM（正交频分复用）技术相结合而应用的 MIMO OFDM 技术，提高了无线传输质量，也使传输速率得到极大提升。

在覆盖范围方面，802.11n 采用智能天线技术，通过多组独立天线组成的天线阵列，可以动态调整波束，保证让 WLAN 用户接收到稳定的信号，并可以减少其他信号的干扰。因此，其覆盖范围可以扩大到好几平方千米，使 WLAN 的移动性极大地提高。

在兼容性方面，802.11n 采用了一种软件无线电技术，它是一个完全可编程的硬件平台，使得不同系统的基站和终端都可以通过这一平台的不同软件实现互通和兼容，这使得WLAN 的兼容性得到极大改善。这意味着 WLAN 将不但能实现 802.11n 向前后兼容，而且可以实现 WLAN 与无线广域网络的结合，比如 3G。

5. IEEE 802.11ac

IEEE 802.11ac 是一个 802.11 无线局域网通信标准，它通过 5 GHz 频带进行通信。理论上，它能够提供最少 1 Gb/s 传输速率进行多站式无线局域网通信，或是最少 500 Mb/s 的单一连接传输速率。802.11ac 是 802.11n 的继承者。它采用并扩展了源自 802.11n 的空中接口概念，包括更宽的 RF 带宽（提升至 160 MHz）、更多的 MIMO 空间流（增加到 8）及更高阶的调制（达到256QAM）。

6. IEEE 802.11ax

IEEE 802.11.ax 即 WiFi 6，第六代无线网络技术，WiFi 6 将允许与多达 8 个设备通信，最高传输速率可达 9.6 Gb/s。WiFi 6 相对于 WiFi 5 来说，具有速度更快、延时更低、容量更大、更安全、更省电等优点。

IEEE 无线局域网标准见表 6 – 1。

表 6 – 1　IEEE 无线局域网标准

扩展	范围
IEEE 802.11	2.4 GHz DSSS、FHSS MAC、PHY 规范（1997.6）
IEEE 802.11a	5 GHz OFDM PHY 规范（1999.7）
IEEE 802.11b	2.4 GHz HRDSSS PHY 规范（1999.7）
IEEE 802.11e	QoS 服务质量保证体系，过渡性版本为 WMM（WiFi 多媒体）
IEEE 802.11g	2.4 GHz OFDM PHY 规范（2003.6）
IEEE 802.11i	建立在 AES 之上的 WLAN 安全标准（2004.6）
IEEE 802.11n	超过 100 Mb/s 的吞吐量
IEEE 802.11r	加强 AP 间快速漫游性能
IEEE 802.11s	mesh（网状网）技术标准
IEEE 802.11v	WLAN 无线客户端管理标准
IEEE 802.11ac	通过 5 GHz 频带提供高通量的无线局域网，俗称 5G WiFi
IEEE 802.11ax	继承 802.11ac 的第六代 WiFi

（三）WLAN 应用

WLAN 的行业应用范围相当广泛，在不同行业企业中都有很多成功案例。

1. 教育行业

①传统的有线网络只能将把网络延伸到某一层楼，某一个教室，而无线网络能把网络延伸到每一台 PC 机上，因此，这就给移动办公、广场覆盖、图书馆移动访问方面提供了可能。WLAN 在教育行业的常见应用如图 6 – 2 所示。图 6 – 3 展示了某高校 WLAN 部署。

②随着校园安全不断被重视，视频监控被大量应用于校园中，而传统的视频监控具有布线难、造价高等缺点，让很多学校望而止步，而通过无线网桥技术，可以实现低成本的全校无线视频监控。

③对于一些不适合铺设有线网络的地方，例如老的教学楼，可以通过无线的方式来拓展网络。既不破坏建筑的原有形态，又能节省布线的成本。

图 6 – 2　教育行业无线应用

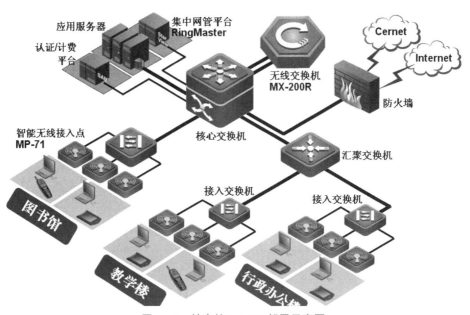

图 6 – 3　某高校 WLAN 部署示意图

2. 医疗行业

在医疗行业，无线应用的范围更加广泛，特点也更加突出。比如射频识别物品定位，关键应用如图 6 – 4 所示，具体功能如下：

①患者信息的移动记录。不论患者穿梭于医院的哪个部门就医，数据信息都可以快速被记录并传递，大大便利了患者的就医，缩短了时间。

②住院部移动查房。在住院部区域，医生、护士可以利用手持设备随时在患者身边记录病情、提交医嘱，患者还可以在病房内利用无线网络随时与护士互动，在线提出各种需求。

③远程监控与会诊以前在医院，远程会诊需要在单独提供有线网络的会议室展开，很不方便，利用无线网络，随时可以在患者旁边展开。利用无线视频监控，远方的专家可以方便地与患者交流并提供有效的建议。

④药品定位。这是医院的核心业务，如果出错，不仅会导致医院的经济利益受损，更有

图 6 - 4   医疗行业无线应用

可能由于药品供给出错而导致恶性医疗事故。利用无线网络承载的 RFID 技术正在全球逐步兴起，其全球唯一的标识码技术结合空间扫描，可以唯一定位每个药品的信息、库存、摆放位置等重要信息，药品管理从此变得简单。

⑤关键业务备份。处方、划价、收费等是医院最敏感的业务，也是最需要稳定性的业务，传统的有线网络仅能保证一条链路的连接，即使是再稳定的网络，也不可能达到万无一失，一旦网络出现中断，到重新修复的时间无法估计，这期间已经足够导致经济的损失。而利用无线网络作为有线网络的备份链路，每一台终端计算机同时有两条链路在线，一旦有线网络中断，终端就会在毫秒级时间内迅速切换至无线网络继续连接，避免了经济损失，也留给了维护人员足够的时间来修复有线网络，使得网络稳定性足够达到 99.999%。

3. 政府行业

政府行业，如今政府行业笔记本使用比例逐渐提高，频繁的会议和考察对无线上网提出了明确的需求。在交通监察、山林防火等有线网络不可达的地方，无线网桥的点对点远程联网已被证明是最安全、最经济的解决方案（图 6 - 5）。

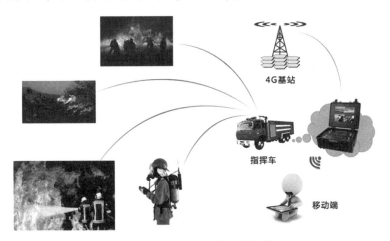

图 6 - 5   山林防火等无线应用

4. 企业应用

对于空间相对分散的企业园区，WLAN 的综合部署成本低于有线网络。WLAN 的部署范围较大，突破空间限制，可以避免有线网络在用户稀疏区域的投资浪费。越来越多的工业现场控制器支持 WLAN 传输的 I/O 模块，使得作业线通过 WLAN 传输工业数据更加方便。WLAN 的部署不受物理建筑限制，随时部署，随时搬迁，不会造成投资浪费。园区视频监控或 VoIP 应用，采用传统有线解决方案需要巨资投入，采用 WLAN 方式投入成本低、开通快速（图 6-6）。

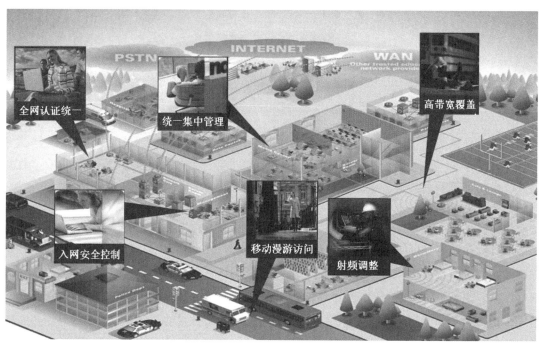

图 6-6　企业无线应用

二、任务实施　建立开放式的无线接入服务

【任务名称】

建立开放式的无线接入服务。

【任务目的】

具备最基础的开放式无线接入服务的配置能力。

【背景描述】

小李在某国有企业担任网络管理员职务，不久前公司采购了一套智能无线交换产品用于该办公区域和会议室的无线覆盖。由于该企业员工对电脑的操作水平比较低，只会打开无线网卡搜寻 AP 信号，不会配置 IP 地址，使用无线网络也只是进行简单的网页浏览和收发邮件。因此，小李需要建立一个开放式的无须认证的无线网络。

【需求分析】

①客户需要一个不使用加密、认证的无线网络。

②无线客户端通过 DHCP 方式获取 IP 地址。

【任务拓扑】

任务拓扑如图 6-7 所示。

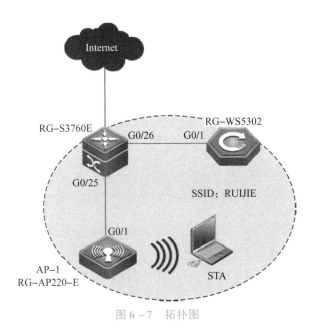

图 6-7　拓扑图

【任务设备】

无线网卡 1 块、PC 1 台、RG－WS5302 1 台、RG－AP220E 1 台、RG－S3760E 1 台、RG－E－130 1 台。

【任务思路】

配置开放式无线网络后，任何无线客户端都可以扫描到该网络的 SSID，并且能够联入该无线网络，获取到 IP 地址，客户端之间可以相互通信。

【任务步骤】

第 1 步：基本拓扑连接。

根据图 6-7 所示的拓扑图，将设备连接起来，并注意设备状态灯是否正常。

第 2 步：交换机配置。

```
Ruijie(config)#hostname RG-3760E              ! 为交换机命名
RG-3760E (config)#vlan 10                     ! 创建 VLAN 10
RG-3760E (config)#vlan 20                     ! 创建 VLAN 20
RG-3760E (config)#vlan 100                    ! 创建 VLAN 100
RG-3760E (config)#service dhcp                ! 启用 DHCP 服务
RG-3760E (config)#ip dhcp pool ap-pool        ! 创建地址池,为 AP 分配 IP 地址
RG-3760E (dhcp-config)#option 138 ip 9.9.9.9
! 配置 DHCP138 选项,地址为 AC 的环回接口地址
RG-3760E (dhcp-config)#network 192.168.10.0 255.255.255.0       ! 指定地址池
RG-3760E (dhcp-config)#default-router 192.168.10.254           ! 指定默认网关
RG-3760E (config)#ip dhcp pool vlan100        ! 创建地址池,为用户分配 IP 地址
RG-3760E (dhcp-config)#domain-name 202.106.0.20               ! 指定 DNS 服务器
RG-3760E (dhcp-config)#network 192.168.100.0 255.255.255.0      ! 指定地址池
RG-3760E (dhcp-config)#default-router 192.168.100.254          ! 指定默认网关
RG-3760E (config)#interface VLAN 10
```

```
RG-3760E (config-VLAN 10)#ip address 192.168.10.254 255.255.255.0  ! 配置 VLAN
10 地址
RG-3760E (config)#interface VLAN 20
RG-3760E (config-VLAN 20)#ip address 192.168.11.2 255.255.255.0     ! 配置 VLAN
20 地址
RG-3760E (config)#interface VLAN 100
RG-3760E (config-VLAN 100)#ip address 192.168.100.254 255.255.255.0! 配置 VLAN
100 地址
RG-3760E (config)#interface GigabitEthernet 0/25
RG-3760E (config-if-GigabitEthernet 0/25)#switchport access vlan 10
! 将接口加入 VLAN 10
RG-3760E (config)#interface GigabitEthernet 0/26
RG-3760E (config-if-GigabitEthernet 0/26)#switchport mode trunk
! 将接口设置为 Trunk 模式
RG-3760E (config)#ip route 9.9.9.9 255.255.255.255 192.168.11.1
! 配置静态路由
```

第 3 步：无线交换机配置。

```
Ruijie(config)#hostname AC                         ! 命名无线交换机
AC(config)#vlan 10                                 ! 创建 VLAN 10
AC(config)#vlan 20                                 ! 创建 VLAN 20
AC(config)#vlan 100                                ! 创建 VLAN 100
AC(config)#wlan-config 1 RUIJIE                    ! 创建 WLAN,SSID 为 RUIJIE
AC(config-wlan)#enable-broad-ssid                  ! 允许广播
AC(config)#ap-group default                        ! 提供 WLAN 服务
AC(config-ap-group)#interface-mapping 1 100
AC(config)#interface Loopback 0
AC(config-if-Loopback 0)#ip address 9.9.9.9 255.255.255.255
! 为环回接口配置 IP 地址
AC(config)#interface VLAN 10                        ! 激活 VLAN 10 接口
AC(config)#interface VLAN 20
AC(config-vlan 20)#ip address 192.168.11.1 255.255.255.252  ! 配置 VLAN 20 接口 IP 地址
AC(config)#interface VLAN 100                       ! 激活 VLAN 10 接口
AC(config)#ip route 0.0.0.0 0.0.0.0 192.168.11.2   ! 配置默认路由
! 配置 AP 提供 WLAN 1 接入服务,配置用户的 VLAN 为 100
AC(config)#ap-config 001a.a979.40e8                ! 登录 AP
AC(config-AP)#ap-name AP-1                          ! 命名 AP
AC(config)#interface GigabitEthernet 0/1
AC(config-if-GigabitEthernet 0/1)switchport mode trunk  ! 定义接口为 Trunk 模式
```

第 4 步：连接测试。

在 STA 上打开无线功能，这时会扫描到"RUIJIE"这个无线网络。链接并测试与其网关的连通性。

任务6.2 搭建采用 WEP 加密方式的无线网络

【任务名称】

搭建采用 WEP 加密方式的无线网络。

【任务目的】

具备 WEP 加密方式无线网络搭建的能力。

【背景描述】

小张从学校毕业后直接进入一家企业担任网络管理员,发现公司内部的无线网络没有认证加密手段。由于无线网络不像有线网络那样有严格的物理范围,例如,要接入网络,必须要有一根网线插上才可以,而无线网的信号可能会广播到公司办公室以外的地方,或者大楼外,或者别的公司,这样收到信号的人就可以随意地接入网络,很不安全。于是你建议采用 WEP 加密的方式来对无线网进行加密及接入控制,只有输入正确的密钥才可以接入无线网络,并且数据传输也是加密的。

【需求分析】

需求:防止非法用户连接进来,防止无线信号被窃听。

分析:共享密钥的接入认证。数据加密,防止非法窃听。

【任务拓扑】

任务拓扑如图6-8所示。

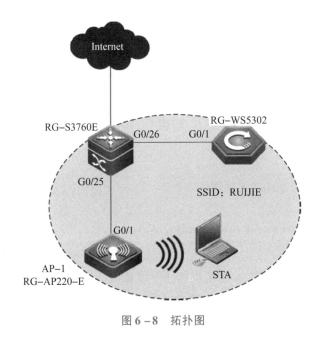

图6-8 拓扑图

【任务原理】

WEP 加密方式的无线网络采用共享密钥形式的接入、加密方式,即,在 AP 上设置了相应的 WEP 密钥，在客户端也需要输入和 AP 端一样的密钥才可以正常接入，并且 AP 与无线客户端的通信也通过 WEP 加密。即使空中有人抓取到无线数据包，也看不到里面相应的内容。

但是，WEP 加密方式存在漏洞，现在有些软件可以对此密钥进行破解，所以，其不是最安全的加密方式。但是由于大部分的客户端都支持 WEP，所以现在的应用场合还是很多的。

【任务设备】

无线网卡 1 块 、PC 1 台、RG – WS5302 1 台、RG – AP220E 1 台、RG – S3760E 1 台、RG – E – 130 1 台。

【任务思路】

采用 WEP 加密的无线接入服务，能够保证无线网络的安全性。用户连接该无线网络需要输入预先设定的加密密钥，如果不输入密钥或者输入错误的密钥，则用户不能联入网络。

【任务步骤】

配置步骤的前 3 步和任务 6.1 相同，具体略。

第 4 步：配置 WEP 加密。

```
AC(config)#wlansec 1
AC(wlansec)#security static –wep –key encryption 40 ascii 1 12345
! 配置 WEP 加密,其口令为12345
```

第 5 步：无线接入测试。

在 STA 上打开无线功能，这时会扫描到 "RUIJIE" 这个无线网络。链接并测试与其网关的连通性。

任务 6.3　搭建采用 WPA 加密方式的无线网络

【任务名称】

搭建采用 WPA 加密方式的无线网络。

【任务目的】

具备 WEP – PSK 加密方式无线网络搭建的能力。

【背景描述】

小张从学校毕业后直接进入一家企业担任网络管理员，发现公司内部的无线网络没有认证加密手段，于是你建议采用 WPA – PSK 加密的方式来对无线网进行加密及接入控制，只有输入正确的密钥才可以接入无线网络，并且数据传输也是加密的。

【需求分析】

需求：防止非法用户连接进来，防止无线信号被窃听。

分析：共享密钥的接入认证。数据加密，防止非法窃听。

【任务拓扑】

任务拓扑如图 6 – 9 所示。

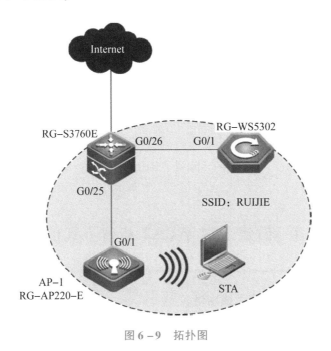

图 6 – 9　拓扑图

【任务设备】

无线网卡 1 块、PC 1 台、RG – WS5302 1 台、RG – AP220E 1 台、RG – S3760E 1 台、RG – E – 130 1 台。

【任务原理】

WPA（WiFi Protected Access，WiFi 保护访问）是 WiFi 商业联盟在 IEEE 802.11i 草案的基础上制定的一项无线局域网安全技术。其目的在于代替传统的 WEP 安全技术，为无线局域网硬件产品提供一个过渡性的高安全解决方案，同时保持与未来安全协议的向前兼容。可以把 WPA 看作 IEEE 802.11i 的一个子集，其核心是 IEEE 802.1x 和 TKIP。

无线安全协议发展到现在，有了很大的进步。加密技术从传统的 WEP 加密到 IEEE 802.11i 的 AES – CCMP 加密，认证方式从早期的 WEP 共享密钥认证到 802.1x 安全认证。新协议、新技术的加入，同原有 802.11 混合在一起，使得整个网络结构更加复杂。现有的 WPA 安全技术允许采用更多样的认证和加密方法来实现 WLAN 的访问控制、密钥管理与数据加密。例如，接入认证方式可采用预共享密钥（PSK 认证）或 802.1x 认证，加密方法可采用 TKIP 或 AES。WPA 同这些加密、认证方法一起保证了数据链路层的安全，同时保证了只有授权用户才可以访问无线网络 WLAN。

【任务思路】

配置好 WPA 加密的无线服务，STA 1 使用正确的 WPA 密钥能够联入网络，STA 2 使用错误的 WPA 密钥不能联入网络。

【任务步骤】

配置步骤前 3 步和任务 6.1 相同，具体略。

第 4 步：配置 WPA 加密。

```
AC(config)#wlansec 1
AC(wlansec)#security wpa enable
AC(wlansec)#security wpa ciphers aes enable
AC(wlansec)#security wpa akm psk enable
AC(wlansec)#security wpa akm psk set - key ascii 0123456789
```

第 5 步：连接测试。

在 STA 上打开无线功能，这时会扫描到"RUIJIE"这个无线网络。链接并测试与其网关的连通性。

任务 6.4　搭建采用 WPA2 加密方式的无线网络

【任务名称】

搭建采用 WPA2 加密方式的无线网络。

【任务目的】

具备 WPA RSN 加密方式的无线网络搭建的能力。

【背景描述】

小张从学校毕业后直接进入一家企业担任网络管理员，发现公司内部的无线网络没有认证加密手段，于是你建议采用 WPA2 加密的方式来对无线网进行加密及接入控制，只有输入正确的密钥才可以接入无线网络，并且数据传输也是加密的。

【需求分析】

需求：防止非法用户连接进来，防止无线信号被窃听。

分析：共享密钥的接入认证。数据加密，防止非法窃听。

【任务拓扑】

任务拓扑如图 6 – 10 所示。

【任务设备】

无线网卡 1 块、PC 1 台、RG – WS5302 1 台、RG – AP220E 1 台、RG – S3760E 1 台、RG – E – 130 1 台。

【任务原理】

RSN（Robust Secure Network，强健安全网络），即通常所说的 WPA2 安全模式，是 WPA 的第二个版本。它是在 IEEE 802.11i 标准正式发布之后，由 WiFi 商业联盟制定的。RSN 支持 AES 高级加密算法，理论上提供了比 WPA 更优的安全性。与 WPA 类似，现有的 RSN 安全技术也可与多种认证、加密方法结合，打造一个更加安全的无线局域网；与 WPA 不同的是，在安全能力通告协商过程中，WPA 采用的是 WiFi 扩展的 IE（Information Element，信息元素）来标识安全配置信息，而 RSN 采用的是标准的 RSN IE。

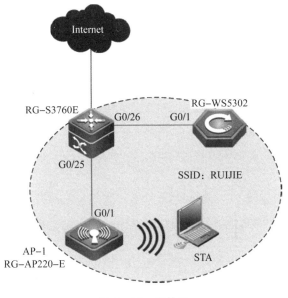

图 6－10　拓扑图

【任务思路】

配置好 WPA2 加密的无线服务，STA1 使用正确的 WPA2 密钥能够联入网络，STA2 使用错误的 WPA2 密钥不能联入网络。

【任务步骤】

配置步骤前 3 步和任务 6.1 相同，具体略。

第 4 步：配置 WPA2 加密。

```
AC(config)#wlansec 1
AC(wlansec)#security rsn enable
AC(wlansec)#security rsn ciphers aes enable
AC(wlansec)#security rsn akm psk enable
AC(wlansec)#security rsn akm psk set－key ascii 0123456789
```

第 5 步：连接测试。

在 STA 上打开无线功能，这时会扫描到 "RUIJIE" 这个无线网络，链接并测试与其网关的连通性。

项目**7**

构建集团园区网络

任务 构建集团网络服务

一、项目准备

（一）项目实施流程

实训流程是按照网络工程项目的进程顺序进行的，如图7-1所示。

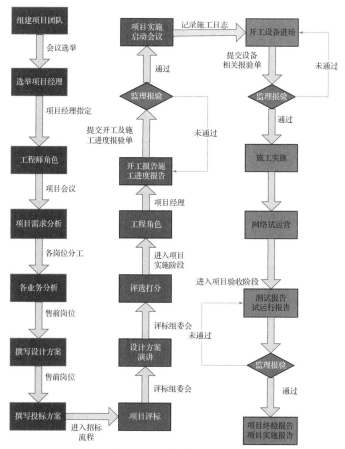

图7-1 项目实训流程图

（二）角色任务分配

整体项目中，需要实施人员 10 名。也可以根据实际情况进行人员的选定。人员分工也是按照网络工程项目的实际分工进行的，见表 7 - 1。

表 7 - 1　人员分工

序号	岗位	工作内容	人数
1	项目经理	负责整个项目的实施质量与实施进度，部署人员分工，掌握施工进度，并组织撰写项目报告	1
2	网络架构工程师	依据企业的业务，设计网络基础设施构架，保障企业网络高效、可靠、可扩展的解决方案	1
3	系统架构工程师	依据企业的业务，提供基于应用的应用服务器的设计方案，保障银行的业务系统高效、可靠地运行	1
4	售前技术工程师	依据网络架构工程师和系统架构工程师提供的解决方案，撰写网络技术方案并提供具体的构建网络的成本预算	1
5	网络工程师	根据网络设计方案，对项目中的基础设备（路由器、交换机）等进行配置	3
6	服务器工程师	根据网络设计方案，对项目中所有的应用服务器进行配置	1
7	无线网络工程师	设计与实施无线网络，完成无线网络实施报告	1

（三）项目实施进度

项目实训的施工进度与网络工程项目的施工进度相同，工期为 5 天，具体实训实施进度见表 7 - 2。

表 7 - 2　实训进度

ID	任务名称	持续时间/d	开始时间	完成时间	2015年5月							
					9	10	11	12	13	14	15	16
1	项目准备阶段	1	2015/5/11	2015/5/11			▇					
2	项目准备(环境、角色分配、技术支持)	1	2015/5/11	2015/5/11			▇					
3	方案设计阶段	2	2015/5/12	2015/5/13				▇▇				
4	项目启动会议	1	2015/5/12	2015/5/12				▇				
5	撰写方案	1	2015/5/13	2015/5/13					▇			
6	项目实施阶段	1	2015/5/14	2015/5/14						▇		
7	网络系统实施	1	2015/5/14	2015/5/14						▇		
8	项目测试阶段	1	2015/5/15	2015/5/15							▇	
9	项目验收	1	2015/5/15	2015/5/15							▇	

二、方案设计阶段

（一）需求分析

北京市×××信息科技有限公司是海淀科技园区重点企业之一，是一个集科研、生产、维修于一体的中型科技企业。通过建设一个高速、安全、可靠、可扩充的网络系统，实现企业内信息的高度共享、传递，交流及管理信息化，企业领导能及时、全面、准确地把握全集团的科研、管理、财务、人事等各方面情况，建立出口信道，实现与 Internet 互连。系统总体设计将本着总体规划、分布实施的原则，充分体现系统的技术先进性、高度的安全可靠性，同时具有良好的开放性、可扩展性。为企业着想，合理使用建设资金，使系统经济可行。根据北京市×××信息科技有限公司网络的建设要求，整个网络采用星型结构的层次化设计，由两个层次组成：核心层和接入层。网络采用双核心模式，配置两台 RG – S3760 系列交换机作为企业的核心层交换机。接入层部分交换机配置 RG – S2328 系列，为了便于网络控制，使用无线交换机进行无线用户接入控制，无线交换机采用 MX – 2，无线接入点采用 MP422。图 7 – 2 所示是北京市×××信息科技有限公司企业整网的拓扑图。

（二）网络系统设计方案

1. 企业网骨干设计

企业网络是按照标准的企业网功能模块进行划分的，分为企业园区、企业边缘、服务提供商边缘三层结构。企业园分为接入、骨干、服务器群，在此网络结构中，将核心层与汇聚层合并为骨干。在企业骨干区域使用的是单核心，通过使用链路聚合增加核心交换机之间链路带宽和冗余特性，实现高可用性。

①为了保障二层链路的冗余，在骨干区域的核心交换机上使用链路聚合技术，实现链路的冗余和负载均衡。

②在下行接入层交换相连的时候，使用链路聚合技术，不但实现链路带宽的增大，防止拥塞，还可以实现负载均衡。

③在路由功能方面，为了节省三层交换机的资源，在核心交换机上使用静态路由。

④在骨干区域安全方面，为了路由协议的安全性，采用风暴控制技术、ARP 检测技术和系统防护措施保障骨干区域数据流设备的安全。

园区骨干区域拓扑结构如图 7 – 3 所示。

2. 企业网接入设计

在企业园区接入区域，上行到核心层交换机时，采用的是链路聚合技术，增加了其网络带宽。接入层交换双链路上行到核心层交换机，增加了物理链路的冗余，增强高可用性。

①为了保障二层链路的冗余和防止环路的存在，在接入层交换机上启用 STP 技术，并使用 802.1s 技术实现接入层交换机接入终端时，快速转发数据。

②在上行不接入核心层交换的时候，使用链路聚合技术，不但实现链路带宽的增大，防止拥塞，而且可以实现负载均衡。

③在接入区域安全方面，为了保障生成树协议安全运行，需要使用 BPDU Filter、BPDU GUARD 等技术。

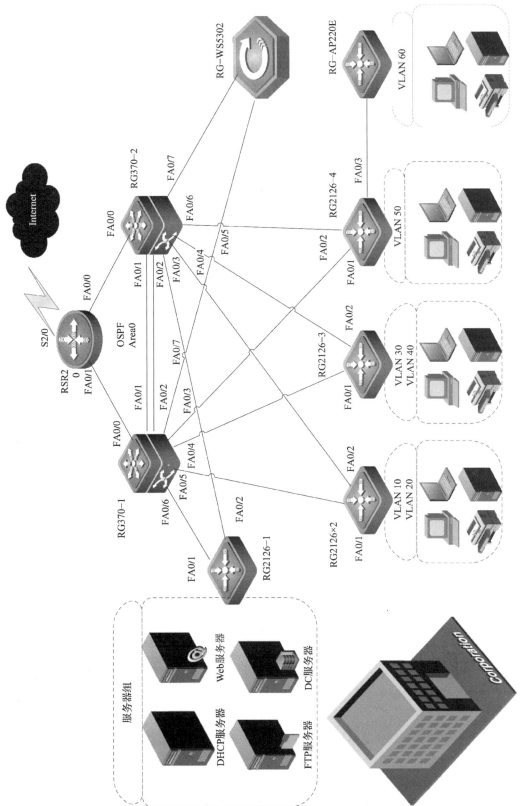

图 7 - 2　企业整网拓扑图

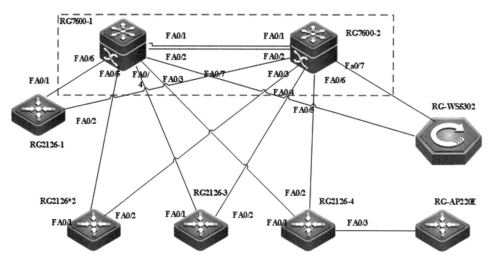

图 7 - 3　园区骨干区域拓扑结构图

④采用风暴控制技术、ARP 检测技术和系统防护措施保障骨干区域数据流设备的安全，使用端口安全技术保障接入终端安全，使用访问控制技术实现数据流量的限制。

⑤接入层接入终端时，需要使用 802.1x 技术保障终端接入的合法性。

园区接入区域拓扑结构如图 7 -4 所示。

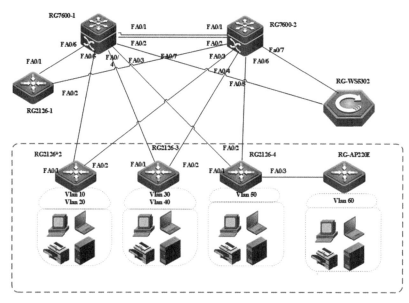

图 7 - 4　园区接入区域拓扑结构图

3. 企业边缘设计

企业网由一条链路接入，是申请的互联网链路，用于为内网提供访问互联网服务。也需要将内网的服务发布到互联网上，实现公司资源共享。

①使用 NAT 技术保障内部用户可以正常访问互联网，并且需要使用 NAT 技术将内网的资源发布到互联网，比如 Web 服务器、FTP 服务器。

②在网络出口路由器上使用访问控制技术，防止冲击波和震荡波等病毒入侵。

企业边缘区域拓扑结构如图 7 - 5 所示。

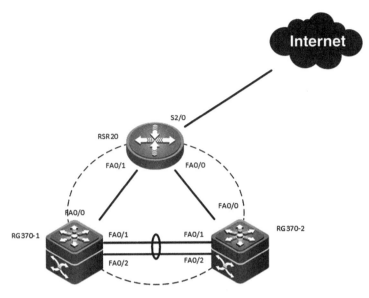

图 7 - 5　企业边缘区域拓扑结构图

（三）服务器群设计

为了保障网络用户的安全和统一管理网络中的用户，在服务器群中架设域服务器，为内网用户提供身份验证服务。

在服务器群中架设 DHCP 服务器，为内网主机提供动态的 IP 地址，采用微软服务器版本。

服务器群中的 Web 服务器用来提供集团公司的门户服务，实现信息的发布。

服务器群中的 FTP 服务器采用的是 Linux 操作系统，在 Linux 操作系统上安装 VSFTP 服务，因为 VSFPT 软件安全性更高。为了保障 FTP 服务的安全性，使用虚拟用户登录。

服务器群区域设备功能见表 7 - 3。

表 7 - 3　服务器群区域设备功能表

序号	设备名称	系统平台	配置内容	实现功能
2	DHCP 服务器	Windows Server 2003	创建 3 个作用域，分别给每个部门的主机分配 IP 地址	动态分配主机地址
3	Web 服务器	Windows Server 2003	配置 IIS 服务，发布 Web 站点	Web 服务
4	FTP 服务器	Linux	使用虚拟用户访问 FTP 服务器	虚拟用户
9	DC 服务器	Windows Server 2003	对用户身份进行验证，并进行登录控制	域用户安全

服务器群区域拓扑结构如图7-6所示。

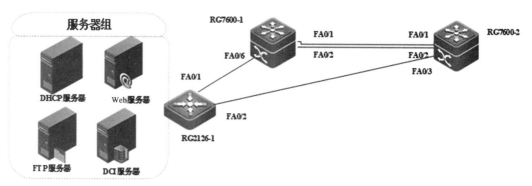

图7-6　企业边缘区域拓扑结构图

（四）总体规划拓扑设计（表7-4）

表7-4　网络设备功能

序号	设备名称	设备位置	配置内容	实现功能
1	路由器	接入ISP	NAT、静态路由器、访问控制、动态路由	访问互联网、安全接入
2	核心交换机	核心层	动态路由、VLAN策略	路由功能、快速转发
3	接入层交换层	接入层	端口安全、风暴控制	接入层安全、数据转发
4	服务器交换机	服务器	端口安全、风暴控制	服务器安全、数据转发

1. 网络设备IP规划

政务内网使用VLAN技术按不同部门进行划分，根据部门的数量进行划分。其详细规划见表7-5和表7-6。

表7-5　VLAN划分

区域名称	VLAN划分	子网网段
生产部	10	10.0.2.0/24
市场部	20	10.0.3.0/24
行政部	30	10.0.4.0/24
销售部	40	10.0.5.0/24
财务部	50	10.0.6.0/24
营销部	60	10.0.7.0/24
无线AP	61	10.0.61.0/24
无线交换机	62	10.0.62.0/24
服务器群	70	10.0.8.0/24

表 7－6　IP 规划

设备名称	接口类型	IP 地址	备注
RSR－20	S2/0	214. 1. 1. 1/29	
	Fa0/0	10. 0. 0. 2/30	
	Fa0/1	10. 0. 0. 6/30	
RG3760E－1	Fa0/0	10. 0. 0. 1/30	
	VLAN 10	10. 0. 2. 254/24	
	VLAN 20	10. 0. 3. 254/24	
	VLAN 30	10. 0. 4. 254/24	
	VLAN 40	10. 0. 5. 254/24	
	VLAN 50	10. 0. 6. 254/24	
	VLAN 60	10. 0. 7. 254/24	
	VLAN 61	10. 0. 61. 1/24	
	VLAN 62	10. 0. 61. 1/24	
	VLAN 70	10. 0. 8. 254/24	
RG3760E－2	Fa0/0	10. 0. 0. 5/30	
	VLAN 10	10. 0. 2. 253/24	
	VLAN 20	10. 0. 3. 253/24	
	VLAN 30	10. 0. 4. 253/24	
	VLAN 40	10. 0. 5. 253/24	
	VLAN 50	10. 0. 6. 253/24	
	VLAN 60	10. 0. 7. 253/24	
	VLAN 61	10. 0. 61. 2/24	
	VLAN 62	10. 0. 61. 2/24	
	VLAN 70	10. 0. 8. 253/24	
RG－WS5302	VLAN 60	10. 0. 8. 252/24	
	VLAN 61	10. 0. 61. 3/24	
	VLAN 62	10. 0. 61. 3/24	

2. 应用设备 IP 规划（表 7 - 7）

表 7 - 7 IP 规划

设备名称	接口类型	IP 地址	备注
DHCP 服务器	NIC	10. 0. 8. 8/24	
Web 服务器	NIC	10. 0. 8. 14/24	
FTP 服务器	NIC	10. 0. 8. 13/24	
DC/DNS 服务器	NIC	10. 0. 8. 12/24	

三、项目实施阶段

（一）部署园区骨干网

核心交换机配置：

```
Switch > enable
Switch#configure terminal
Switch(config)#hostname RG3760 - 1
RG3760 - 1(config)#vlan 10
RG3760 - 1(config - vlan)#exit
RG3760 - 1(config)#vlan 20
RG3760 - 1(config - vlan)#exit
RG3760 - 1(config)#vlan 30
RG3760 - 1(config - vlan)#exit
RG3760 - 1(config)#vlan 40
RG3760 - 1(config - vlan)#exit
RG3760 - 1(config)#vlan 50
RG3760 - 1(config - vlan)#exit
RG3760 - 1(config)#vlan 60
RG3760 - 1(config - vlan)#exit
RG3760 - 1(config)#vlan 61
RG3760 - 1(config - vlan)#exit
RG3760 - 1(config)#vlan 62
RG3760 - 1(config - vlan)#exit
RG3760 - 1(config)#vlan 70
RG3760 - 1(config - vlan)#exit
RG3760 - 1(config)#interface range fastethernet 0/1 - 2
RG3760 - 1(config - if - range)#port - group 1
RG3760 - 1(config - if - range)#exit
RG3760 - 1(config)#interface aggregateport 1
RG3760 - 1(config - if - aggregateport 1)#switchport mode trunk
RG3760 - 1(config)#interface range fastethernet 0/3 - 7
RG3760 - 1(config - if - range)#switchport mode trunk
RG3760 - 1(config - if - range)#exit
RG3760 - 1(config)#interface fastethernet 0/0
```

```
RG3760 -1(config - if)#no switchport
RG3760 -1(config - if)#ip add 10.0.0.1 255.255.255.252
RG3760 -1(config - if)#no shutdown
RG3760 -1(config)#interface vlan 10
RG3760 -1(config - if)#ip add 10.0.2.254 255.255.255.0
RG3760 -1(config - if)#ip helper - address 10.0.8.8
RG3760 -1(config - if)#no shutdown
RG3760 -1(config - if)#exit
RG3760 -1(config)#interface vlan 20
RG3760 -1(config - if)#ip add 10.0.3.254 255.255.255.0
RG3760 -1(config - if)#ip helper - address 10.0.8.8
RG3760 -1(config - if)#no shutdown
RG3760 -1(config - if)#exit
RG3760 -1(config)#interface vlan 30
RG3760 -1(config - if)#ip add 10.0.4.254 255.255.255.0
RG3760 -1(config - if)#ip helper - address 10.0.8.8
RG3760 -1(config - if)#no shutdown
RG3760 -1(config - if)#exit
RG3760 -1(config)#interface vlan 40
RG3760 -1(config - if)#ip add 10.0.5.254 255.255.255.0
RG3760 -1(config - if)#ip helper - address 10.0.8.8
RG3760 -1(config - if)#no shutdown
RG3760 -1(config - if)#exit
RG3760 -1(config)#interface vlan 50
RG3760 -1(config - if)#ip add 10.0.6.254 255.255.255.0
RG3760 -1(config - if)#ip helper - address 10.0.8.8
RG3760 -1(config - if)#no shutdown
RG3760 -1(config - if)#exit
RG3760 -1(config)#interface vlan 60
RG3760 -1(config - if)#ip add 10.0.7.254 255.255.255.0
RG3760 -1(config - if)#ip helper - address 10.0.8.8
RG3760 -1(config - if)#no shutdown
RG3760 -1(config - if)#exit
RG3760 -1(config)#interface vlan 61
RG3760 -1(config - if)#ip add 10.0.61.1 255.255.255.0
RG3760 -1(config - if)#no shutdown
RG3760 -1(config - if)#exit
RG3760 -1(config)#interface vlan 62
RG3760 -1(config - if)#ip add 10.0.62.1 255.255.255.0
RG3760 -1(config - if)#no shutdown
RG3760 -1(config - if)#exit
RG3760 -1(config)#interface vlan 70
RG3760 -1(config - if)#ip add 10.0.8.254 255.255.255.0
RG3760 -1(config - if)#ip helper - address 10.0.8.8
RG3760 -1(config - if)#no shutdown
```

```
RG3760 -1( config - if)#exit
RG3760 -1( config)#spanning - tree
RG3760 -1( config)#spanning - tree mst configuration
RG3760 -1( config - mst)#name ruijie
RG3760 -1( config - mst)#reysion 1
RG3760 -1( config - mst)#instance 10 vlan10,20,30
RG3760 -1( config - mst)#instance 20 vlan40,50,60,61,62,70
RG3760 -1( config)#spanning - tree mst 10 priority 4096
RG3760 -1( config)#spanning - tree mst 20 priority 8192
RSR -3760 -1( config)#interface vlan 10
RG3760 -1( config - if - vlan 10)#vrrp 10 ip 10.0.2.252
RG3760 -1( config - if - vlan 10)#vrrp 10 priority 120
RG3760 -1( config)#interface vlan 20
RG3760 -1( config - if - vlan 20)#vrrp 20 ip 10.0.3.252
RG3760 -1( config - if - vlan 20)#vrrp 20 priority 120
RG3760 -1( config)#interface vlan 30
RG3760 -1( config - if - vlan 30)#vrrp 30 ip 10.0.4.252
RG3760 -1( config - if - vlan 30)#vrrp 30 priority 120
RG3760 -1( config)#interface vlan 40
RG3760 -1( config - if - vlan 40)#vrrp 40 ip 10.0.5.252
RG3760 -1( config)#interface vlan 50
RG3760 -1( config - if - vlan 50)#vrrp 50 ip 10.0.6.252
RG3760 -1( config)#interface vlan 60
RG3760 -1( config - if - vlan 60)#vrrp 60 ip 10.0.7.252
RG3760 -1( config)#interface vlan 70
RG3760 -1( config - if - vlan 70)#vrrp 70 ip 10.0.8.252
RG3760 -1( config)#router ospf 10
RG3760 -1( config - router)#network 10.0.0.0 0.0.0.3 area 0
RG3760 -1( config - router)#network 10.0.2.0 0.0.0.255 area 0
RG3760 -1( config - router)#network 10.0.3.0 0.0.0.255 area 0
RG3760 -1( config - router)#network 10.0.4.0 0.0.0.255 area 0
RG3760 -1( config - router)#network 10.0.5.0 0.0.0.255 area 0
RG3760 -1( config - router)#network 10.0.6.0 0.0.0.255 area 0
RG3760 -1( config - router)#network 10.0.7.0 0.0.0.255 area 0
RG3760 -1( config - router)#network 10.0.8.0 0.0.0.255 area 0
RG3760 -1( config - router)#network 10.0.61.0 0.0.0.255 area 0
RG3760 -1( config - router)#network 10.0.62.0 0.0.0.255 area 0
RG3760 -1( config)#service dhcp
RG3760 -1( config)#ip dhcp pool ap - pool
RG3760 -1( dhcp - config)#option 138 ip 9.9.9.9
RG3760 -1( dhcp - config)#network 10.0.61.0 255.255.255.0
RG3760 -1( dhcp - config)#default - router 10.0.61.3
Switch > enable
Switch#configure terminal
Switch( config)#hostname RG3760 -2
```

```
RG3760 - 2(config)#vlan 10
RG3760 - 2(config - vlan)#exit
RG3760 - 2(config)#vlan 20
RG3760 - 2(config - vlan)#exit
RG3760 - 2(config)#vlan 30
RG3760 - 2(config - vlan)#exit
RG3760 - 2(config)#vlan 40
RG3760 - 2(config - vlan)#exit
RG3760 - 2(config)#vlan 50
RG3760 - 2(config - vlan)#exit
RG3760 - 2(config)#vlan 60
RG3760 - 2(config - vlan)#exit
RG3760 - 2(config)#vlan 61
RG3760 - 2(config - vlan)#exit
RG3760 - 2(config)#vlan 62
RG3760 - 2(config - vlan)#exit
RG3760 - 2(config)#vlan 70
RG3760 - 2(config - vlan)#exit
RG3760 - 2(config)#interface range fastethernet 0/1 - 2
RG3760 - 2(config - if - range)#port - group 1
RG3760 - 2(config - if - range)#exit
RG3760 - 2(config)#interface aggregateport 1
RG3760 - 2(config - if - aggregateport 1)#switchport mode trunk
RG3760 - 2(config)#interface range fastethernet 0/3 - 7
RG3760 - 2(config - if - range)#switchport mode trunk
RG3760 - 2(config - if - range)#exit
RG3760 - 2(config)#interface fastethernet 0/0
RG3760 - 2(config - if)#no switchport
RG3760 - 2(config - if)#ip add 10.0.0.5 255.255.255.252
RG3760 - 2(config - if)#no shutdown
RG3760 - 2(config)#interface vlan 10
RG3760 - 2(config - if)#ip add 10.0.2.253 255.255.255.0
RG3760 - 2(config - if)#ip helper - address 10.0.8.8
RG3760 - 2(config - if)#no shutdown
RG3760 - 2(config - if)#exit
RG3760 - 2(config)#interface vlan 20
RG3760 - 2(config - if)#ip add 10.0.3.253 255.255.255.0
RG3760 - 2(config - if)#ip helper - address 10.0.8.8
RG3760 - 2(config - if)#no shutdown
RG3760 - 2(config - if)#exit
RG3760 - 2(config)#interface vlan 30
RG3760 - 2(config - if)#ip add 10.0.4.253 255.255.255.0
RG3760 - 2(config - if)#ip helper - address 10.0.8.8
RG3760 - 2(config - if)#no shutdown
RG3760 - 2(config - if)#exit
```

```
RG3760 -2(config)#interface vlan 40
RG3760 -2(config - if)#ip add 10.0.5.253 255.255.255.0
RG3760 -2(config - if)#ip helper - address 10.0.8.8
RG3760 -2(config - if)#no shutdown
RG3760 -2(config - if)#exit
RG3760 -2(config)#interface vlan 50
RG3760 -2(config - if)#ip add 10.0.6.253 255.255.255.0
RG3760 -2(config - if)#ip helper - address 10.0.8.8
RG3760 -2(config - if)#no shutdown
RG3760 -2(config - if)#exit
RG3760 -2(config)#interface vlan 60
RG3760 -2(config - if)#ip add 10.0.7.253 255.255.255.0
RG3760 -2(config - if)#ip helper - address 10.0.8.8
RG3760 -2(config - if)#no shutdown
RG3760 -2(config - if)#exit
RG3760 -2(config)#interface vlan 70
RG3760 -2(config - if)#ip add 10.0.8.253 255.255.255.0
RG3760 -2(config - if)#ip helper - address 10.0.8.8
RG3760 -2(config - if)#no shutdown
RG3760 -2(config)#interface vlan 61
RG3760 -2(config - if)#ip add 10.0.61.2 255.255.255.0
RG3760 -2(config - if)#no shutdown
RG3760 -2(config - if)#exit
RG3760 -2(config)#interface vlan 62
RG3760 -2(config - if)#ip add 10.0.62.2 255.255.255.0
RG3760 -2(config - if)#no shutdown
RG3760 -2(config - if)#exit
RG3760 -2(config)#spanning - tree
RG3760 -2(config)#spanning - tree mst configuration
RG3760 -2(config - mst)#name ruijie
RG3760 -2(config - mst)#revsion 1
RG3760 -2(config - mst)#instance 10 vlan10,20,30
RG3760 -2(config - mst)#instance 20 vlan40,50,60,61,62,70
RG3760 -2(config)#spanning - tree mst 20 priority 4096
RG3760 -2(config)#spanning - tree mst 10 priority 8192
RG3760 -2(config)#interface vlan 10
RG3760 -2(config - if - vlan 10)#vrrp 10 ip 10.0.2.252
RG3760 -2(config)#interface vlan 20
RG3760 -2(config - if - vlan 20)#vrrp 20 ip 10.0.3.252
RG3760 -2(config)#interface vlan 30
RG3760 -2(config - if - vlan 30)#vrrp 30 ip 10.0.4.252
RG3760 -2(config)#interface vlan 40
RG3760 -2(config - if - vlan 40)#vrrp 40 ip 10.0.5.252
RG3760 -2(config - if - vlan 40)#vrrp 40 priority 120
RG3760 -2(config)#interface vlan 50
```

```
RG3760 - 2(config - if - vlan 50)#vrrp 50 ip 10.0.6.252
RG3760 - 2(config - if - vlan 50)#vrrp 50 priority 120
RG3760 - 2(config)#interface vlan 60
RG3760 - 2(config - if - vlan 60)#vrrp 60 ip 10.0.7.252
RG3760 - 2(config - if - vlan 60)#vrrp 60 priority 120
RG3760 - 2(config)#interface vlan 70
RG3760 - 2(config - if - vlan 70)#vrrp 70 ip 10.0.8.252
RG3760 - 2(config - if - vlan 70)#vrrp 70 priority 120
RG3760 - 2(config)#router ospf 10
RG3760 - 2(config - router)#network 10.0.0.4 0.0.0.3 area 0
RG3760 - 2(config - router)#network 10.0.2.0 0.0.0.255 area 0
RG3760 - 2(config - router)#network 10.0.3.0 0.0.0.255 area 0
RG3760 - 2(config - router)#network 10.0.4.0 0.0.0.255 area 0
RG3760 - 2(config - router)#network 10.0.5.0 0.0.0.255 area 0
RG3760 - 2(config - router)#network 10.0.6.0 0.0.0.255 area 0
RG3760 - 2(config - router)#network 10.0.7.0 0.0.0.255 area 0
RG3760 - 2(config - router)#network 10.0.8.0 0.0.0.255 area 0
RG3760 - 2(config - router)#network 10.0.61.0 0.0.0.255 area 0
RG3760 - 2(config - router)#network 10.0.62.0 0.0.0.255 area 0
RG3760 - 2(config)#service dhcp
RG3760 - 2(config)#ip dhcp pool ap - pool
RG3760 - 2(dhcp - config)#option 138 ip 9.9.9.9
RG3760 - 2(dhcp - config)#network 10.0.61.0 255.255.255.0
RG3760 - 2(dhcp - config)#default - router 10.0.61.3
```

（二）部署园区接入

接入交换机配置：

```
Switch > enable
Switch#configure terminal
Switch(config)#hostname RG2126 - 2
RG2126 - 2(config)#vlan 10
RG2126 - 2(config)#vlan 20
RG2126 - 2(config)#interface range fastethernet0/1 - 2
RG2126 - 2(config - if - range)#switchport mode trunk
RG2126 - 2(config)#spanning - tree
RG2126 - 2(config)#spanning - tree mst configuration
RG2126 - 2(config - mst)#name ruijie
RG2126 - 2(config - mst)#version 1
RG2126 - 2(config - mst)#instance 10 vlan10,20,30
RG2126 - 2(config - mst)#instance 20 vlan40,50,60,61,62,70
RG2126 - 2(config)#interface range fastethernet0/3 - 15
RG2126 - 2(config - if - range)#switchport access vlan 10
RG2126 - 2(config - if - range)#switchport port - security maximum 1
RG2126 - 2(config - if - range)#switchport port - security violation shutdown
RG2126 - 2(config - if - range)#switchport port - security
```

```
RG2126 -2(config -if -range)#spanning -tree portfast
RG2126 -2(config)#interface range fastethernet0/16 -24
RG2126 -2(config -if -range)#switchport access vlan 20
RG2126 -2(config -if -range)#switchport port -security maximum 1
RG2126 -2(config -if -range)#switchport port -security violation shutdown
RG2126 -2(config -if -range)#switchport port -security
RG2126 -2(config -if -range)#spanning -tree portfast

Switch >enable
Switch#configure terminal
Switch(config)#hostname RG2126 -3
RG2126 -3(config)#vlan 30
RG2126 -3(config)#vlan 40
RG2126 -3(config)#interface range fastethernet0/1 -2
RG2126 -3(config -if -range)#switchport mode trunk
RG2126 -3(config)#spanning -tree
RG2126 -3(config)#spanning -tree mst configuration
RG2126 -3(config -mst)#name ruijie
RG2126 -3(config -mst)#version 1
RG2126 -3(config -mst)#instance 10 vlan10,20,30
RG2126 -3(config -mst)#instance 20 vlan40,50,60,61,62,70
RG2126 -3(config)#interface range fastethernet0/3 -15
RG2126 -3(config -if -range)#switchport access vlan 30
RG2126 -3(config -if -range)#switchport port -security maximum 1
RG2126 -3(config -if -range)#switchport port -security violation shutdown
RG2126 -3(config -if -range)#switchport port -security
RG2126 -3(config -if -range)#spanning -tree portfast
RG2126 -3(config)#interface range fastethernet0/16 -24
RG2126 -3(config -if -range)#switchport access vlan 40
RG2126 -3(config -if -range)#switchport port -security maximum 1
RG2126 -3(config -if -range)#switchport port -security violation shutdown
RG2126 -3(config -if -range)#switchport port -security
RG2126 -3(config -if -range)#spanning -tree portfast
Switch >enable
Switch#configure terminal
Switch(config)#hostname RG2126 -4
RG2126 -4(config)#vlan 50
RG2126 -4(config)#vlan 60
RG2126 -4(config)#interface range fastethernet0/1 -2
RG2126 -4(config -if -range)#switchport mode trunk
RG2126 -4(config)#spanning -tree
RG2126 -4(config)#spanning -tree mst configuration
RG2126 -4(config -mst)#name ruijie
RG2126 -4(config -mst)#revsion 1
RG2126 -4(config -mst)#instance 10 vlan10,20,30
```

```
RG2126 - 4(config - mst)#instance 20 vlan40,50,60,61,62,70
RG2126 - 4(config)#interface range fastethernet0/4 - 24
RG2126 - 4(config - if - range)#switchport access vlan 50
RG2126 - 4(config - if - range)#switchport port - security maximum 1
RG2126 - 4(config - if - range)#switchport port - security violation shutdown
RG2126 - 4(config - if - range)#switchport port - security
RG2126 - 4(config - if - range)#spanning - tree portfast
RG2126 - 4(config)#interface fastethernet0/3
RG2126 - 4(config - if)#switchport access vlan 61
RG2126 - 4(config - if - range)#spanning - tree portfast
Switch > enable
Switch#configure terminal
Switch(config)#hostname RG2126 - 1
RG2126 - 1(config)#vlan 70
RG2126 - 1(config)#interface range fastethernet0/1 - 2
RG2126 - 1(config - if - range)#switchport mode trunk
RG2126 - 1(config)#spanning - tree
RG2126 - 1(config)#spanning - tree mst configuration
RG2126 - 1(config - mst)#name ruijie
RG2126 - 1(config - mst)#revsion 1
RG2126 - 1(config - mst)#instance 10 vlan10,20,30
RG2126 - 1(config - mst)#instance 20 vlan40,50,60,61,62,70
RG2126 - 1(config)#interface range fastethernet0/3 - 24
RG2126 - 1(config - if - range)#switchport access vlan 70
```

（三）部署园区边缘

边缘路由器配置：

```
Router > enable
Router#configure terminal
Router(config)#hostname RSR20
RSR20(config)#interface serial 2/0
RSR20(config - if)#ip add 214.1.1.1 255.255.255.248
RSR20(config - if)#ip nat outside
RSR20(config - if)#no shutdown
RSR20(config)#interface fastethernet 0/0
RSR20(config - if)#ip add 10.0.0.2 255.255.255.252
RSR20(config - if)#no shutdown
RSR20(config)#interface fastethernet 0/1
RSR20(config - if)#ip add 10.0.0.6 255.255.255.252
RSR20(config - if)#ip nat inside
RSR20(config - if)#ip access - group 110 in
RSR20(config - if)#no shutdown
RSR20(config)#router ospf 10
RSR20(config - router)#network 10.0.0.0 0.0.0.3 area 0
RSR20(config - router)#network 10.0.0.4 0.0.0.3 area 0
```

```
RSR20(config-router)#default-information originate
RSR20(config)#ip route 0.0.0.0 0.0.0.0 214.1.1.6
RSR20(config)#access-list 10 permit 10.0.2.0 0.0.0.255
RSR20(config)#access-list 10 permit 10.0.3.0 0.0.0.255
RSR20(config)#access-list 10 permit 10.0.4.0 0.0.0.255
RSR20(config)#access-list 10 permit 10.0.5.0 0.0.0.255
RSR20(config)#access-list 10 permit 10.0.6.0 0.0.0.255
RSR20(config)#access-list 10 permit 10.0.7.0 0.0.0.255
RSR20(config)#ip nat pool internet 214.1.1.2 214.1.1.3 netmask
255.255.255.248
RSR20(config)#ip nat inside source list 10 pool internet overload
RSR20(config)#ip nat inside source static tcp 10.0.8.13 20 211.1.1.5 20
RSR20(config)#ip nat inside source static tcp 10.0.8.13 21 211.1.1.5 21
RSR20(config)#ip nat inside source static tcp 10.0.8.14 21 211.1.1.5 21
RSR20(config)#access-list 110 permit ip 10.0.2.0 0.0.0.255 any
RSR20(config)#access-list 110 permit ip 10.0.3.0 0.0.0.255 any
RSR20(config)#access-list 110 permit ip 10.0.4.0 0.0.0.255 any
RSR20(config)#access-list 110 permit ip 10.0.5.0 0.0.0.255 any
RSR20(config)#access-list 110 permit ip 10.0.6.0 0.0.0.255 any
RSR20(config)#access-list 110 permit ip 10.0.7.0 0.0.0.255 any
RSR20(config)#access-list 110 permit ip 10.0.8.0 0.0.0.255 any
```

（四）部署无线网络

```
WS5302(config)#vlan 61
WS5302(config)#vlan 62
WS5302(config)#vlan 60
WS5302(config)#wlan-config 1 RUIJIE123
WS5302(config-wlan)#enable-broad-ssid
WS5302(config)#ap-group default
WS5302(config-ap-group)# interface-mapping 1 60
WS5302(config)#interface vlan 60
WS5302(config-if-vlan 60)#ip add 10.0.7.252 255.255.255.0
WS5302(config)#interface vlan 61
WS5302(config-if-vlan 61)#ip add 10.0.61.3 255.255.255.0
WS5302(config)#interface vlan 62
WS5302(config-if-vlan 61)#ip add 10.0.62.3 255.255.255.0
WS5302(config)#interface range GigabitEthernet 0/1-2
WS5302(config-if-range)#switchport mode trunk
WS5302(config)#interface Loopback 0
WS5302(config-if)#ip address 9.9.9.9 255.255.255.255
WS5302(config)#router ospf 10
WS5302(config-router)#network 9.9.9.9 0.0.0.0 area 0
WS5302(config-router)#network 10.0.7.0 0.0.0.255 area 0
```

```
WS5302(config-router)#network 10.0.61.0 0.0.0.255 area 0
WS5302(config-router)#network 10.0.62.0 0.0.0.255 area 0
```

（五）部署应用系统

分别部署各类服务器，具体略。

四、项目测试阶段

（一）测试方案

在网络安全工程测试中，可以分为布线系统、网络系统和服务应用系统测试。在本实训项目中没有布线系统，所以测试方案只包括网络系统的测试和服务应用系统。

1. 网络系统测试

主要包括功能测试、物理连通性测试、一致性测试等几个方面。

（1）物理测试（表 7 - 8）

表 7 - 8　物理测试

测试项目		测试内容	结论
硬件设备及软件配置	核心交换机	测试加电后系统是否正常启动	
		查看交换机配置是否与订货合同相符合	
		测试各模块的状态	
		测试 NVRAM	
		查看各端口状态	
	汇聚层及接入层交换机	测试加电后系统是否正常启动	
		测试 NVRAM	
		查看交换机配置是否与订货合同相符合	
		测试端口状态	
	路由器	测试加电后系统是否正常启动	
		测试 NVRAM	
		查看路由器配置是否与订货合同相符合	
		测试端口状态	
	防火墙	测试加电后系统是否正常启动	
		测试内存	
		查看防火墙的软硬件配置是否与订货合同相符合	
		测试端口状态	

（2）功能性测试（表 7 - 9）

表 7 - 9 功能性测试

测试项目		测试内容	结论
VLAN 功能测试	核心交换机	查看 VLAN 的配置情况	
		同一 VLAN 及不同 VLAN 在线主机连通性	
		检查地址解析表	
	接入交换机	查看 VLAN 的配置情况	
		同一 VLAN 及不同 VLAN 在线主机连通性	
		检查地址解析表	
路由和路由表的收敛	路由器	测试路由表是否正确生成	
		查看路由的收敛性	
		显示配置 OSPF 的端口	
		显示 OSPF 状态	
		查看 OSPF 链路状态数据库	
		查看 OSPF 路由邻居相关信息	
		查看 OSPF 路由	
		设置完毕，待网络完全启动后，观察连接状态库和路由表	
		断开某一链路，观察连接状态库和路由表发生的变化	
	防火墙	测试路由表是否正确生成	
		查看路由的收敛性	
		显示配置 OSPF 的端口	
		显示 OSPF 状态	
		查看 OSPF 链路状态数据库	
		查看 OSPF 路由邻居相关信息	
		查看 OSPF 路由	
		设置完毕，待网络完全启动后，观察连接状态库和路由表	
		断开某一链路，观察连接状态库和路由表发生的变化	
	三层交换机	测试路由表是否正确生成	
		查看路由的收敛性	
		显示配置 OSPF 的端口	

续表

路由和路由表的收敛	三层交换机	显示 OSPF 状态	
		查看 OSPF 链路状态数据库	
		查看 OSPF 路由邻居相关信息	
		查看 OSPF 路由	
		设置完毕，待网络完全启动后，观察连接状态库和路由表	
		断开某一链路，观察连接状态库和路由表发生的变化	
冗余性能功能测试	三层交换机 VRRP	查看 VRRP 状态	
		状态切换，查看数据包的丢失率	
		断掉一根网线，查看状态是否正常	
	三层交换机 STP	查看 STP 状态	
		断掉一根网线，查看状态是否正常	
		接入环路由，查看是否产生广播风暴	
防火墙性能功能测试	防火墙	测试防攻击功能	
		测试访问控制功能	
		测试 NAT 功能	

2. 应用服务系统测试

包括物理连通性、基本功能的测试；网络系统的规划验证测试、性能测试、流量测试等。具体略。

3. 辅助测试

网络工程测试可以采用 CommView、SolarWinds 和 MRTG 等软件测试。对网络性能监控（可实时监控带宽、传输、带宽利用率、网络延迟、丢包等统计信息）、网络设备发现（具体为一个范围网段的发现，例如：IP 地址、主机名、子网、掩码、MAC 地址、路由和 ARP 表、VoIP 表、所安装的软件、已运行的软件、系统 MIB 信息、IoS 水平信息、UDP 服务、TCP 连接等）、网络监视（实现视频/音频报警，也可通过 mail 进行报警信息的传递，并可对监视范围设备进行任意裁剪，它可让你对所有的历史记录数据分别按类、时间进行方便的查询、汇总，并可以追溯的方式形成多种历史曲线报表）、安全检测（检查分析路由器 SNMP 公用字符串的脆弱性，以保护 SNMP read/read－write community string 的安全性）等。

利用"CommView"来观察网络连线、重要的 IP 资料统计分析，如 TCP、UDP 及 ICMP，并显示内部及外部 IP 位址、Port 位置、主机名称和通信数据流量等重要资讯。

SolarWinds 网络管理工具包涵盖了从带宽及网络性能监控到网络发现、缺陷管理的方方面面。该软件强调良好的易用性、网络收集的快速性、信息显示的准确性。SolarWinds 工具使用 ICMP、SNMP 协议能够快速地实施网络信息发掘，包括接口、端口速率、IP 地址、路由、ARP 表、内存等诸多细节信息。

MRTG（Mulit Router Traffic Grapher，多路由器通信图示器）是一个使用广泛的网络流量统计软件，可以图形方式表示通过 SNMP 设备的网络通信的状态。它显示从路由器和其他网络设备处获得的网络通信应用信息及其他统计信息。它产生 HTML 格式的页面和 GIF 格式的图，提供了通过 Web 浏览器显示可视的网络性能信息的功能。使用该工具可以方便地查明设备和网络的性能问题。因为 MRTG 可以监控任意的路由器或支持 SNMP 的网络设备，所以它可以用于监控边缘路由器、中枢路由器及其他设备。

（二）测试实施

根据上面的测试方案需求，在项目测试完成后，由网络测试工程师和网络安全分析师提交详细的网络测试报告和信息安全测试报告。

（三）作业提交

项目完成后，需要项目组的成员提交表 7 - 10 所列作业。

表 7 - 10　项目提交

岗位名称	提交内容	提交时间
项目经理	实施进度计划表	项目开始前
	项目开始前	人员分工表
	项目结束后	项目总结报告
项目组所有成员	试运行报告	试运行结束后
	终验结束后	终验报告
网络测试工程师	网络测试报告	项目测试阶段后

附录1

虚拟仿真项目

虚拟仿真——1. 配置思科交换机

一、思科交换机几种配置命令模式

switch >	提示符表示是在用户命令模式。
switch#	提示符表示是在特权命令模式。
switch(config)#	提示符表示是在全局配置模式。
switch(config – if)#	提示符端口配置命令模式。

【示例】

```
Switch >
Switch > enable
Switch#
Switch#disable
Switch > enable
Switch#conf t
Enter configuration commands, one per line. End with CNTL/Z.
Switch(config)#hostname CoreSW
CoreSW(config)#interface f0/1
CoreSW(config – if)#
```

二、检查、查看命令

这些命令用于查看当前配置状况，通常是以 show（sh）为开始的命令。show version 查看 IoS 的版本、show flash 查看 Flash 内存使用状况、show mac – address – table 查看 MAC 地址列表。

【示例】

```
CoreSW#show ?
CoreSW#show version
CoreSW#show flash
```

```
CoreSW#show mac – address – table
CoreSW#show interface fa0/1
```

三、密码设置命令

Cisco 交换机、路由器中有很多密码，设置好这些密码，可以有效地提高设备的安全性。

switch （config） #enable password　　设置进入特权模式的密码。

switch （config – line）可以设置通过 Console 端口连接设备及 Telnet 远程登录时所需要的密码。

【示例】

```
CoreSW(config)#enable password aaaaa
CoreSW(config)#line console 0
CoreSW(config – line)#password line
CoreSW(config – line)#login
CoreSW(config – line)#line vty 0 4
CoreSW(config – line)#password vty
CoreSW(config – line)#login
CoreSW(config – line)#exit
```

默认情况下，这些密码都是以明文的形式存储的，所以很容易查看到。为了避免这种情况，可以密文的形式存储各种密码：service password – encryption。

【示例】

```
CoreSW(config)#service password – encryption
```

四、配置 IP 地址及默认网关

【示例】

```
CoreSW#conf t
Enter configuration commands, one per line. End with CNTL/Z.
CoreSW(config)#interface vlan 1
CoreSW(config – if)#ip address 192.168.0.253 255.255.255.0
CoreSW(config – if)#exit
CoreSW(config)#ip default – gateway 192.168.0.254
```

五、管理 MAC 地址表

```
switch#show mac – address – table          ! 显示 MAC 地址列表
switch#clear mac – address – table dynamic  ! 清除动态 MAC 地址列表
```

【示例】

```
CoreSW#show mac – address – table
         Mac Address Table
```

```
-----------------------------------------------

Vlan    Mac Address        Type         Ports
---     -----------        --------     -----

   1    00e0.a34a.0b03     DYNAMIC      Fa0/3
CoreSW#clear mac - address - table dynamic
CoreSW(config)#mac - address - table static 00d0.baa9.975c vlan 1 interface fa0/1
CoreSW(config)#exit
% SYS - 5 - CONFIG_I: Configured from console by console
CoreSW#sh mac - address - table
               Mac Address Table
-----------------------------------------------
Vlan    Mac Address        Type         Ports
----    -----------        --------     -----
   1    00d0.baa9.975c     STATIC       Fa0/1
   1    00e0.a34a.0b03     DYNAMIC      Fa0/3
```

六、配置端口安全

```
switch(config - if)switchport port - security
switch(config - if)switchport port - security maximum 4
```

【示例】

```
CoreSW(config - if)#interface fa0/2
CoreSW(config - if)#switchport mode access
CoreSW(config - if)#switchport port - security              ! 开启该端口的安全模式
CoreSW(config - if)#switchport port - security maximum 4   ! 设置最大连接数为 4
CoreSW(config)#interface fa0/2
CoreSW(config - if)#switchport port - security mac - address 000d.bd8c.6ccd   ! 安
全 MAC 地址绑定
CoreSW(config - if)#switchport port - security violation shutdown           ! 设
置端口安全违例方式为关闭端口
```

七、一个配置实例（附图 1 - 1）

【项目实施】

```
Switch > en
Switch#config t
Switch(config)#interface fa0/1
Switch(config - if)#description link RouterA
Switch(config - if)#interface vlan1
Switch(config - if)#ip address 192.168.1.2 255.255.255.0
Switch(config - if)#exit
```

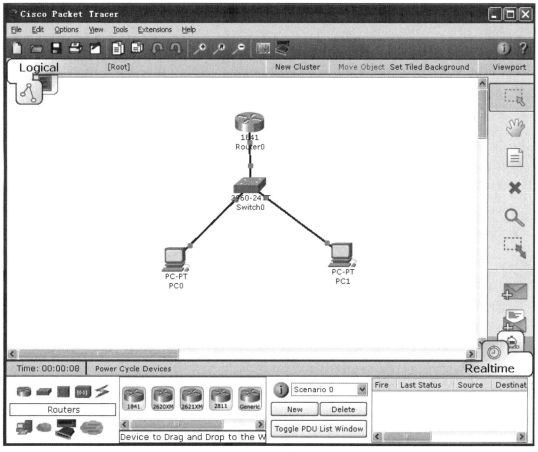

附图 1 - 1　拓扑图

```
Switch(config)#hostname 2960
2960(config)#ip default - gateway 192.168.1.1
2960(config)#interface fa0/2
2960(config - if)#description link pc0
2960(config - if)#interface fa0/3
2960(config - if)#description link pc1
2960(config - if)#switchport mode access
2960(config - if)#switchport port - security
2960(config - if)#switchport port - security maximum 1
2960(config - if)#switchport port - security violation shutdown
2960(config - if)#
2960(config)#service password - encryption
2960(config)#enable password able
2960(config)#line console 0
2960(config - line)#password line
2960(config - line)#login
2960(config - line)#line vty 0 4
2960(config - line)#password vty
```

```
2960(config-line)#login
2960(config-line)#exit
2960(config)#
2960#copy running-config startup-config          ! 保存设置
Destination filename [startup-config]?
Building configuration...
[OK]
```

虚拟仿真——2. 配置思科 VLAN

一、项目拓扑图（附图 2-1）

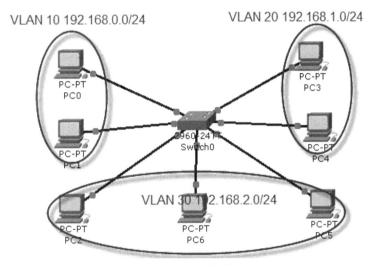

VLAN 10 192.168.0.0/24　　　　VLAN 20 192.168.1.0/24

PC-PT
PC0

PC-PT
PC1

PC-PT
PC3

PC-PT
PC4

2960-24TT
Switch0

VLAN 30 192.168.2.0/24

PC-PT
PC2

PC-PT
PC6

PC-PT
PC5

附图 2-1　项目拓扑图

二、创建 VLAN

在 Cisco IoS 中有两种方式创建 VLAN，在全局配置模式下使用 vlan vlan id 命令，如 switch（config）#vlan 10；在 vlan database 下创建 VLAN，如 switch（vlan）vlan 20。

```
Switch>en
Switch#conf t
Enter configuration commands, one per line. End with CNTL/Z.
Switch(config)#hostname CoreSW
CoreSW(config)#vlan 10                    ! 创建 VLAN 10
CoreSW(config-vlan)#name Math
CoreSW(config-vlan)#exit

CoreSW#vlan database
CoreSW(vlan)#vlan 20 name Chinese         ! 创建 VLAN 20
```

```
VLAN 20 added:
    Name: Chinese
CoreSW(vlan)#vlan 30 name Other
VLAN 30 added:
    Name: Other
```

三、把端口划分给 VLAN（基于端口的 VLAN）

```
switch(config)#interface fastethernet0/1
switch(config-if)#switchport mode access        ！配置端口为 Access 模式
switch(config-if)#switchport access vlan 10     ！把端口划分到 VLAN 10
CoreSW(config-if)#interface fa0/7
CoreSW(config-if)#switchport mode access
CoreSW(config-if)#switchport access vlan 10
CoreSW(config-if)#
```

如果一次把多个端口划分给某个 VLAN，可以使用 interface range 命令。

```
CoreSW(config-if)#interface range fa0/2 - 4
CoreSW(config-if-range)#switchport mode access
CoreSW(config-if-range)#switchport access vlan 20
CoreSW(config-if-range)#interface range fa0/5 - 6
CoreSW(config-if-range)#switchport mode access
CoreSW(config-if-range)#switchport access vlan 30
CoreSW(config-if-range)#
```

四、查看 VLAN 信息

```
CoreSW#show vlan
VLAN Name                             Status     Ports
---- -------------------             --------- ---------------------
1    default                          active     Fa0/8, Fa0/9, Fa0/10, Fa0/11
                                                 Fa0/12, Fa0/13, Fa0/14, Fa0/15
                                                 Fa0/16, Fa0/17, Fa0/18, Fa0/19
                                                 Fa0/20, Fa0/21, Fa0/22, Fa0/23
                                                 Fa0/24, Gig1/1, Gig1/2
10   Math                             active     Fa0/1, Fa0/7
20   Chinese                          active     Fa0/2, Fa0/3, Fa0/4
30   Other                            active     Fa0/5, Fa0/6
1002 fddi-default                     act/unsup
1003 token-ring-default               act/unsup
1004 fddinet-default                  act/unsup
1005 trnet-default                    act/unsup
CoreSW#show vlan brief
VLAN Name                             Status     Ports
---- -------------------             --------- ---------------------
```

```
1      default              active     Fa0/8, Fa0/9, Fa0/10, Fa0/11
                                       Fa0/12, Fa0/13, Fa0/14, Fa0/15
                                       Fa0/16, Fa0/17, Fa0/18, Fa0/19
                                       Fa0/20, Fa0/21, Fa0/22, Fa0/23
                                       Fa0/24, Gig1/1, Gig1/2
10     Math                 active     Fa0/1, Fa0/7
20     Chinese              active     Fa0/2, Fa0/3, Fa0/4
30     Other                active     Fa0/5, Fa0/6
1002   fddi-default         active
1003   token-ring-default   active
1004   fddinet-default      active
1005   trnet-default        active
CoreSW#show vlan id 10
VLAN Name                    Status     Ports
---- ------------------      ---------  ---------------------

10   Math                    active     Fa0/1, Fa0/7
VLAN Type   SAID    MTU   Parent RingNo BridgeNo Stp BrdgMode Trans1 Trans2
---- ----   ------- ---   ------ ------ -------- --- -------- ------ ------
10   enet 100010    1500  -      -      -        -   -        0      0
CoreSW#sh vlan id 30
VLAN Name                    Status     Ports
---- ------------------      ---------  ---------------------
30   Other                   active     Fa0/5, Fa0/6

VLAN Type   SAID    MTU   Parent RingNo BridgeNo Stp BrdgMode Trans1 Trans2
---- ----   ------- ---   ------ ------ -------- --- -------- ------ ------
30   enet 100030    1500  -      -      -        -   -        0      0
CoreSW#show vlan name Math
VLAN Name                    Status     Ports
---- ------------------      ---------  ---------------------
10   Math                    active     Fa0/1, Fa0/7

VLAN Type   SAID    MTU   Parent RingNo BridgeNo Stp BrdgMode Trans1 Trans2
---- ----   ------- ---   ------ ------ -------- --- -------- ------ ------
10   enet 100010    1500  -      -      -        -   -        0      0
```

五、删除配置

```
CoreSW(config)#interface fa0/8
CoreSW(config-if)#no switchport access vlan 40 ！把该端口从 VLAN 40 中删除
CoreSW(config-if)#exit
CoreSW(config)#exit
CoreSW#vlan database
% Warning: It is recommended to configure VLAN from config mode,
   as VLAN database mode is being deprecated. Please consult user
```

```
documentation for configuring VTP/VLAN in config mode.
CoreSW(vlan)#no vlan 40                                    ! 删除 VLAN 40
Deleting VlAN 40...
```

虚拟仿真——3. 配置思科 VTP 协议

VTP（Vlan Trunk Protocol）即 VLAN 中继协议。VTP 通过网络（ISL 帧或 Cisco 私有 DTP 帧）保持 VLAN 配置的统一性。VTP 在系统级管理增加、删除、调整的 VLAN，自动地将信息向网络中其他的交换机广播。此外，VTP 减少了那些可能导致安全问题的配置，便于管理，只要在 VTP Server 上做相应设置，VTP Client 会自动学习 VTP Server 上的 VLAN 信息。

一、项目拓扑图（附图 3 - 1）

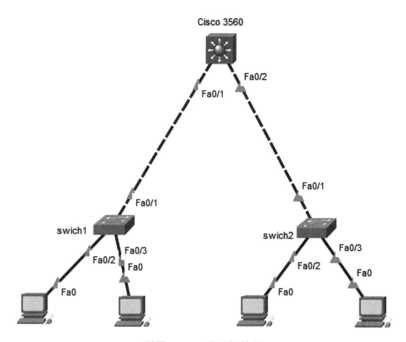

附图 3 - 1 项目拓扑图

【项目示例】

①核心交换机 Cisco 3560 配置为 VTP Server，VTP Domain 为 senya。

```
Switch#vlan database
Switch(vlan)#vtp domain aaa                               ! 指定 VTP 服务器域名
Changing VTP domain name from NULL to senya
Switch(vlan)#vtp server                                   ! 配置为 VTP 服务器
Device mode already VTP SERVER.
```

②配置 Trunk 链路，允许带 VLAN 标记的以太网帧通过该链路。

```
Switch(config-if)#int fa 0/1
Switch(config-if)#switchport trunk encapsulation dot1q        ! 封装 802.1q 协议
Switch(config-if)#switchport mode trunk
Switch(config-if)#no shutdown
Switch(config-if)#int fa 0/2
Switch(config-if)#switchport trunk encapsulation dot1q        ! 封装 802.1q 协议
Switch(config-if)#switchport mode trunk
Switch(config-if)#no shutdown
Switch(config-if)#
```

③配置汇聚层（接入层）交换机。

```
Switch1(vlan)#vtp domain aaa                                  ! 指定 VTP 服务器域名
Changing VTP domain name from NULL to senya
Switch1(vlan)#vtp mode client                                ! 配置为 VTP 客户机
Setting device to VTP CLIENT mode.
Switch1(vlan)#
Switch1(config)#interface fa 0/1
Switch1(config-if)#switchport mode trunk

Switch2(vlan)#vtp domain aaa                                  ! 指定 VTP 服务器域名
Changing VTP domain name from NULL to senya
Switch2(vlan)#vtp mode client                                ! 配置为 VTP 客户机
Setting device to VTP CLIENT mode.
Switch2(vlan)#
Switch2(config)#interface fa 0/1
Switch2(config-if)#switchport mode trunk
```

④在服务器交换机上创建 VLAN 及进行端口划分。

```
Switch(config)#vlan 2
Switch(config-vlan)#exit
Switch(config)#vlan 3
Switch(config-vlan)#exit
Switch(config)#vlan 4
Switch(config-vlan)#exit
Switch(config)#vlan 5
Switch(config)#exit
Switch#show vlan
VLAN   Name                    Status       Ports
----   --------------------    --------     ----------------------------
1      default                 active       Fa0/3, Fa0/4, Fa0/5, Fa0/6
                                            Fa0/7, Fa0/8, Fa0/9, Fa0/10
                                            Fa0/11, Fa0/12, Fa0/13, Fa0/14
                                            Fa0/15, Fa0/16, Fa0/17, Fa0/18
                                            Fa0/19, Fa0/20, Fa0/21, Fa0/22
                                            Fa0/23, Fa0/24, Gig0/1, Gig0/2
```

```
2        VLAN0002                        active
3        VLAN0003                        active
4        VLAN0004                        active
5        VLAN0005                        active
1002     fddi – default                  act/unsup
1003     token – ring – default          act/unsup
1004     fddinet – default               act/unsup
1005     trnet – default                 act/unsup
```

⑤在客户机交换机上测试 VLAN。最后配置 PC 及测试连通性。

```
Switch#show vlan
VLAN    Name                    Status      Ports
----    --------------------    --------    ------------------------------
1       default                 active      Fa0/2, Fa0/3, Fa0/4, Fa0/5
                                            Fa0/6, Fa0/7, Fa0/8, Fa0/9
                                            Fa0/10, Fa0/11, Fa0/12, Fa0/13
                                            Fa0/14, Fa0/15, Fa0/16, Fa0/17
                                            Fa0/18, Fa0/19, Fa0/20, Fa0/21
                                            Fa0/22, Fa0/23, Fa0/24
2       VLAN0002                active
3       VLAN0003                active
4       VLAN0004                active
5       VLAN0005                active
1002    fddi – default          act/unsup
1003    token – ring – default  act/unsup
1004    fddinet – default       act/unsup
1005    trnet – default         act/unsup
```

虚拟仿真——4. 配置思科 STP 生成树协议

STP 的全称是 Spanning – Tree Protocol，STP 协议是一个二层的链路管理协议，它在提供链路冗余的同时，防止网络产生环路，与 VLAN 配合可以提供链路负载均衡。生成树协议现已经发展为多生成树协议（MSTP）和快速生成树协议（RSTP）。

一、配置项目拓扑图（附图 4 – 1）

两台思科 2960 交换机使用两个千兆端口相连，默认情况下，思科交换机 STP 协议启用的。通过在两台交换机之间传送 BPDU 协议数据单元，选出根交换机、根端口等，以便确定端口的转发状态。附图 4 – 1 中 Switch2 的 F0/4 端口处于 block 状态。

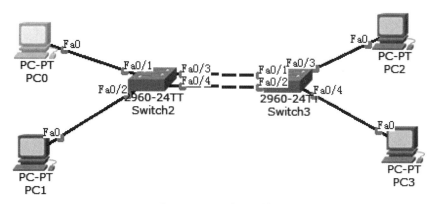

附图 4 - 1 生成树拓扑图

二、STP 基本配置命令

1. Switch3 修改 Brigde ID, 重新选择根网桥

```
Switch3(config)#spanning - tree vlan 1 priority 4096 ! 修改 Brigde ID 为 4096
Switch#show spanning - tree
VLAN0001
  Spanning tree enabled protocol ieee
  Root ID     Priority     4097
              Address      0001.644A.3DD1
              This bridge is the root
              Hello Time  2 sec Max Age 20 sec Forward Delay 15 sec
  Bridge ID  Priority     4097 (priority 4096 sys - id - ext 1)
              Address      0001.644A.3DD1
              Hello Time  2 sec  Max Age 20 sec  Forward Delay 15 sec
              Aging Time  20
Interface         Role Sts Cost       Prio.Nbr Type
----  --------------------  --------  ------------------------------
Fa0/1             Desg FWD 19         128.1     P2p
Fa0/2             Desg FWD 19         128.2     P2p
Fa0/3             Desg FWD 19         128.3     P2p
Fa0/4             Desg FWD 19         128.4     P2p
```

注意, 如果根网桥改变, 交换机端口的状态也发生了变化 (与图 4 - 1 比较), 通过交换机端口优先级值修改命令和修改端口优先值也可以更改端口的转发状态。

2. 查看、检验 STP (生成树协议) 配置

```
switch#show spanning - tree
switch#show spanning - tree active
switch#show spanning - tree detail
switch#show spanning - tree interface interface - id
switch#show spanning - tree vlan vlanid
```

虚拟仿真——5. 配置思科路由器

一、项目环境搭建

添加一个模块化的路由器，单击 Packet Tracer 5.0 的工作区中刚添加的路由器，在弹出的配置窗口中添加一些模块。

默认情况下，路由器的电源是打开的，添加模块时，需要关闭路由器的电源，单击附图 5 – 1 椭圆框中的电源开关将其关闭。路由器的电源关闭后，绿色的电源指示灯也将变暗。

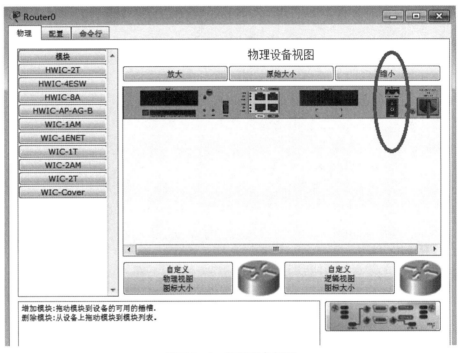

附图 5 – 1　物理设备视图

如附图 5 – 2 所示，在"MODULES"下寻找所需的模块，选中某个模块时，会在下方显示该模块的信息；然后将其拖到路由器的空插槽上即可。各种模块添加完成后，打开路由器的电源。

二、配置单个的路由器

路由器的几种模式：User mode（用户模式）、Privileged mode（特权模式）、Global configuration mode（全局配置模式）、Interface mode（接口配置模式）、Subinterface mode（子接口配置模式）、Line mode、Router configuration mode（路由配置模式）。每种模式对应不同的提示符。

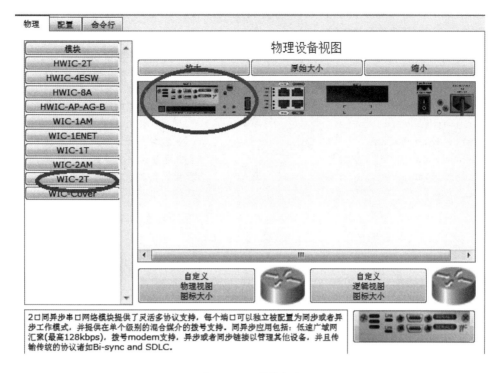

附图 5－2 模块添加

```
Router >enable
Router#configure terminal
Enter configuration commands, one per line. End with CNTL/Z.
Router(config)#interface serial 0/1/0
Router#conf t
Enter configuration commands, one per line. End with CNTL/Z.
Router(config)#hostname aaa                  ! 配置路由器的名字
aaa(config)#enable password 123456           ! 配置路由器的特权密码
aaa(config)#exit
aaa#exit
aaa >en
Password:                                    ! 测试路由器的特权密码
aaa#configure t
Enter configuration commands, one per line. End with CNTL/Z.
aaa(config)#line con 0                       ! 进入 console 线路口
aaa(config-line)#password  111               ! 设置 console 登录密码
aaa(config-line)#login
aaa(config-line)#exit
aaa(config)#line vty 0 4                      ! 同时允许 5 个虚拟终端登录进行配置
aaa(config-line)#pass
aaa(config-line)#password  123               ! 设置远程登录密码
aaa(config-line)#login
```

默认情况下，路由器中的各种密码以明文形式保存。在全局配置模式下，使用 service password – encryption 命令加密口令。

首先要明白接口名称表示方式：接口类型 接口数字标识/插槽数字标识，如 Serial0/1/0 表示该接口为串口，第一个插槽的第 1 个接口。插槽的数字标识是从零开始的。

```
aaa#show ?                              ! 显示该模式的所有命令
aa#show ip interface brief              ! 显示所有接口的 IP 状态信息
aaa#show interfaces                     ! 显示所有接口的详细信息
aaa#show interfaces f0/1                ! 显示该接口的详细信息
aaa(config)#banner login #Hello,welcome# ! 配置登录时的欢迎信息
aaa#write                               ! 保存配置信息
```

虚拟仿真——6. 配置思科 VLAN 路由

任务一：单臂路由

1. 项目扑图（附图 6 – 1）

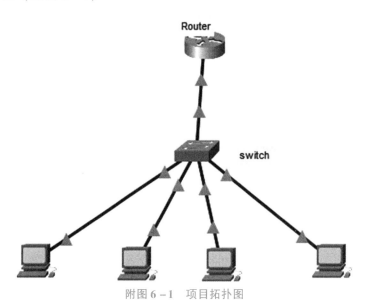

附图 6 – 1　项目拓扑图

2. 创建 VLAN

```
Switch(config)#vlan 10
Switch(config-vlan)#exit
Switch(config)#vlan 20
Switch(config)#end
Switch#show vlan
```

3. 把交换机端口分配给 VLAN

```
Switch#configure terminal
Switch(config)#interface range fastEthernet 0/2-3
Switch(config-if-range)#switchport access vlan 10
Switch(config-if-range)#exit
Switch(config)#interface range fastEthernet 0/4-5
Switch(config-if-range)#switchport access vlan 20
```

4. 配置交换机 Trunk 端口

```
Switch(config)#interface fastEthernet 0/1
Switch(config-if-range)#switchport mode trunk
```

5. 配置路由器子接口

```
Router#conf t
Router(config)#int fa0/0.1                         ! 进入子接口
Router(config-subif)#encapsulation dot1q 10 ! 封装 dot1q 中继协议,标记为 VLAN 10
Router(config-subif)#ip address 192.168.1.1 255.255.255.0
Router(config-subif)#int fa0/0.2                   ! 进入子接口
Router(config-subif)#encapsulation dot1q 20 ! 封装 dot1q 中继协议,标记为 VLAN 10
Router(config-subif)#ip address 192.168.2.1 255.255.255.0
Router(config-subif)#int fa0/1
Router(config-subif)#exit
Router(config)#interface fastEthernet 0/0
Router(config-if)#no shutdown
Router#show ip route                               ! 查看路由条目
Codes: C - connected, S - static, I - IGRP, R - RIP, M - mobile, B - BGP
       D - EIGRP, EX - EIGRP external, O - OSPF, IA - OSPF inter area
       N1 - OSPF NSSA external type 1, N2 - OSPF NSSA external type 2
       E1 - OSPF external type 1, E2 - OSPF external type 2, E - EGP
       i - IS-IS, L1 - IS-IS level-1, L2 - IS-IS level-2, ia - IS-IS inter area
        * - candidate default, U - per-user static route, o - ODR
       P - periodic downloaded static route
Gateway of last resort is not set
C    192.168.1.0/24 is directly connected, FastEthernet0/0.1
C    192.168.2.0/24 is directly connected, FastEthernet0/0.2
```

6. 配置计算机,测试

在本次项目中,PC0 与 PC1 同处于 VLAN 10 网段 192.168.1.0;PC2 与 PC3 同处于 VLAN 20 网段 192.168.2.1。

任务二:利用三层交换实现 VLAN 间路由

1. 项目扑图(附图 6-2)

2. 项目步骤

(1)在 S1 上划分 VLAN

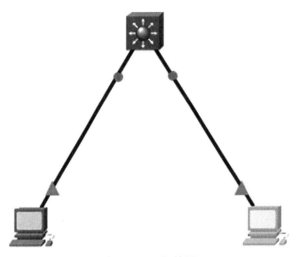

附图 6 – 2   拓扑图

```
S1(config)#vlan 2
S1(config-vlan)#exit
S1(config)#int f0/1
S1(config-if)#switchport mode access
S1(config-if)#switchport access vlan 1
S1(config-if)#int f0/2
S1(config-if)#switchport mode access
S1(config-if)#switchport access vlan 2
```

（2）配置三层交换

```
S1(config)#ip routing          ! 以上开启 S1 的路由功能,这时 S1 就启用了三层功能。
S1(config)#int vlan 1
S1(config-if)#no shutdown
S1(config-if)#ip address 172.16.1.254 255.255.255.0
S1(config)#int vlan 2
S1(config-if)#no shutdown
S1(config-if)#ip address 172.16.2.254 255.255.255.0
```
/* 在 VLAN 接口上配置 IP 地址即可,VLAN 1 接口上的地址就是 PC1 的网关了,VLAN 2 接口上的地址就是 PC2 的网关了。*/

【提示】要在三层交换机上启用路由功能，还需要启用 CEF（命令为 ip cef），不过这是默认值。和路由器一样，三层交换机上同样可以运行路由协议。

3. 项目调试

（1）检查 S1 上的路由表

```
S1#show ip route
172.16.0.0/24 is subnetted, 2 subnets
C 172.16.1.0 is directly connected, Vlan1
C 172.16.2.0 is directly connected, Vlan2
```

（2）测试 PC1 和 PC2 间的通信

在 PC1 和 PC2 上配置 IP 地址和网关，PC1 的网关指向 172.16.1.254，PC2 的网关指向 172.16.2.254。测试 PC1 和 PC2 的通信。注意：如果计算机有两个网卡，请去掉另一网卡上设置的网关。

扩展项目——7. 配置思科静态路由

静态路由是非自适应性路由计算协议，是由管理人员手动配置的，不能够根据网络拓扑的变化而改变。因此，静态路由非常简单，适用于非常简单的网络。

一、项目环境构建（附图 7-1）

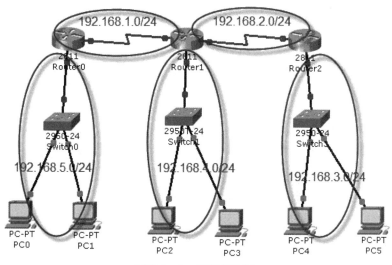

附图 7-1　项目拓扑图

网络拓扑图说明：路由器的串口是背对背的直接连接，因此，有一个串口要配置时钟速率，使用 clock rate 命令进行配置，配置时钟速率的串口为 DCE 端。

二、配置实验

1. 基本配置

R0 基本配置：

```
Router#conf t
Router(config)#hostname R0                      ! 配置设备名称
R0(config)#interface f0/0
R0(config-if)#ip address 192.168.5.1 255.255.255.0
R0(config-if)#no shutdown
R0(config)#interface s0/1/0
R0(config-if)#ip address 192.168.1.1 255.255.255.0
```

```
R0(config-if)#clock rate 64000                    ！设置串口时钟速率(DCE)
R0(config-if)#no shutdown
```

R1 基本配置：

```
Router(config)#hostname R1
R1(config)#interface fastEthernet 0/1
R1(config-if)#ip address 192.168.4.1 255.255.255.0
R1(config-if)#no shutdown
R1(config-if)#exit
R1(config)#interface s0/1/0
R1(config-if)#ip address 192.168.1.2 255.255.255.0
R1(config-if)#no shutdown
R1(config-if)#exit
R1(config)#interface s0/1/1
R1(config-if)#ip address 192.168.2.1 255.255.255.0
R1(config-if)#clock rate 64000
R1(config-if)#no shutdown
```

R2 基本配置：

```
Router(config)#hostname R2
R2(config)#interface fastEthernet 0/1
R2(config-if)#ip address 192.168.3.1 255.255.255.0
R2(config-if)#no shutdown
R2(config-if)#exit
R2(config)#interface s0/1/0
R2(config-if)#ip address 192.168.2.2 255.255.255.0
R2(config-if)#no shutdown
```

2. 配置各个路由器上的静态路由

R0 配置静态路由：

```
R0(config)#ip route 192.168.2.0 255.255.255.0 192.168.1.2
R0(config)#ip route 192.168.3.0 255.255.255.0 192.168.1.2
R0(config)#ip route 192.168.4.0 255.255.255.0 192.168.1.2
R0(config)#end
R0#show ip route
Gateway of last resort is not set
C    192.168.1.0/24 is directly connected, Serial0/1/0
S    192.168.2.0/24 [1/0] via 192.168.1.2
S    192.168.3.0/24 [1/0] via 192.168.1.2
S    192.168.4.0/24 [1/0] via 192.168.1.2
C    192.168.5.0/24 is directly connected, FastEthernet0/0
```

R1 配置静态路由：

```
R1(config)#ip route 192.168.5.0 255.255.255.0 192.168.1.1
R1(config)#ip route 192.168.3.0 255.255.255.0 192.168.2.2
```

```
R1#show ip route
Gateway of last resort is not set
C    192.168.1.0/24 is directly connected, Serial0/1/0
C    192.168.2.0/24 is directly connected, Serial0/1/1
S    192.168.3.0/24 [1/0] via 192.168.2.2
C    192.168.4.0/24 is directly connected, FastEthernet0/1
S    192.168.5.0/24 [1/0] via 192.168.1.1
```

R2 配置静态路由：

```
R2(config)#ip route 0.0.0.0 0.0.0.0 192.168.2.1
R2#show ip route
Gateway of last resort is 192.168.2.1 to network 0.0.0.0
C    192.168.2.0/24 is directly connected, Serial0/1/0
C    192.168.3.0/24 is directly connected, FastEthernet0/1
S*   0.0.0.0/0 [1/0] via 192.168.2.1
```

3. 配置计算机，测试主机之间的连通性

主机之间通过 ping 命令测试连通性。

虚拟仿真——8. 配置思科动态路由 RIP

动态路由协议采用自适应路由算法，能够根据网络拓扑的变化而重新计算机最佳路由。由于路由的复杂性，路由算法也是分层次的，通常把路由协议（算法）划分为自治系统（AS）内（Interior Gateway Protocol，IGP）的路由协议与自治系统之间（External Gateway Protocol，EGP）的路由协议。

RIP 的全称是 Routing Information Protocol，是 IGP，采用 Bellman – Ford 算法。RFC1058 是 RIP version 1 标准文件，RFC2453 是 RIP version 2 的标准文档。

任务一：RIPv1 基本配置

1. 项目环境构建

项目环境中各个网段与路由器接口 IP 地址分配如附图 8 – 1 所示。

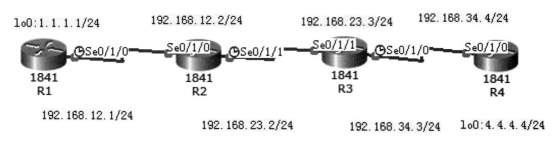

附图 8 – 1　拓扑图

2. 项目步骤

配置路由器的端口地址，并设置时钟频率。（具体操作略）

（1）配置路由器 R1

```
R1(config)#router rip                          ! 启动 RIP 进程
R1(config-router)#network 1.0.0.0              ! 通告网络
R1(config-router)#network 192.168.12.0
```

（2）配置路由器 R2

```
R2(config)#router rip
R2(config-router)#network 192.168.12.0
R2(config-router)#network 192.168.23.0
```

（3）配置路由器 R3

```
R3(config)#router rip
R3(config-router)#network 192.168.23.0
R3(config-router)#network 192.168.34.0
```

（4）配置路由器 R4

```
R4(config)#router rip
R4(config-router)#network 192.168.34.0
R4(config-router)#network 4.0.0.0
```

3. 实验调试

```
R1#show ip route
Codes: C - connected, S - static, R - RIP, M - mobile, B - BGP
D - EIGRP, EX - EIGRP external, O - OSPF, IA - OSPF inter area
N1 - OSPF NSSA external type 1, N2 - OSPF NSSA external type 2
E1 - OSPF external type 1, E2 - OSPF external type 2
i - IS-IS, su - IS-IS summary, L1 - IS-IS level-1, L2 - IS-IS level-2
ia - IS-IS inter area, * - candidate default, U - per-user static route
o - ODR, P - periodic downloaded static route
Gateway of last resort is not set
C 192.168.12.0/24 is directly connected, Serial0/1/0
1.0.0.0/24 is subnetted, 1 subnets
C 1.1.1.0 is directly connected, Loopback0
R 4.0.0.0/8 [120/3] via 192.168.12.2, 00:00:03, Serial0/1/0
R 192.168.23.0/24 [120/1] via 192.168.12.2, 00:00:03, Serial0/1/0
R 192.168.34.0/24 [120/2] via 192.168.12.2, 00:00:03, Serial0/1/0
```

以上输出表明，路由器 R1 学到了 3 条 RIP 路由，其中路由条目"R 4.0.0.0/8 [120/3] via 192.168.12.2, 00:00:03, Serial0/1/0"的含义如下：

①R：路由条目是通过 RIP 路由协议学习来的。

②4.0.0.0/8：目的网络。

③120：RIP 路由协议的默认管理距离。

④3：度量值，从路由器 R1 到达网络 4.0.0.0/8 的度量值为 3 跳。

⑤192.168.12.2：下一跳地址。

⑥00:00:03：距离下一次更新还有 27（30-3）秒。

⑦Serial0/1/0：接收该路由条目的本路由器的接口。

同时，通过该路由条目的掩码长度可以看到，RIPv1 确实不传递子网信息。

4. 使用计算机不同网段互 ping 检查网络连通

主机之间通过 ping 命令测试连通性。

任务二：RIPv2 基本配置

配置路由器的端口地址，并设置时钟频率。项目拓扑同上，项目步骤如下：

（1）配置路由器 R1

```
R1(config)#router rip
R1(config-router)#version 2
R1(config-router)#no auto-summary
R1(config-router)#network 1.0.0.0
R1(config-router)#network 192.168.12.0
```

（2）配置路由器 R2

```
R2(config)#router rip
R2(config-router)#version 2
R2(config-router)#no auto-summary
R2(config-router)#network 192.168.12.0
R2(config-router)#network 192.168.23.0
```

（3）配置路由器 R3

```
R3(config)#router rip
R3(config-router)#version 2
R3(config-router)#no auto-summary
R3(config-router)#network 192.168.23.0
R3(config-router)#network 192.168.34.0
```

（4）配置路由器 R4

```
R4(config)#router rip
R4(config-router)#version 2
R4(config-router)#no auto-summary
R4(config-router)#network 192.168.34.0
R4(config-router)#network 4.0.0.0
(1)show ip route
R1#show ip route
Codes:C - connected, S - static, R - RIP, M - mobile, B - BGP
D - EIGRP, EX - EIGRP external, O - OSPF, IA - OSPF inter area
N1 - OSPF NSSA external type 1, N2 - OSPF NSSA external type 2
```

```
E1 - OSPF external type 1, E2 - OSPF external type 2
i - IS-IS, su - IS-IS summary, L1 - IS-IS level-1, L2 - IS-IS level-2
ia - IS-IS inter area, * - candidate default, U - per-user static route
o - ODR, P - periodic downloaded static route
Gateway of last resort is not set
C 192.168.12.0/24 is directly connected, Serial0/1/0
1.0.0.0/24 is subnetted, 1 subnets
C 1.1.1.0 is directly connected, Loopback0
4.0.0.0/8 is variably subnetted, 2 subnets, 2 masks
R 4.4.4.0/24 [120/3] via 192.168.12.2, 00:00:22, Serial0/1/0
R 192.168.23.0/24 [120/1] via 192.168.12.2, 00:00:22, Serial0/1/0
R 192.168.34.0/24 [120/2] via 192.168.12.2, 00:00:22, Serial0/1/0
```

从上面输出的路由条目"4.4.4.0/24"，可以看到 RIPv2 路由更新是携带子网信息的。

虚拟仿真——9. 配置思科动态路由 OSPF

OSPF（Open Shortest Path First，开放式最短路径优先）是一个内部网关协议（Interior Gateway Protocol，IGP），用于在单一自治系统（Autonomous System，AS）内决策路由。

任务一：单区域 OSPF

拓扑结构如附图 9-1 所示。

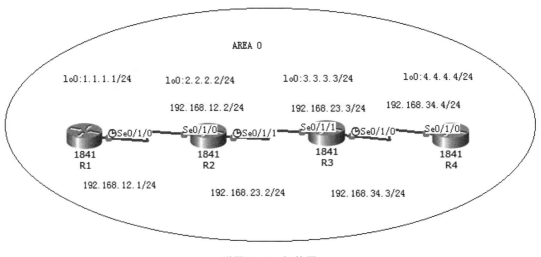

附图 9-1 拓扑图

1. 项目步骤

配置路由器的端口地址，并设置时钟频率。（具体操作略）

（1）配置路由器 R1

```
R1(config)#router ospf 1
R1(config-router)#router-id 1.1.1.1
R1(config-router)#network 1.1.1.0 255.255.255.0 area 0
R1(config-router)#network 192.168.12.0 255.255.255.0 area 0
```

（2）配置路由器 R2

```
R2(config)#router ospf 1
R2(config-router)#router-id 2.2.2.2
R2(config-router)#network 192.168.12.0 255.255.255.0 area 0
R2(config-router)#network 192.168.23.0 255.255.255.0 area 0
R2(config-router)#network 2.2.2.0 255.255.255.0 area 0
```

（3）配置路由器 R3

```
R3(config)#router ospf 1
R3(config-router)#router-id 3.3.3.3
R3(config-router)#network 192.168.23.0 255.255.255.0 area 0
R3(config-router)#network 192.168.34.0 255.255.255.0 area 0
R3(config-router)#network 3.3.3.0 255.255.255.0 area 0
```

（4）配置路由器 R4

```
R4(config)#router ospf 1
R4(config-router)#router-id 4.4.4.4
R4(config-router)#network 4.4.4.0 0.0.0.255 area 0
R4(config-router)#network 192.168.34.0 0.0.0.255 area 0
```

2. 项目调试

```
R2#show ip route
Gateway of last resort is not set
C 192.168.12.0/24 is directly connected, Serial0/1/0 1.0.0.0/32 is subnetted,
1 subnets
  O 1.1.1.1 [110/782] via 192.168.12.1, 00:18:40, Serial0/1/0 2.0.0.0/24 is subnet-
ted, 1 subnets
  C 2.2.2.0 is directly connected, Loopback0 3.0.0.0/32 is subnetted, 1 subnets
  O 3.3.3.3 [110/782] via 192.168.23.3, 00:18:40, Serial0/1/1 4.0.0.0/32 is subnet-
ted, 1 subnets
  O 4.4.4.4 [110/1563] via 192.168.23.3, 00:18:40, Serial0/1/1
  C 192.168.23.0/24 is directly connected, Serial0/0/1
  O 192.168.34.0/24 [110/1562] via 192.168.23.3, 00:18:41, Serial0/0/1
```

输出结果表明，同一个区域内，通过 OSPF 路由协议学习的路由条目用代码"O"表示。

【说明】

①环回接口 OSPF 路由条目的掩码长度都是 32 位，这是环回接口的特性，如需通告 24 位，解决的办法是在环回接口下修改网络类型为"Point-to-Point"，操作如下：

```
R2(config)#interface loopback 0
R2(config-if)#ip ospf network point-to-point
```

这样收到的路由条目的掩码长度和通告的一致。

②路由条目"4.4.4.4"的度量值为 1 563，计算过程如下：

开销值的计算公式为 108/带宽（b/s），然后取整，而且是所有链路入口的开销值之和。环回接口的开销值为 1，路由条目"4.4.4.4"到路由器 R2 经过的入接口包括路由器 R4 的 loopback0，路由器 R3 的 S0/1/0，路由器 R2 的 S0/1/1，所以计算如下：1 + 108/128 000 + 108/128 000 = 1 563。也可以直接通过命令"ip ospf cost"设置接口的开销值。

任务二：多区域 OSPF

拓扑结构如附图 9 - 2 所示。

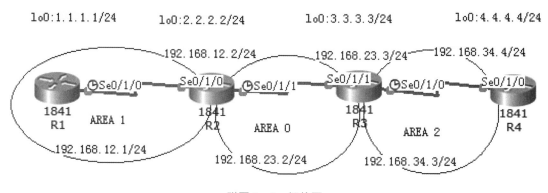

附图 9 - 2 拓扑图

配置时，采用环回接口尽量靠近区域 0 的原则。路由器 R4 的环回接口不在 OSPF 进程中通告，通过重分布的方法进入 OSPF 网络。

1. 项目步骤

配置路由器的端口地址，并设置时钟频率。（具体操作略）

（1）配置路由器 R1

```
R1(config)#router ospf 1
R1(config-router)#router-id 1.1.1.1
R1(config-router)#network 1.1.1.0 255.255.255.0 area 1
R1(config-router)#network 192.168.12.0 255.255.255.0 area 1
```

（2）配置路由器 R2

```
R2(config)#router ospf 1
R2(config-router)#router-id 2.2.2.2
R2(config-router)#network 192.168.12.0 255.255.255.0 area 1
R2(config-router)#network 192.168.23.0 255.255.255.0 area 0
R2(config-router)#network 2.2.2.0 255.255.255.0 area 0
```

（3）配置路由器 R3

```
R3(config)#router ospf 1
R3(config-router)#router-id 3.3.3.3
R3(config-router)#network 192.168.23.0 255.255.255.0 area 0
R3(config-router)#network 192.168.34.0 255.255.255.0 area 2
R3(config-router)#network 3.3.3.0 255.255.255.0 area 0
```

（4）配置路由器 R4

```
R4(config)#router ospf 1
R4(config-router)#router-id 4.4.4.4
R4(config-router)#network 192.168.34.0 0.0.0.255 area 2
R4(config-router)#redistribute connected subnets    ！将直连路由重分布到 OSPF 网络
```

2. 项目调试

```
R2#show ip route ospf
1.0.0.0/24 is subnetted, 1 subnets
O 1.1.1.0 [110/65] via 192.168.12.1, 00:04:36, Serial0/1/0 3.0.0.0/24 is subnet-
ted, 1 subnets
O 3.3.3.0 [110/65] via 192.168.23.3, 00:02:46, Serial0/1/1 4.0.0.0/24 is subnet-
ted, 1 subnets
O E2 4.4.4.0 [110/20] via 192.168.23.3, 00:02:22, Serial0/1/1
O IA 192.168.34.0/24 [110/128] via 192.168.23.3, 00:02:46, Serial0/1/1
```

以上输出表明，路由器 R2 的路由表中既有区域内的路由"1.1.1.0"和"3.3.3.0"，又有区域间的路由"192.168.34.0"，还有外部区域的路由"4.4.4.0"。在 R4 上要用重分布，就是为了构造自治系统外的路由。

虚拟仿真——10. 配置思科动态路由 EIGRP

EIGRP（Enhanced Interior Gateway Routing Protocol，增强型内部网关路由协议）是 Cisco 内部专有协议，其他公司的网络产品是不会拥有该协议的。

一、配置实例拓扑图（附图 10-1）

二、项目步骤

配置路由器的端口地址，并设置时钟频率。（具体操作略）

（1）配置路由器 R1

```
R1(config)#router eigrp 1
R1(config-router)#no auto-summary
R1(config-router)#network 1.1.1.0 0.0.0.255
R1(config-router)#network 192.168.12.0
```

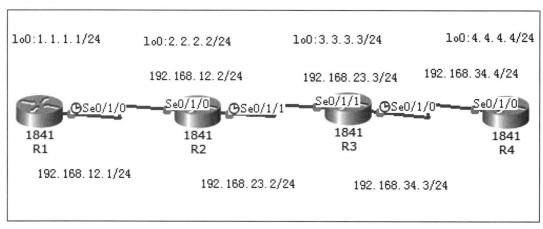

附图 10 - 1　拓扑图

（2）配置路由器 R2

```
R2(config)#router eigrp 1
R2(config - router)#no auto - summary
R2(config - router)#network 192.168.12.0
R2(config - router)#network 192.168.23.0
```

（3）配置路由器 R3

```
R3(config)#router eigrp 1
R3(config - router)#no auto - summary
R3(config - router)#network 192.168.23.0
R3(config - router)#network 192.168.34.0
```

（4）配置路由器 R4

```
R4(config)#router eigrp 1
R4(config - router)#no auto - summary
R4(config - router)#network 4.4.4.0 255.255.255.0
R4(config - router)#network 192.168.34.0
```

【说明】

EIGRP 协议在通告网段时，如果是主类网络（即标准 A、B、C 类的网络，或者说没有划分子网的网络），只需输入此网络地址；如果是子网，则最好在网络号后面写子网掩码或者反掩码，这样可以避免将所有的子网都加入 EIGRP 进程中。

反掩码是用广播地址（255.255.255.255）减去子网掩码得到的。如掩码地址是 255.255.248.0，则反掩码地址是 0.0.7.255。在高级的 IoS 中，也支持网络掩码的写法。运行 EIGRP 的整个网络 AS 号码必须一致，其范围为 1~65 535。

三、项目调试

```
R2#show ip route
Gateway of last resort is not set
```

```
C 192.168.12.0/24 is directly connected, Serial0/1/0 1.0.0.0/24 is subnetted,
1 subnets
  D 1.1.1.0 [90/20640000] via 192.168.12.1, 00:04:19, Serial0/1/0 4.0.0.0/24 is sub-
netted, 1 subnets
  D 4.4.4.0 [90/21152000] via 192.168.23.3, 00:00:06, Serial0/1/1
  C 192.168.23.0/24 is directly connected, Serial0/1/1
  D 192.168.34.0/24 [90/21024000] via 192.168.23.3, 00:05:34, Serial0/1/1
```

以上输出表明，路由器 R2 通过 EIGRP 学到了 3 条 EIGRP 路由条目，管理距离是 90。注意，EIGRP 协议代码用字母 "D" 表示，如果通过重分布方式进入 EIGRP 网络的路由条目，默认管理距离为 170，路由代码用 "D EX" 表示，也说明 EIGRP 路由协议能够区分内部路由和外部路由。

虚拟仿真——11. 配置思科 PPP 认证

PPP（Point to Point Protocol，数据链路层协议）有两种认证方式：一种是 PAP，一种是 CHAP。相对来说，PAP 的认证方式安全性没有 CHAP 的高。PAP 在传输 password 时是明文的，而 CHAP 在传输过程中不传输密码，PAP 认证是通过两次握手实现的，而 CHAP 则是通过 3 次握手实现的。

任务一：PAP 认证

1. 项目配置拓扑图（附图 11 - 1）

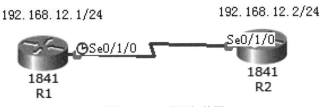

附图 11 - 1　项目拓扑图

2. 项目步骤

步骤 1：在 R1 和 R2 路由器上配置 IP 地址，保证直连链路的连通性。

```
R1(config)#int s0/1/0
R1(config-if)#ip address 192.168.12.1 255.255.255.0
R1(config-if)#no shutdown
R2(config)#int s0/1/0
R2(config-if)#clock rate 64000
R2(config-if)#ip address 192.168.12.2 255.255.255.0
R2(config-if)#no shutdown
```

步骤 2：配置路由器 R1（远程路由器，被认证方）。

①两端路由器上的串口采用 PPP 封装，用 "encapsulation" 命令：

```
R1(config)#int s0/1/0
R1(config-if)#encapsulation ppp
```

②在远程路由器 R1 上配置在中心路由器上登录的用户名和密码，使用"ppp pap sent-username 用户名 password 密码"命令：

```
R1(config-if)#ppp pap sent-username R1 password 123456
```

③中心路由器上的串口采用 PPP 封装，用"encapsulation"命令：

```
R2(config)#int s0/1/0
R2(config-if)#encapsulation ppp
```

④在中心路由器上配置 PAP 验证，使用"ppp authentication pap"命令：

```
R2(config-if)#ppp authentication pap
```

⑤在中心路由器上为远程路由器设置用户名和密码，使用"username 用户名 password 密码"命令：

```
R2(config)#username R1 password 123456
```

以上步骤只是在 R1（远程路由器）和 R2（中心路由器）取得验证，即单向验证。

然而，在实际应用中，通常采用双向验证，即，R2 要验证 R1，而 R1 也要验证 R2。采用类似的步骤配置 R1 对 R2 进行验证，这时 R1 为中心路由器，R2 为远程路由器。

⑥在中心路由器 R1 上配置 PAP 验证，使用"ppp authentication pap"命令：

```
R1(config-if)#ppp authentication pap
```

⑦在中心路由器 R1 上为远程路由器 R2 设置用户名和密码，使用"username 用户名 password 密码"命令：

```
R1(config)#username R2 password 654321
```

⑧在远程路由器 R2 上配置以什么用户和密码在远程路由器上登录，使用"ppp papsent-username 用户名 password 密码"命令：

```
R2(config-if)#ppp pap sent-username R2 password 654321
```

【提示】在 ISDN 拨号上网时，通常只是电信对用户进行验证（要根据用户名来收费），用户不能对电信进行验证，即验证是单向的。

3. 项目调试

使用"debug ppp authentication"命令可以查看 PPP 认证过程。

```
R1#debug ppp authentication                    ! 打开 PPP 认证调试
PPP authentication debugging is on
R1(config)#int s0/1/0
R1(config-if)#shutdown
R1(config-if)#no shutdown
```

//由于 PAP 认证是在链路建立后进行一次,把接口关闭并重新打开,以便观察认证过程

* Feb 22 12:18:20.355: % LINK – 3 – UPDOWN: Interface Serial0/1/0, changed state to up

* Feb 22 12:18:20.355: Se0/1/0 PPP: Using default call direction

* Feb 22 12:18:20.355: Se0/1/0 PPP: Treating connection as a dedicated line

* Feb 22 12:18:20.355: Se0/1/0 PPP: Session handle[C0000006] Session id[15]

* Feb 22 12:18:20.355: Se0/1/0 PPP: Authorization required

* Feb 22 12:18:20.359: Se0/1/0 PAP: Using hostname from interface PAP

* Feb 22 12:18:20.359: Se0/1/0 PAP: Using password from interface PAP

* Feb 22 12:18:20.359: Se0/1/0 PAP: O AUTH – REQ id 13 len 14 from "R1"

* Feb 22 12:18:20.363: Se0/1/0 PAP: I AUTH – REQ id 2 len 14 from "R2"

* Feb 22 12:18:20.363: Se0/1/0 PAP: Authenticating peer R2

* Feb 22 12:18:20.363: Se0/1/0 PPP: Sent PAP LOGIN Request

* Feb 22 12:18:20.363: Se0/1/0 PPP: Received LOGIN Response PASS

* Feb 22 12:18:20.363: Se0/1/0 PPP: Sent LCP AUTHOR Request

* Feb 22 12:18:20.363: Se0/1/0 PPP: Sent IPCP AUTHOR Request

* Feb 22 12:18:20.363: Se0/1/0 LCP: Received AAA AUTHOR Response PASS

* Feb 22 12:18:20.363: Se0/1/0 IPCP: Received AAA AUTHOR Response PASS

* Feb 22 12:18:20.363: Se0/1/0 PAP: O AUTH – ACK id 2 len 5

* Feb 22 12:18:20.363: Se0/1/0 PAP: I AUTH – ACK id 13 len 5

* Feb 22 12:18:20.363: Se0/1/0 PPP: Sent CDPCP AUTHOR Request

* Feb 22 12:18:20.363: Se0/1/0 CDPCP: Received AAA AUTHOR Response PASS

* Feb 22 12:18:20.367: Se0/1/0 PPP: Sent IPCP AUTHOR Request

* Feb 22 12:18:21.363: % LINEPROTO – 5 – UPDOWN: Line protocol on Interface Serial0/1/0, changed state to up

//以上是认证成功的例子

* Feb 22 12:22:07.391: Se0/1/0 PPP: Authorization required

* Feb 22 12:22:09.411: Se0/1/0 PAP: Using hostname from interface PAP

* Feb 22 12:22:09.411: Se0/1/0 PAP: Using password from interface PAP

* Feb 22 12:22:09.411: Se0/1/0 PAP: O AUTH – REQ id 15 len 14 from "R1"

* Feb 22 12:22:09.411: Se0/1/0 PAP: I AUTH – REQ id 4 len 14 from "R2"

* Feb 22 12:22:09.411: Se0/1/0 PAP: Authenticating peer R2

* Feb 22 12:22:09.411: Se0/1/0 PPP: Sent PAP LOGIN Request

* Feb 22 12:22:09.415: Se0/1/0 PPP: Received LOGIN Response FAIL

* Feb 22 12:22:09.415: Se0/1/0 PAP: O AUTH – NAK id 4 len 26 msg is "Authentication failed"

//以上是认证失败的例子,例如密码错误等

任务二: CHAP 认证

项目环境和拓扑同上。

①使用 "username 用户名 password 密码" 命令为对方配置用户名和密码, 需要注意的是, 两方的密码要相同。

```
R1(config)#username R2 password hello
R2(config)#username R1 password hello
```

②路由器的两端串口采用 PPP 封装，并采用配置 CHAP 验证。

```
R1(config)#int s0/1/0
R1(config-if)#encapsulation ppp
R1(config-if)#ppp authentication chap
R2(config)#int s0/1/0
R2(config-if)#encapsulation ppp
R2(config-if)#ppp authentication chap
```

③项目调试（同任务一）。

虚拟仿真——12. 配置思科 NAT 服务

思科 NAT 有三种类型：静态 NAT、动态 NAT 和端口地址转换 PAT（NAPT）。

任务一：静态 NAT 配置

项目拓扑如附图 12-1 所示。前期准备按照拓扑图配置网络设备和计算机的地址，并设置路由器的时钟频率（具体操作略）。

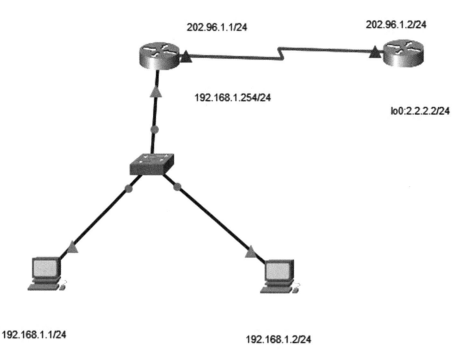

附图 12-1　静态 NAT 配置

1. 项目步骤

（1）配置路由器 R1 提供 NAT 服务

```
R1(config)#router rip
R1(config-router)#version 2
R1(config-router)#no auto-summary
R1(config-router)#network 202.96.1.0
R1(config-router)#network 192.168.1.0
R1(config)#ip nat inside source static 192.168.1.2 202.96.1.1   ! 配置静态 NAT 映射
R1(config)#interface f0/0
R1(config-if)#ip nat inside                    ! 配置 NAT 内部接口
R1(config)#interface s0/1/0
R1(config-if)#ip nat outside                   ! 配置 NAT 外部接口
```

（2）配置路由器 R2

```
R2(config)#router rip
R2(config-router)#version 2
R2(config-router)#no auto-summary
R2(config-router)#network 202.96.1.0
R2(config-router)#network 2.0.0.0
```

2. 项目调试

（1）debug ip nat

该命令可以查看地址翻译的过程。

在 PC1 和 PC2 上 ping 2.2.2.2（路由器 R2 的环回接口），此时应该是通的，路由器 R1 的输出信息如下：

```
R1#debug ip nat
*Mar 4 02:02:12.779: NAT*: s=192.168.1.1->202.96.1.3, d=2.2.2.2 [20240]
*Mar 4 02:02:12.791: NAT*: s=2.2.2.2, d=202.96.1.3->192.168.1.1 [14435]
......
*Mar 4 02:02:25.563: NAT*: s=192.168.1.2->202.96.1.4, d=2.2.2.2 [25]
*Mar 4 02:02:25.579: NAT*: s=2.2.2.2, d=202.96.1.4->192.168.1.2 [25]
......
```

以上输出表明了 NAT 的转换过程。首先把私有地址"192.168.1.1"和"192.168.1.2"分别转换成公网地址"202.96.1.3"和"202.96.1.4"来访问地址"2.2.2.2"，然后回来的时候把公网地址"202.96.1.3"和"202.96.1.4"分别转换成私有地址"192.168.1.1"和"192.168.1.2"。

（2）show ip nat translations

该命令用来查看 NAT 表。静态映射时，NAT 表一直存在。

```
R1#show ip nat translations
Pro Inside global     Inside local      Outside local      Outside global
    202.96.1.3        192.168.1.1       ---                ---
    202.96.1.4        192.168.1.2       ---                ---
```

以上输出表明了内部全局地址和内部局部地址的对应关系。

任务二：动态 NAT

项目拓扑如附图 12 - 1 所示。前期准备按照拓扑图配置网络设备和计算机的地址，并设置路由器时钟频率（具体操作略）。

1. 项目步骤

步骤 1：配置路由器 R1 来提供 NAT 服务。

```
R1(config)#router rip
R1(config - router)#version 2
R1(config - router)#no auto - summary
R1(config - router)#network 202.96.1.0
R1(config - router)#network 192.168.1.0
R1(config)#ip nat pool NAT 202.96.1.3 202.96.1.100 netmask 255.255.255.0
! 配置动态 NAT 转换的地址池
R1(config)#ip nat inside source list 1 pool NAT
! 配置动态 NAT 映射
R1(config)#access - list 1 permit 192.168.1.0 0.0.0.255
! 允许动态 NAT 转换的内部地址范围
R1(config)#interface f0/0
R1(config - if)#ip nat inside
R1(config - if)#interface s0/1/0
R1(config - if)#ip nat outside
```

步骤 2：配置路由器 R2。

```
R2(config)#router rip
R2(config - router)#version 2
R2(config - router)#no auto - summary
R2(config - router)#network 202.96.1.0
R2(config - router)#network 2.2.2.0
```

2. 项目调试

在 PC1 上访问 2.2.2.2（路由器 R2 的环回接口）的 WWW 服务，在 PC2 上分别 telnet 和 ping 2.2.2.2（路由器 R2 的环回接口），调试结果如下。

（1）debug ip nat

```
R1#debug ip nat
IP NAT debugging is on
R1#clear ip nat translation *  //清除动态 NAT 表
*Mar 4 01:34:23.075: NAT*: s=192.168.1.1 - >202.96.1.4, d=2.2.2.2 [19833]
*Mar 4 01:34:23.087: NAT*: s=2.2.2.2, d=202.96.1.4 - >192.168.1.1 [62333]
......
*Mar 4 01:28:49.867: NAT*: s=192.168.1.2 - >202.96.1.3, d=2.2.2.2 [62864]
*Mar 4 01:28:49.875: NAT*: s=2.2.2.2, d=202.96.1.3 - >192.168.1.2 [54062]
......
```

【提示】

如果动态 NAT 地址池中没有足够的地址作动态映射，则会出现类似下面的信息，提示 NAT 转换失败，并丢弃数据包。

```
* Feb 22 09：02：59.075：NAT: translation failed（A），dropping packet s = 192.168.1.2 d = 2.2.2.2
```

（2）show ip nat translations

```
R1#show ip nat translations
Pro Inside global Inside local Outside local Outside global
tcp 202.96.1.4：1721 192.168.1.1：1721 2.2.2.2：80 2.2.2.2：80
--- 202.96.1.4 192.168.1.1        ---        ---
icmp 202.96.1.3：3 192.168.1.2：3 2.2.2.2：3 2.2.2.2：3
tcp 202.96.1.3：14347 192.168.1.2：14347 2.2.2.2：23 2.2.2.2：23
--- 202.96.1.3 192.168.1.2        ---        ---
```

以上信息表明，当 PC1 和 PC2 第一次访问 "2.2.2.2" 地址的时候，NAT 路由器 R1 为主机 PC1 和 PC2 动态分配两个全局地址 "202.96.1.4" 和 "202.96.1.3"，在 NAT 表中生成两条动态映射的记录，同时会在 NAT 表中生成和应用向对应的协议和端口号的记录（过期时间为 60 秒）。在动态映射没有过期（过期时间为 86 400 秒）之前，再有应用从相同主机发起时，NAT 路由器直接查 NAT 表，然后为应用分配相应的端口号。

（3）show ip nat statistics

该命令用来查看 NAT 转换的统计信息。

```
R1#show ip nat statistics
Total active translations: 5（0 static, 5 dynamic; 3 extended）
！有 5 个转换是动态转化
Outside interfaces：
Serial0/1/0                        ！NAT 外部接口
Inside interfaces：
fastEthernet0/0                    ！NAT 内部接口
Hits: 54 Misses: 6
CEF Translated packets: 60, CEF Punted packets: 5
Expired translations: 12           ！NAT 表中过期的转换
Dynamic mappings：                 ！动态映射
-- Inside Source
[Id：1] access - list 1 pool NAT refcount 2
pool NAT: netmask 255.255.255.0    ！地址池名字和掩码
start 202.96.1.3 end 202.96.1.100  ！地址池范围
type generic, total addresses 98, allocated 2（2％）, misses 0
！共 98 个地址，分出去 2 个
Queued Packets: 0
```

任务三：PAT 配置

项目拓扑如附图 12 – 1 所示。前期准备：按照拓扑图配置网络设备和计算机的地址，并设置路由器时钟频率（具体操作略）。

1. 项目步骤

（1）配置路由器 R1 来提供 NAT 服务

```
R1(config)#router rip
R1(config – router)#version 2
R1(config – router)#no auto – summary
R1(config – router)#network 202.96.1.0
R1(config – router)#network 192.168.1.0
R1(config)#ip nat pool NAT 202.96.1.3 202.96.1.100 netmask 255.255.255.0
R1(config)#ip nat inside source list 1 pool NAT overload          ! 配置 PAT
R1(config)#access – list 1 permit 192.168.1.0 0.0.0.255
R1(config)#interface f0/0
R1(config – if)#ip nat inside
R1(config – if)#interface s0/1/0
R1(config – if)#ip nat outside
```

（2）配置路由器 R2

```
R2(config)#router rip
R2(config – router)#version 2
R2(config – router)#no auto – summary
R2(config – router)#network 202.96.1.0
R2(config – router)#network 2.2.2.0
```

2. 项目调试

在 PC1 上访问 2.2.2.2（路由器 R2 的环回接口）的 WWW 服务，在 PC2 上分别 telnet 和 ping 2.2.2.2（路由器 R2 的环回接口），调试结果如下。

（1）debug ip nat

```
* Mar 4 01:53:47.983: NAT * : s = 192.168.1.1 – >202.96.1.3, d = 2.2.2.2 [20056]
* Mar 4 01:53:47.995: NAT * : s = 2.2.2.2, d = 202.96.1.3 – >192.168.1.1 [46201]
......
* Mar 4 01:54:03.015: NAT * : s = 192.168.1.2 – >202.96.1.3, d = 2.2.2.2 [20787]
* Mar 4 01:54:03.219: NAT * : s = 2.2.2.2, d = 202.96.1.3 – >192.168.1.2 [12049]
......
```

（2）show ip nat translations

```
R1#show ip nat translations
Pro Inside global Inside local Outside local Outside global
tcp 202.96.1.3:1732 192.168.1.1:1732 2.2.2.2:80 2.2.2.2:80
icmp 202.96.1.3:4 192.168.1.2:4 2.2.2.2:4 2.2.2.2:4
tcp 202.96.1.3:12320 192.168.1.2:12320 2.2.2.2:23 2.2.2.2:23
```

以上输出表明，进行 PAT 转换使用的是同一个 IP 地址的不同端口号。

（3）show ip nat statistics

```
Total active translations: 3 (0 static, 3 dynamic; 3 extended)
Outside interfaces:
Serial0/1/0
Inside interfaces:
fastEthernet0/0
Hits: 762 Misses: 22
CEF Translated packets: 760, CEF Punted packets: 47
Expired translations: 19
Dynamic mappings:
 -- Inside Source
[Id: 2] access - list 1 pool NAT refcount 3
pool NAT: netmask 255.255.255.0
start 202.96.1.3 end 202.96.1.100
type generic, total addresses 98, allocated 1 (1%), misses 0
Queued Packets: 0
```

虚拟仿真——13. 配置思科 ACL 技术

访问控制列表简称为 ACL，它使用包过滤技术，在路由器上读取第三层及第四层包头中的信息，如源地址、目的地址、源端口、目的端口等，根据预先定义好的规则对包进行过滤，从而达到访问控制的目的。ACL 分很多种，不同场合应用不同种类的 ACL。要求根据附图 13 - 1 所示的拓扑结构图搭建网络。允许 172.16.0.0/24 网络访问 192.168.100.0/24 网段所有主机，但是只允许其访问 192.168.0.0/24 网段中的 Server0 的 WWW 服务。禁止 172.16.1.0/24 网段主机访问 192.168.100.0/24 网络，只禁止 172.16.1.0/24 网段主机访问 192.168.0.0/24 网段中的 Server0 的 FTP 服务。分别采用编号的访问控制列表和命名的访问控制列表完成下面的各项实训任务，并验证结果的正确性。

1. 项目步骤

前期准备：按照拓扑图配置网络设备和计算机的地址，并开启服务器对应服务，设置路由器时钟频率（具体操作略）。

（1）Router0 的基本配置

```
Router > en         //进入特权模式
Router#configure terminal    //进入全局配置模式
Router(config)#int f1/0  //进入端口
Router(config - if)#ip add 172.16.0.1 255.255.255.0   //配置 IP 及掩码
Router(config - if)#no shut   //开启端口
Router(config - if)#int f0/0
Router(config - if)#ip add 172.16.1.1 255.255.255.0
Router(config - if)#no shut
```

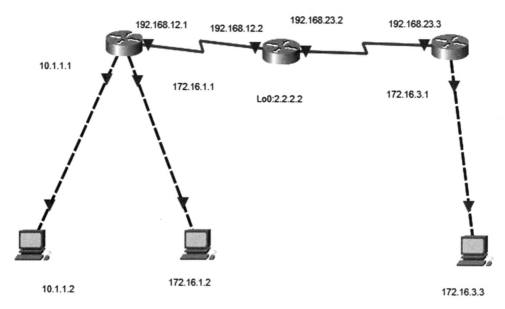

附图 13 – 1　项目拓扑图

```
Router(config-if)#int f4/0
Router(config-if)#ip add 202.102.1.1 255.255.255.252
Router(config-if)#no shut
Router(config-if)#exit
Router(config)#route rip        //使用 RIP 路由协议
Router(config-router)#version 2       //使用 RIP 协议第二版本
Router(config-router)#network 172.16.0.0      //配置关联网络
Router(config-router)#network 202.102.1.0
Router(config-router)#
```

（2）Router1 的基本配置

```
Router > en
Router#conf t
Router(config)#int f4/0
Router(config-if)#ip add 202.102.1.2 255.255.255.252
Router(config-if)#no shut
Router(config-if)#int f1/0
Router(config-if)#ip add 192.168.0.1 255.255.255.0
Router(config-if)#no shut
Router(config-if)#int f0/0
Router(config-if)#ip add 192.168.100.1 255.255.255.0
Router(config-if)#no shut
Router(config-if)#exit
Router(config)#route rip
Router(config-router)#version 2
Router(config-router)#network 192.168.0.0
```

```
Router(config-router)#network 192.168.100.0
Router(config-router)#network 202.102.1.0
Router(config-router)#exit
Router(config)#exit
```

2. 项目调试

从 PC0 上 ping PC2、Server0、Laptop0 都通。

从 PC1 上 ping PC2、Server0、Laptop0 都通。

从 PC0、PC1 上都可以访问 Server0 的 WWW、FTP 服务。

说明:

①允许 172.16.0.0/24 网络访问 192.168.100.0/24、192.168.0.0/24 网段所有主机,包括 Server0 的 WWW 服务。

②允许 172.16.1.0/24 网段主机访问 192.168.100.0/24、192.168.0.0/24 网络,包括 Server0 的 FTP 服务。

3. 在 Router1 上配置编号的 ACL

在 Router1 上配置编号的 ACL,以实现相应的网络访问控制,并验证访问控制效果。

(1) 在 Router1 上配置 ACL

```
Router>en
Router#
Router#conf t
Router(config)#access-list 100 permit ip 172.16.0.0 0.0.0.255 192.168.100.0 0.0.0.255
 Router(config)#access-list 100 permit tcp 172.16.0.0 0.0.0.255 host 192.168.0.2
eq www
 Router(config)#access-list 100 deny ip 172.16.1.0 0.0.0.255 192.168.100.0 0.0.0.255
 Router(config)#access-list 100 deny tcp 172.16.1.0 0.0.0.255 host 192.168.0.2
eq 21
 Router(config)#access-list 100 permit ip 172.16.1.0 0.0.0.255 any
Router(config)#int f4/0
Router(config-if)#ip access-group 100 out
Router(config-if)#
```

(2) 查看 ACL

- Router#show ip access-lists

显示结果如下:

```
Extended IP access list 100
    permit ip 172.16.0.0 0.0.0.255 192.168.100.0 0.0.0.255 (4 match(es))
    permit tcp 172.16.0.0 0.0.0.255 host 192.168.0.2 eq www (34 match(es))
    deny ip 172.16.1.0 0.0.0.255 192.168.100.0 0.0.0.255
    deny tcp 172.16.1.0 0.0.0.255 host 192.168.0.2 eq ftp
    permit ip 172.16.1.0 0.0.0.255 any
```

- Router#show ip int f4/0

显示结果如下：

```
FastEthernet4/0 is up, line protocol is up (connected)
Internet address is 202.102.1.1/30
Broadcast address is 255.255.255.255
Address determined by setup command
MTU is 1500
Helper address is not set
Directed broadcast forwarding is disabled
Outgoing access list is 100
Inbound access list is not set
.....
```

虚拟仿真——14. 配置思科 WLAN

任务一：WLAN 基本配置

1. 配置实例拓扑图（附图 14 – 1）

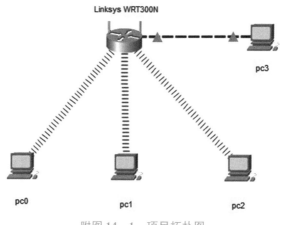

附图 14 – 1　项目拓扑图

无线设备是 Linksys WRT300N 无线路由器，该无线路由器共有 4 个 RJ – 45 插口、1 个 WAN 口、4 个 LANEthernet 口；计算机都配置有无线网卡模块，需要手动添加该无线网卡模块。计算机添加了无线网卡后，会自动与 Linksys WRT300N 相连。在附图 14 – 1 中，添加了一台计算机与无线路由器的 Ethernet 端口相连，对 Linksys WRT300N 进行配置。

2. 配置 Linksys WRT300N

配置 PC3 的 IP 地址与 Linksys WRT300N（默认 IP：192.168.0.1）在同一网段。双击附图 14 – 1 中的 PC3，然后切换到 "Desktop" 选项卡，双击 "Web Browser" 图标运行 Web 浏览器。在浏览器地址栏里面填写 http:// 192.168.0.1，在登录对话框内输入用户名和密码（都是 admin）。以 Web 的方式配置 Linksys WRT300N，配置 WLAN 的 SSID，无线路由器与计算机无线网卡的 SSID 相同，配置 WEP 加密密钥。

任务二：WLAN 高级配置

拓扑图如附图 14 – 2 所示。

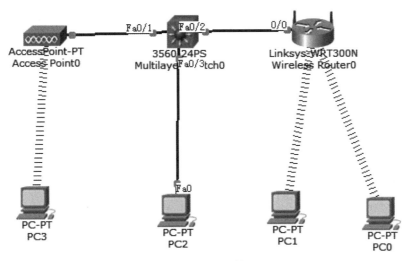

附图 14 – 2 拓扑图

这里默认加入的是 Linksys 的无线路由器，但是现在想将 PC3 加入无线 AP。那么该怎么设置呢？单击"PC3"，在"Desktop"的"PC Wireless"中选择无线网络的强弱。单击"Connect"，可以查看无线网络。

注意：可以看见有两个无线网络，一个名为"Wireless router"，是无线路由器；另一个"Wireless AP"是无线 AP。这里选择"Wireless AP"，然后单击"Connect"进行连接。

将 3560 三层交换机作为核心交换机，在交换机上面的配置如下：

```
Switch(config)#int vlan 1
Switch(config - if)#ip add 192.168.0.1 255.255.255.0
Switch(config - if)#no shut
Switch(config - if)#exit
```

先给 VLAN1 配置一个 DHCP，以便 PC2 能够自动获取 IP 地址：

```
Switch(config)#ip dhcp pool dhcp
Switch(dhcp - config)#network 192.168.0.0 255.255.255.0
Switch(dhcp - config)#default - router 192.168.0.1
Switch(dhcp - config)#dns - server 61.139.2.69
Switch(config)#ip dhcp excluded - address 192.168.0.1 192.168.0.1
Switch(config)#ip dhcp excluded - address 192.168.0.254 192.168.0.254
```

在这里 VLAN1 作为有线接入，而 VLAN2 作为无线接入。VLAN2 配置如下：

```
Switch(config)#vlan 2
Switch(config - vlan)#exit
Switch(config)#int fa0/1
```

```
Switch(config-if)#switchport mode acc
Switch(config-if)#sw acc vlan 2
Switch(config-if)#exit
Switch(config)#int vlan 2
Switch(config-if)#ip add 192.168.1.1 255.255.255.0
Switch(config-if)#no shut
Switch(config-if)#exit
Switch(config)#ip dhcp pool vlan2        !VLAN2 也就是无线网络的 IP 自动获取地址
Switch(dhcp-config)#network 192.168.1.0 255.255.255.0
Switch(dhcp-config)#default-router 192.168.1.1
Switch(dhcp-config)#dns-server 192.168.1.1
Switch(config)#ip dhcp excluded-address 192.168.1.1 192.168.1.1
Switch(config)#ip dhcp excluded-address 192.168.1.254 192.168.1.254
Switch(config)#vlan 3    !VLAN3 里面就放置无线 AP
Switch(config-vlan)#exit
Switch(config)#int fa0/2
Switch(config-if)#sw mo acc
Switch(config-if)#sw acc vlan 3
Switch(config-if)#exit
Switch(config)#int vlan 3
Switch(config-if)#ip add 192.168.2.1 255.255.255.0
Switch(config-if)#no shut
Switch(config-if)#exit
Switch(config)#ip dhcp pool vlan3
Switch(dhcp-config)#network 192.168.2.0 255.255.255.0
Switch(dhcp-config)#default-route 192.168.2.1
Switch(dhcp-config)#dns-server 192.168.2.1
Switch(dhcp-config)#exit
Switch(config)#ip dhcp ex
Switch(config)#ip dhcp excluded-address 192.168.2.1 192.168.2.1
```

无线路由器的配置如附图 14 - 3 所示。

注意，Internet Setup 右侧不用做任何配置，而在 Network Setup 右侧设置一个管理 IP 地址。这里设置的是 192. 168. 1. 254，以后通过这个 IP 地址来管理该无线路由器。在 DHCP Server Settings 右侧将 DHCP Server 关闭。因为通过无线接入的计算机的 IP 地址都是通过 3560 交换机获取的。

3. 测试连通性

主机之间通过 ping 命令测试连通性。

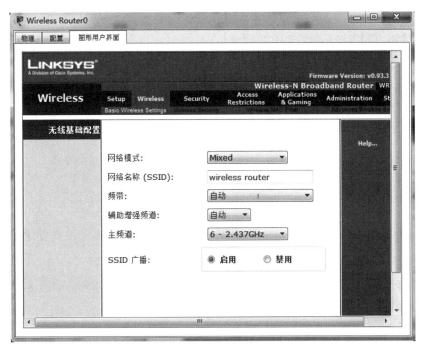

附图 14 – 3　无线路由器配置

虚拟仿真——15. 配置思科 DHCP

任务一：DHCP 基本配置

项目拓扑如附图 15 – 1 所示。IP 地址规划：R1 的 F0/0 接口地址为 192.168.1.1/24，这个地址作为下连 PC 机的网关。

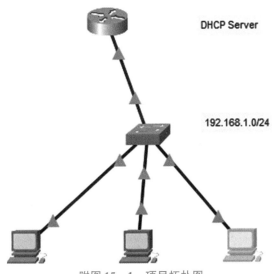

附图 15 – 1　项目拓扑图

1. 项目步骤

（1）配置路由器 R1 来提供 DHCP 服务

```
R1(config)#ip dhcp pool AAA                              ! 定义地址池
R1(dhcp-config)#network 192.168.1.0/24                  ! DHCP 服务器要分配的网络和掩码
R1(dhcp-config)#domain-name cisco.com                   ! 域名
R1(dhcp-config)#default-router 192.168.1.1              ! 默认网关,这个地址要和相应网络
所连接的路由器的以太口地址相同
R1(dhcp-config)#netbios-name-server 192.168.1.2! WINS 服务器
R1(dhcp-config)#dns-server 192.168.1.4                  ! DNS 服务器
R1(dhcp-config)#option 150 ip 192.168.1.3               ! TFTP 服务器
R1(dhcp-config)#lease infinite                          ! 定义租期
R1(config)#ip dhcp excluded-address 192.168.1.1 192.168.1.5    ! 排除的地址段
```

（2）设置 Windows 客户端

首先在 Windows 下把 TCP/IP 地址设置为自动获得，如果 DHCP 服务器还提供 DNS、WINS 等，也把它们设置为自动获得。

2. 项目调试

（1）在客户端测试

在"命令提示符"下，执行 C:/ > ipconfig/renew，可以更新 IP 地址，而执行 C:/ > ip-config/all，可以看到 IP 地址、WINS、DNS、域名是否正确。要释放地址，用 C:/ > ipconfig/release 命令。

（2）show ip dhcp pool

该命令用来查看 DHCP 地址池的信息。

```
R1#show ip dhcp pool
Pool A:
Utilization mark(high/low):100/0
Subnet size(first/next):0/0
Total addresses:254             ! 地址池中共计254个地址
Leased addresses:2              ! 已经分配出去2个地址
Pending event:none
1 subnet is currently in the pool:
Current index IP address range Leased addresses
192.168.1.8 192.168.1.1 - 192.168.1.254 2 ! 下一个将要分配的地址、地址池的范围以及分
配出去的地址的个数
```

（3）show ip dhcp binding

该命令用来查看 DHCP 的地址绑定情况。

```
R1#show ip dhcp binding
Bindings from all pools not associated with VRF:
IP address Client-ID/Lease expiration Type
```

```
Hardware address/
User name
192.168.1.6 0063.6973.636f.2d Infinite Automatic
192.168.1.7 0100.6067.00dd.5b Infinite Automatic
```

以上输出表明了 DHCP 服务器自动分配给客户端的 IP 地址以及所对应的客户端的硬件地址。

任务二：DHCP 中继

项目拓扑如附图 15 - 2 所示。前期准备：按照拓扑图配置网络设备和计算机的地址，并设置路由器时钟频率（具体操作略）。

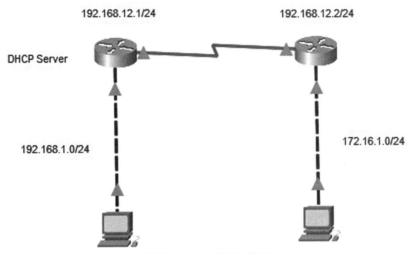

附图 15 - 2　项目拓扑图

本任务中，R1 仍然担任 DHCP 服务器的角色，负责向 PC1 所在网络和 PC2 所在网络的主机动态分配 IP 地址，所以 R1 上需要定义两个地址池。整个网络运行 RIPv2 协议，确保网络 IP 连通性。

1. 项目步骤

步骤 1：配置路由器 R1 来提供 DHCP 服务。

```
R1(config)#interface FastEthernet0/0
R1(config-if)#ip address 192.168.1.1 255.255.255.0
R1(config-if)#no shutdown
R1(config)#router rip
R1(config-router)#version 2
R1(config-router)#no auto-summary
R1(config-router)#network 192.168.1.0
R1(config-router)#network 192.168.12.0
R1(config)#service dhcp
R1(config)#no ip dhcp conflict logging
R1(config)#ip dhcp pool aaa                    ! 定义第一个地址池
```

```
R1(dhcp-config)#network 192.168.1.0/24
R1(dhcp-config)#default-router 192.168.1.1
R1(dhcp-config)#domain-name cisco.com
R1(dhcp-config)#netbios-name-server 192.168.1.2
R1(dhcp-config)#dns-server 192.168.1.4
R1(dhcp-config)#option 150 ip 192.168.1.3
R1(dhcp-config)#lease infinite
R1(config)#ip dhcp excluded-address 192.168.1.1 192.168.1.5
R1(config)#ip dhcp pool bbb                              ! 定义第二个地址池
R1(dhcp-config)#network 172.16.1.0 255.255.255.0
R1(dhcp-config)#domain-name szpt.net
R1(dhcp-config)#default-router 172.16.1.2
R1(dhcp-config)#netbios-name-server 192.168.1.2
R1(dhcp-config)#dns-server 192.168.1.4
R1(dhcp-config)#option 150 ip 192.168.1.3
R1(dhcp-config)#lease infinite
R1(config)#ip dhcp excluded-address 172.16.1.1 172.16.1.2
```

步骤 2：配置路由器 R2。

```
R2(config)#interface FastEthernet0/0
R2(config-if)#ip address 172.16.1.2 255.255.255.0
R2(config-if)#ip helper-address 192.168.12.1    ! 配置帮助地址
R2(config-if)#no shutdown
R2(config)#router rip
R2(config-router)#version 2
R2(config-router)#no auto-summary
R2(config-router)#network 192.168.12.0
R2(config-router)#network 172.16.0.0
```

【技术要点】

路由器不能转发广播，但是很多服务（如 DHCP、TFTP 等）的客户端请求都是以泛洪广播的方式发起的，我们不可能在每个网段都放置这样的服务器，因此，使用 Cisco IoS 的帮助地址特性是很好的选择。通过使用帮助地址，路由器可以被配置为接受对 UDP 服务的广播请求，然后将其以单点传送的方式发给某个具体的 IP 地址，或者以定向广播的形式向某个网段转发这些请求，这就是中继。

2. 实验调试

（1）show ip dhcp binding

在 PC1 和 PC2 上自动获取 IP 地址后，在 R1 上执行：

```
R1#show ip dhcp binding
Bindings from all pools not associated with VRF:
IP address Client-ID/Lease expiration Type
Hardware address/
User name
```

172.16.1.3 0100.6067.00dd.5b Infinite Automatic

192.168.1.6 0063.6973.636f.2d Infinite Automatic

192.168.1.7 0100.6067.00ef.31 Infinite Automatic

以上输出表明，两个地址池都为相应的网络上的主机分配了 IP 地址。

（2）show ip dhcp pool

R1#show ip dhcp pool

Pool aaa：

Utilization mark（high/low）：100/0

Subnet size（first/next）：0/0

Total addresses：254

Leased addresses：2

Pending event：none

1 subnet is currently in the pool：

Current index IP address range Leased addresses

192.168.1.8 192.168.1.1 - 192.168.1.254 2

Pool bbb：

Utilization mark（high/low）：100/0

Subnet size（first/next）：0/0

Total addresses：254

Leased addresses：1

Pending event：none

1 subnet is currently in the pool：

Current index IP address range Leased addresses

172.16.1.4 172.16.1.1 - 172.16.1.254 1

附录2

1+X华为网络系统建设与运维

企业网络综合实训

一、1+X解读

《国家职业教育改革实施方案》提出，从2019年开始，在职业院校、应用型本科高校启动"学历证书+若干职业技能等级证书"制度试点（1+X证书制度试点）工作，这是党中央国务院对职业教育改革做出的重要部署，是落实立德树人根本任务，完善职业教育和培训体系，深化产教融合、校企合作的一项重要的制度设计创新。

"1"是学历证书，是指学习者在学制系统内实施学历教育的学校或者其他教育机构中完成了学制系统内一定教育阶段学习任务后获得的文凭。"X"为若干职业技能等级证书。职业技能等级证书是职业技能水平的凭证，反映职业活动和个人职业生涯发展所需的综合能力。1+X证书制度就是学生在获得学历证书的同时，取得多类职业技能等级证书。

二、华为1+X网络系统建设与运维中级

华为1+X网络系统建设与运维中级以企业需求为导向，通过与华为建立密切合作关系，将企业最新网络技术、工程经验和教育资源融入教学体系中，确保学生学习到最先进和实用的网络技术。学完本课程后，学生获得证书后，为将来走向工作岗位奠定坚实的基础。

三、华为1+X网络系统建设与运维中级考核目标

（一）知识目标

①掌握TCP/IP的原理和交换机原理；

②掌握交换技术（VLAN、STP、RSTP）的工作原理和工作过程；

③掌握静态路由、默认路由、单区域OSPF、VLAN间路由协议的特征和工作原理；

④掌握网络可靠性技术（VRRP、链路聚合、堆叠）的工作原理和工作过程；

⑤掌握广域网技术（PPP、PPPoE）的工作原理和工作过程；

⑥掌握网络安全技术（ACL、NAT、AAA）的工作原理和工作过程；

⑦掌握IPv6的基础知识；

⑧掌握 WLAN 技术的基本知识和使用场景；

⑨掌握网络管理技术的基本知识；

⑩掌握网络自动化运维的基本知识；

⑪掌握企业网项目建设的基本知识。

（二）能力目标

①具备常见网络设备的选型能力、管理与维护能力；

②能够利用交换技术实现中小企业网的设计和实施；

③能够利用路由协议实现网络之间的数据通信；

④能够利用 VRRP 和链路聚合与其他技术联动实现高可靠性；

⑤能够利用 PPP 和 PPPoE 技术实现广域网数据传输；

⑥能够利用 ACL 和 NAT 技术提升网络传输的安全性；

⑦能够部署和实施企业无线网络；

⑧能够规划部署 IPv6 网络；

⑨能够通过 SNMP 进行简单的网络管理；

⑩能够利用 Python 语言进行网络自动化运维；

⑪能够规划设计企业网络。

（三）素质目标

①培养学生掌握故障分析和排除的方法；

②培养学生团队协作意识、表达能力和知识管理能力；

③培养学生认真负责、严谨细致的工作态度和工作行为；

④培养学生创新意识和创新思维；

⑤培养学生标准意识、操作规范意识、服务质量意识、尊重产权意识及环境保护意识；

⑥培养学生网络安全意识。

四、企业网络综合实训项目

本次课程展示企业网络综合实训项。某公司新建了一栋办公大楼，为了满足日常的办公需求，公司决定为财务部、项目管理部和服务器群建立互连互通的有线网络。其中，为方便项目管理部开展业务，需要自动获取公司 DNS 服务器 IP 地址。公司已经申请了一条互联网专线并配有一个公网 IP，希望所有员工都能访问 Internet。后期规划所有设备由网络管理员进行远程管理。同学们按照视频要求完成实训任务，提交实训报告。

参考文献

［1］张晓珲，杨云．网络构建与维护项目教程［M］．北京：清华大学出版社，2016．

［2］华为技术有限公司．网络系统建设与运维（中级）［M］．北京：人民邮电出版社，2020．

［3］梁诚．高级网络互连技术项目教程（微课版）［M］．北京：人民邮电出版社，2020．

［4］斯桃枝．路由协议与交换技术［M］．北京：清华大学出版社，2012．

［5］高峡，陈智罡，袁宗福．网络设备互连学习指南［M］．北京：北京希望电子出版社，2009．

［6］高峡，钟啸剑，李永俊．网络设备互连实验指南［M］．北京：北京希望电子出版社，2009．

［7］张选波，吴丽征，周金玲．设备调试与网络优化学习指南［M］．北京：北京希望电子出版社，2009．

［8］张选波，王东，张国清．设备调试与网络优化实验指南［M］．北京：北京希望电子出版社，2009．

［9］王继龙，安淑梅，邵丹．局域网安全实践教程［M］．北京：清华大学出版社，2009．